机械零部件的制造

主　编　卢建波
副主编　张　荣　张　华
主　审　张君维

重庆大学出版社

内 容 提 要

本书主要内容包括:合理地设计、选用刀具和切削参数;制订零件的加工工艺规程;轴类零件的加工,套筒类零件的加工,箱体类零件的加工,圆柱齿轮的加工;零件加工质量与加工精度的分析和控制等典型工作任务及任务描述、任务分析、相关知识、任务实施、任务考评等内容。本书立足于对学生实践能力的培养,让学生在完成具体工作任务的过程中构建相关的理论知识,并发展职业能力。

本书为高职高专机械制造类专业及中职相关专业的教材,也可供有关工程技术人员参考。

图书在版编目(CIP)数据

机械零部件的制造/卢建波主编.—重庆:重庆大学出
版社,2009.10(2023.1重印)
(机电一体化技术专业及专业群教材)
ISBN 978-7-5624-5096-2

Ⅰ.机…　Ⅱ.卢…　Ⅲ.机械元件—制造—高等学校:技
术学校—教材　Ⅳ.TH16

中国版本图书馆 CIP 数据核字(2009)第 162274 号

机电一体化技术专业及专业群教材
机械零部件的制造
主　编　卢建波
副主编　张　荣　张　华
主　审　张君维
责任编辑:朱开波　高鸿宽　　版式设计:朱开波
责任校对:张洪梅　　　　　　责任印制:张　策

*

重庆大学出版社出版发行
出版人:饶帮华
社址:重庆市沙坪坝区大学城西路 21 号
邮编:401331
电话:(023) 88617190　88617185(中小学)
传真:(023) 88617186　88617166
网址:http://www.cqup.com.cn
邮箱:fxk@ cqup.com.cn(营销中心)
全国新华书店经销
POD:重庆新生代彩印技术有限公司

*

开本:787mm×1092mm　1/16　印张:16　字数:412 千
2009 年 11 月第 1 版　　2023 年 1 月第 4 次印刷
ISBN 978-7-5624-5096-2　定价:42.00 元

前 言

  为满足以工作任务为中心,组织课程内容和课程教学的要求,我们根据机械零部件的制造,合理地设计、选用刀具和切削参数,制订零件的加工工艺规程,完成典型零件的加工以及进行零件加工质量与加工精度的分析和控制4个典型工作任务,以每个典型工作任务为框架,按任务描述、任务分析、相关知识、任务实施、任务考评的层次编写了这本教材。本书立足于对学生实践能力的培养,因此对教材内容的选择标准作了根本性改革,打破了以知识传授为主要特征的传统学科式课程模式,转变为以工作任务为中心组织教材内容和课程教学,让学生在完成具体工作任务的培养过程中,构建相关理论知识,发展职业能力。

  本书任务3由卢建波编写,任务1、任务4由张荣编写,任务2由张华编写。全书由张君维审定。

  限于编者的水平,对书中不妥之处恳请读者指正。

编　者
2021 年 1 月

目录

绪　论

一、机械制造工业及其发展

（一）机械工业及其在国民经济中的地位

机械制造工业就是用机器为主要工具，以金属为主要原材料进行加工的工业。

世界上各个发达工业国经济上的竞争，主要是制造技术的竞争。在各个国家企业生产力的构成中，制造技术的作用一般占 55% ~ 65% 。发达国家的发展，在很大程度上都是依靠他们重视制造技术，通过制造技术，形成独、特、高的产品，首先抢占世界市场，这就是他们之所以能崛起、腾飞的诀窍。

事实上，虽然世界已进入信息化的时代，但发达国家仍然高度重视制造业的发展。据悉，美国制造业对 GDP 的贡献率始终大于 20% ，拉动其他产业 30% 。美、日等国已将制造科学与信息科学、材料科学、生物科学一起列为当今时代四大支柱学科。日本将振兴制造业的基础技术纳入国家基本法。他们认为："无论今后科学技术怎样进步，发展先进的制造业将永远是人类社会的'首席产业'。"

制造业的发展是工业文明形成的必经之路。

世界经济发展的趋势表明：机械工业的发展速度、规模和产品质量水平决定一个国家工业发展的水平，是国民经济各部门的技术基础，是一个国家经济发展的基石。机械工业的规模和水平是衡量一个国家科学技术水平与经济实力的重要标志。没有制造能力的民族是没有竞争力的民族。

机械制造业是现代工业的主体，它为国民经济各产业与国防建设提供技术装备、为人民生活提供耐用消费品的国民经济支柱产业。

（二）我国机械工业发展现状

我国机械工业的发展可概括为：发展迅速、相对落后。

1. 迅速发展的表现

新中国成立 60 年来特别是改革开放 30 年来的发展，已是我国机械工业从十分落后的状况发展到今天的机械制造大国（不是强国）。机械工业的经济总量已达到 1.85 万亿人民币以上，仅次于美国、日本、德国及法国机械工业的规模，居世界第5位。

我国已经建成门类比较齐全、具有较大规模的制造体系。基础工业部门80%以上的生产能力是由国内设备提供的；农业装备几乎全部由国内提供；部分重要产品的产量已跃居世界前列。

一些产品已经形成综合比较优势，具有价格竞争力。例如，国产工程机械的价格仅为同型号进口产品的1/4左右。

我国掌握了一批重大技术装备的核心技术和关键技术。例如，已能制造达到国外先进水平的30万kW汽轮发电机组、葛洲坝电站用大型低水头水轮发电机组和交流50万V超高压输变电设备等。以"远望"号综合测量船、"向阳红"10号科学考察船为主力的科学考察船队达到了世界一流水平。

2. 相对落后的表现

产品品种少，技术含量低，质量不稳定，早期故障率高，可靠性差。

目前，我国主要机械产品中达到当代世界先进水平的不到5%，国产金属切削机床中，数控机床仅占12.8%，而日本1987年已达30%，德国1990年达54%。我国一些机械产品的质量标准总体上低于发达国家，国家标准与国际标准存在差距；高新技术产品、机械基础产品和重大技术装备成套供应能力不能满足市场需求，长期依赖进口；中低档机械产品出现结构性过剩，积压严重。

技术装备水平低，科研开发力量薄弱，资金投入不足，技术进步缓慢。改革开放以来，较早地引进了一批国外先进技术，但对消化吸收缺乏足够的软、硬件投入。据国外经验，引进技术与消化吸收所需资金的比例约为1:7，而我国对此认识不够，故使消化吸收较慢。

国外先进的制造工艺及装备、设计技术手段和先进的管理思想方法，在我国只有少数企业刚刚开始采用。缺少拥有自主知识产权的产品技术，新开发产品的技术大部分来自国外，基本上没有掌握产品开发的主动权。新产品开发周期比工业发达国家长1倍以上，产品更新周期更长，市场快速反应能力差。这已成为我国机械产品在市场竞争中不断失利的首要原因。

（三）要重新认识机械制造业

机械制造已经不是传统意义上的机械制造，即所谓的机械加工。它是集机械、电子、光学、信息科学、材料科学、生物科学、激光学、管理学等最新成就为一体的一个新兴技术与新兴工业。

制造技术不只是一些经验的积累，实际上它是一个从产品设计——进入市场——返回产品设计的大系统。

信息化与工业化相辅相成。信息化不能代替工业化，但可以提升工业化、促进工业化，提高技术、生产、流通、管理的效率。一方面机械制造工业必须依靠信息科学、材料科学来改造自己，另一方面信息科学、材料科学也必须依赖于制造技术来取得新的发展。

（四）机械制造技术的重要性

机械工业是国民经济的装备工业，机械工业的水平和规模在很大程度上决定了国民经济各部门的水平和规模，也在很大程度上决定了国防工业的水平和实力。机械工业是促进农业现代化的重要技术保障和加强农业基础地位的物质保障，也是满足人民消费日益增长的物质基础。

制造技术已经是生产、国际经济竞争、产品革新的重要手段。

自20世纪50年代起,由于各种原因,美国把传统的制造业视作"夕阳工业",制造技术的发展受到极大的冷遇。这样做的结果导致美国产品的市场竞争力大大下降,整个制造业遇到国际竞争者的致命打击,大量日本、欧洲机械电子产品纷纷涌入美国市场,贸易赤字剧增,经济空前滑坡。直到20世纪80年代后期,重新重视制造技术后才挽回当时的经济形势。

在信息技术发展的今天,日本依然坚信制造业是立国之本,制造业是日本的生命线,没有制造业就没有信息产业和软件产业。在信息时代,制造技术的重要性不仅没有减少,反而是进一步增加了。因此,他们采取各种措施加紧研究开发新的制造技术,期望以此重振经济大国雄风并成为世界高技术产品的供应基地。

在中国制造业始终起着核心的作用,机械工业更起着重要的关键作用。

(五)机械制造业的特点

1. 机械工业是典型的离散型制造业

各个环节之间可以彼此关联或不关联、依赖个人的经验和技能较多,实现自动化的难度较大。

2. 机械工业有多种生产经营模式

机械工业有单件生产、多品种/小批量和重复大批量生产等多种方式。

3. 离散型制造业产品结构复杂,制造工艺复杂,生产过程所需机器设备和工装夹具种类繁多

由于市场需求变化,从而要用到的设备资源也随之变化。同时,由于产品中各部件制造周期长短不一和产品加工工艺路线的不确定性,造成管理对象动态多变。因此,为了保证产品成套、按期交货,又要尽可能减少在制品积压,导致生产物资管理工作十分复杂,需要从每一产品的交货期倒推,周密安排各部件、零件、毛坯的投入/产出数量和时间。

4. 工程设计任务重

由于机械制造业产品结构复杂、工艺复杂,因此,工程设计任务很重,不仅新产品开发要重新设计,而且生产过程中也有大量的变型设计和工艺设计任务,设计版本在不断更改。为了不断推出知识含量高且价格能被用户接受的新产品,机械制造企业必须具备强有力的新产品开发能力。

5. 为了适应产品结构的不断变化,机械制造业的底层加工设备应具有足够的柔性

不断以数控机床代替普通机床,以加工中心代替专用工种机床是发展的趋势。

6. 由于机械产品设计与制造涉及多学科、多种技术

在当今全球化市场竞争的形势下,靠一家企业单打一的局面已缺乏竞争力,目前主机厂与零件制造厂的分离,组织跨地区的企业动态联盟已成为机械制造业产业结构调整的必然趋势。

二、本课程的任务

①掌握切削过程的一般现象及基本规律,能合理地设计、选用刀具和切削参数。

②掌握机械加工工艺的基本理论、掌握机械加工工艺规程制订的原则、步骤和方法,并能

结合具体条件制订出工艺上可行、经济上合理的零件加工工艺规程。

③学习影响加工质量的各项因素,掌握零件加工质量与加工精度的分析和控制方法。

④了解当前制造技术的发展,培养学生具有善于分析、总结实际生产中的先进经验,善于分析地吸收国内外新技术、新工艺和新方法,并应用于解决实际问题的能力。

合理地设计、选用刀具和切削参数

知识点

◆生产过程与工艺过程的总体认识。

◆机械加工表面成形方法。

◆机械加工工艺系统的组成。

◆认知金属切削过程基本规律及应用。

技能点

◆加工机床、刀具参数和切削用量的选择。

 任务描述

机械零件表面的切削加工是通过刀具与被加工零件的相对运动完成的,这一过程要在金属切削机床、刀具、夹具及工件构成的工艺系统中完成。金属切削过程是指在机床上通过刀具与工件的相对运动,利用刀具从工件上切下多余的金属层、形成切屑和已加工表面的过程。

 任务分析

要学会机械零部件的制作,首先要了解制造过程和生产组织的相关知识,掌握机械制造工艺系统的组成,以及在机械制造工艺系统中的金属切削过程是怎样进行的。在机械生产中的许多影响加工表面质量的问题,如鳞刺、振动、卷屑和断屑等都与切削过程有关。

 相关知识

(一)机械的生产过程和工艺过程

1.机械的生产过程

对于机器的制造而言,其生产过程包括:

①生产技术准备过程。这一过程完成产品投入生产前的各项生产和技术准备。例如,产品设计,工艺规程的编制和专用工装设备的设计与制造,各种生产资料的准备和生产组织等方

面的工作。

②毛坯的制造过程。如铸造、锻造和冲压等。

③原材料及半成品的运输和保管。

④零件的机械加工、焊接、热处理和其他表面处理等。

⑤部件和产品的装配过程。这一过程包括组装、部装等。

⑥产品的检验、调试、油漆和包装等。

2.机械制造工艺过程

工艺过程主要包括毛坯的制造(铸造、锻造、冲压等)、热处理、机械加工和装配。

3.机械加工工艺过程的组成

利用机械加工的方法,直接改变毛坯形状、尺寸和表面质量,使其变为机械零件的过程,称为机械加工工艺过程。

它一般由一个或若干个工序组成,而工序又可分为安装、工位、工步和走刀等,它们按一定顺序排列,逐步改变毛坯的形状、尺寸和材料的性能,使之成为合格的零件。

(1)工序

所谓工序,就是由一个(或一组)工人在一个工作地点(或一台机床上)对同一个零件(或一组零件)进行加工所连续完成的那部分工艺过程。

工序是工艺过程的基本单元。

划分工序的主要依据:零件加工过程中的工作地(或设备)是否变动,该工序的工艺过程是否连续完成。若有变动或不连续完成表面加工,则构成了另一道工序。

(2)安装

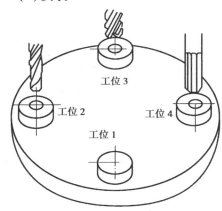

图1.1 多工位加工
工位1— 装卸工件;工位2—钻孔;
工位3—扩孔;工位4—铰孔

在机械加工中,使工件在机床或夹具中占据某一正确位置并被夹紧的过程,称为装夹。工件在机床上每装卸一次所完成的那部分工序,称为安装。

有时工件在机床上需经过多次装夹才能完成一个工序的工作内容。在一个工序中,工件的工作位置可能只需一次安装,也可能需要多次安装。零件在加工过程中应尽可能地减少安装次数。

(3)工位

工件在一次安装下相对于机床每占据一个加工位置所完成的那部分工艺过程,称为工位。

为了减少工件的安装次数,在大批量生产时,常采用各种回转工作台、回转夹具或移位夹具,使工件在一次安装中先后处于几个不同位置进行加工。工位又可分为单工位和多工位。如图1.1所示为一种用回转工作台在一次安装中依次完成装卸工件、钻孔、扩孔和铰孔4个工位。

(4)工步

加工表面、切削工具、切削速度和进给量都不变的情况下,所连续完成的那一部分工序,称为工步。

应该说明的是,构成工步的因素有加工表面、刀具、切削速度和进给量,它们中的任一因素改变后，一般就变成了另一个工步。

有时为了提高生产率，用几把不同刀具同时加工几个不同表面，此类工步称为复合工步，如图1.2所示。在工艺文件上，复合工步视为一个工步。

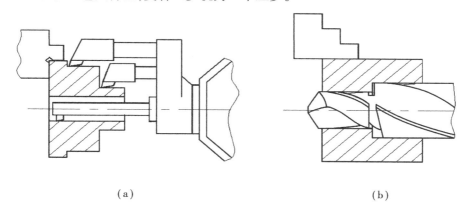

（a）　　　　　　　　　　　　　　　　　　（b）

图1.2　复合工步

（a）立轴转塔车床的一个复合工步　（b）钻孔、扩孔复合工步

（5）走刀（或进给）

在一个工步中，若被加工表面要切除的金属层很厚（即加工余量较大），需要分几次切削，则每进行一次切削就是一次进给，也称为走刀。

4. 生产纲领、生产类型及其工艺特征

机械产品的制造工艺不仅和产品的结构、技术要求有很大关系，而且也与企业的生产类型有较大关系，而企业的生产类型是由企业的生产纲领来决定的。

（1）生产纲领

工厂1年中制造某产品的数量，就是该产品的生产纲领。

零件的生产纲领是指包括备品和废品在内的年产量。零件的生产纲领通常可计算为

$$N = Q \times n \times (1 + a\%) \times (1 + b\%)$$

式中　N——零件的生产纲领，件/年；

　　　Q——产品的生产纲领（年产量），台/年；

　　　n——每台产品中含该零件的数量，件/台；

　　　$a\%$——备品率；

　　　$b\%$——废品率。

（2）生产类型及其工艺特征

生产纲领不同，其生产规模也不同。

根据投入生产的批量或生产的连续性，机械制造可分为3种不同的生产类型，即单件生产、成批（小批、中批和大批）生产和大量生产。

①单件生产　单个生产不同结构和不同尺寸的产品，并且很少重复。例如，重型机械制造、专用设备制造和新产品试制等都属于单件生产。

②成批生产　1年中分批地制造相同的产品，制造过程有一定的重复性。同一产品（或零件）每批投入生产的数量称为批量。根据批量的大小和被加工零件的特征，成批生产又可分为小批生产、中批生产和大批生产。小批生产工艺过程的特点和单件生产相似；大批生产工艺

过程的特点和大量生产相似;中批生产工艺过程的特点则介于单件小批生产和大批量生产之间。

③大量生产 产品数量很大、品种少,大多数工作地点经常重复地进行某一个零件的某一道工序的加工。例如,汽车、拖拉机和轴承等的制造通常都是以大量生产的方式进行的。

生产类型的划分一方面要考虑生产纲领,即年产量;另一方面还必须考虑产品本身的大小和结构的复杂性。生产类型的划分如表1.1所示。不同机械产品的零件重量类型如表1.2所示。各种生产类型的工艺特征如表1.3所示。

表 1.1 生产类型的划分

生产类型		零件的年产量/件		
		重型零件	中型零件	轻型零件
单件生产		<5	<10	<100
成批生产	小批	5 ~ 100	10 ~ 200	100 ~ 500
	中批	100 ~ 300	200 ~ 500	500 ~ 5 000
	大批	300 ~ 1 000	500 ~ 5 000	5 000 ~ 50 000
大量生产		>1 000	>5 000	>50 000

表 1.2 不同机械产品的零件重量类型

机械产品类别	零件的质量/kg		
	轻型零件	中型零件	重型零件
电子机械	≤4	>4 ~ 30	>30
机床	≤15	>15 ~ 50	>50
重型机械	≤100	>100 ~ 2 000	>2 000

表 1.3 各种生产类型的工艺特征

工艺特征	单件生产	成批生产	大量生产
工件的互换性	一般是配对制造,缺乏互换性,广泛用钳工修配	大部分具有互换性,少数用钳工修配	全部有互换性,少数装配精度较高,采用分组装配法
毛坯的制造方法及加工余量	木模手工造型或自由锻,毛坯精度低,加工余量大	部分采用金属模铸造或模锻,毛坯精度中等,加工余量中等	广泛采用金属模机器造型、模锻或其他高效方法,毛坯精度高,加工余量小
机床设备	通用机床,按机床种类及大小采用"机群式"排列	部分通用机床和部分高生产率机床,按加工零件类别分工段排列	广泛使用高生产率的专用机床及自动化机床,按流水线形式排列
夹具	多用标准附件,极少采用夹具,靠划线及试切法达到精度要求	广泛使用专用夹具,部分靠划线法达到精度要求	广泛使用高效率专用夹具,靠夹具及调整法达到精度要求

续表

工艺特征	单件生产	成批生产	大量生产
刀具和量具	采用通用刀具和万能量具	较多采用专用刀具和专用量具	广泛采用高生产率刀具和量具
对工人的要求	需要技术熟练的工人	需要一定熟练程度的工人	调整工要求技术熟练,操作工要求熟练程度较低
工艺规程	有简单的工艺过程卡,关键工序的工序卡	有工艺过程卡,关键零件的工序卡	有工艺过程卡和工序卡,关键工序调整卡和检验卡

（二）机械加工表面成形

1. 工件表面的成形方法

（1）机械零件常用的表面形状

零件的常用表面有平面、圆柱面、特殊表面、成形表面及圆锥面等,如图 1.3 所示。

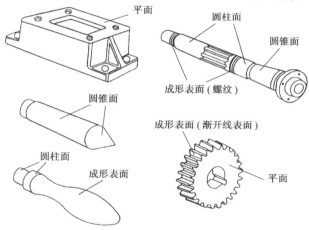

平面
圆柱面
圆锥面
成形表面（螺纹）
成形表面（渐开线表面）
圆锥面
平面
圆柱面
成形表面

图 1.3　机器零件上常用的各种典型表面

（2）工件表面的形成

工件表面可以看成是一条线沿着另一条线移动或旋转而形成的。并且把这两条线称为母线和导线,统称发生线,如图 1.4 所示为工件表面的形成。

（3）发生线的形成方式

①成形法　利用成形刀具来形成发生线,对工件进行加工的方法。这时刀具的切削刃就是母线,导线是刀具切削刃相对于工件的运动,如图 1.5（a）所示。

②轨迹法　母线和导线都是刀具切削刃端点（刀尖）相对于工件的运动轨迹,如图 1.5（b）所示。

③展成法　对各种齿形表面加工时,利用工件和刀具做展成切削运动,即啮合运动来形成工件表面的方法,切削刃各瞬时位置的包络线是齿形表面的母线,导线由刀具沿齿长方向的运动来实现,如图 1.5（d）所示。

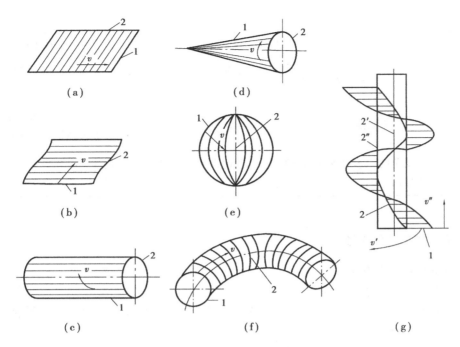

图 1.4　工件表面的形成
1—母线；2—导线

④相切法　采用铣刀、砂轮等旋转工具加工工件时，刀具自身的旋转运动形成圆形发生线，同时切削刃相对于工件的运动形成其他发生线，如图 1.5(c)所示。

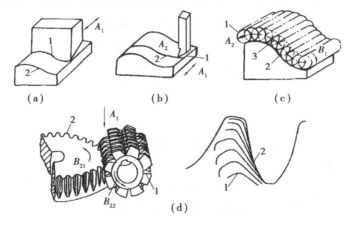

图 1.5　常见典型表面成形运动

2. 机械加工所需的运动和切削用量

（1）切削加工中的工件表面

切削加工过程是一个动态过程，在切削过程中，工件上通常存在着 3 个不断变化的切削表面，即：

待加工表面：工件上即将被切除的表面。

已加工表面：工件上已切去切削层而形成的新表面。

过渡表面(加工表面):工件上正被刀具切削着的表面,介于已加工表面和待加工表面之间。以车削外圆为例,如图 1.6 所示。

(2)机械加工所需的运动

①主运动

主运动也称切削运动,通常它的速度最高,消耗机床功率最多。一般机床的主运动只有一个。

例如,车削时,车床主轴带动工件所做的旋转运动,如图 1.7 所示。

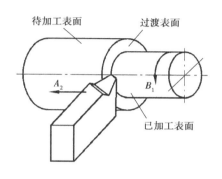

图 1.6　切削加工中的工件表面

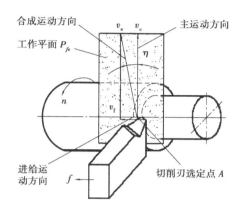

图 1.7　外圆车削时的加工
表面、切削用量与切削层

铣削时,铣床主轴带动铣刀所做的旋转运动。

主运动是一个矢量。

主运动方向:是指切削刃选定点相对于工件的瞬时主运动方向。

主运动速度:也称切削速度,是指主运动的线速度,切削刃选定点相对于工件主运动的瞬时速度,用 v_c 表示。

当主运动是旋转运动时:

$$v_c = \pi dn/1\,000 \qquad \text{m/min(或 m/s)}$$

式中　d——做主运动的回转体上某一点的回转直径,mm;

n——做主运动的回转体的转速,r/min 或 r/s。

②进给运动

进给运动:由机床或人力提供的附加运动,它能使工件切削层不断地投入切削过程。通常它消耗的动力较少,可由一个或多个运动组成。

进给运动速度:是指切削刃选定点相对于工件进给运动的瞬时速度,用 v_f 表示,单位常取为(mm/s)或(mm/min)。

进给量:当主运动是旋转运动时,进给量是工件或刀具每回转一周时,二者沿进给方向的相对位移量;当主运动是直线往复运动时,进给量是每往复一个行程沿进给方向的相对位移量。

例如,外圆车削时,进给量就是工件每旋转一圈,刀具沿进给方向所移动的距离,单位:mm/r。

刨削时,进给运动速度用每一行程多少毫米来表述,mm/str。

铣削时,进给运动速度常用每齿进给量 f 来表述,单位:mm/z。

进给速度 v_f、进给量 f、每齿进给量 f_z 和刀具齿数 Z 之间的关系如下:

$$v_f = nf = nZf_z$$

③背吃刀量

背吃刀量是指与主运动和进给运动方向所组成的平面相垂直的方向上测量的已加工表面和待加工表面之间的距离。

例如,外圆车削:

$$a_p = \frac{d_w - d_m}{2}$$

钻孔:

$$a_p = \frac{d_m}{2}$$

式中 d_w——工件待加工表面的直径;

d_m——工件已加工表面的直径。

切削用量三要素为背吃刀量 a_p、进给量 f 和切削速度 v_c。

④合成切削运动

切削过程中,由主运动和进给运动合成的运动称为合成切削运动。合成切削运动方向:就是切削刃选定点相对于工件的瞬时合成切削运动的方向;合成切削速度 v_e:就是切削刃选定点相对于工件的合成切削运动的瞬时速度,如图 1.7 所示。

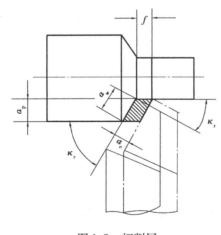

图 1.8　切削层

3. 切削层参数

切削层:以车削为例,如图 1.8 所示,工件旋转 1 转,车刀沿工件轴向移动一个进给量 f,这时切削刃切下的一层金属称为切削层。

切削层参数:与切削速度方向相垂直的切削层剖面内度量的切削层尺寸称为切削层参数。

(1)切削厚度 a_c(切削层公称厚度)

切削厚度是指过切削刃上选定点,在基面内测量的垂直于过渡表面的切削层尺寸,单位:mm。

例如,图 1.8 是在基面与切削层相交的剖面,a_c 即为切削厚度,即

$$a_c = f \sin k_r$$

(2)切削宽度 a_w(切削层公称宽度)

切削宽度是指过切削刃上选定点,在基面内测量的平行于过渡表面的切削层尺寸,单位:mm,即

$$a_w = \frac{a_p}{\sin k_r}$$

(3)切削面积 A_c(切削层公称横截面积)

切削面积是指过切削刃上选定点,在基面内测量的切削层的横截面积,单位:mm²,即

$$A_c = a_c a_w = fa_p$$

（4）材料切除率 Q

材料切除率：在特定瞬间，单位时间所切除的材料体积，单位：mm^3/s，即

$$Q = 1\,000v_cA_c$$

（三）机械加工工艺系统的组成

机械加工工艺系统由机床、夹具、工件和刀具组成。

1. 金属切削机床基本知识

金属切削机床是用刀具切削的方法将金属毛坯加工成机器零件的机器，它是制造机器的机器，故又称为"工作母机"，习惯上简称为机床。机床是机械制造的基础机械，其技术水平的高低、质量的好坏，对机械产品的生产率和经济效益都有重要的影响。金属切削机床诞生到现在已经有100多年了，随着工业化的发展，机床品种越来越多，技术也越来越复杂。

（1）金属切削机床的分类

按机床的加工性质和所用刀具来分类，分为12大类：车床、钻床、镗床、磨床、齿轮加工机床、螺纹加工机床、铣床、刨插床、拉床、特种加工机床、锯床和其他机床。

在每一类机床中，又按工艺范围、布局形式和结构性能分为若干组，每一组又分为若干个系（系列）。

除了上述基本分类方法外，还有其他分类方法。

①按工艺范围：

A. 通用机床

这类机床的工艺范围很宽，可以加工一定尺寸范围内的多种类型零件，完成多种多样的工序。例如，卧式车床、万能升降台铣床和万能外圆磨床等。

B. 专门化机床

这类机床的工艺范围较窄，只能用于加工不同尺寸的一类或几类零件的一种（或几种）特定工序。例如，丝杆车床、凸轮轴车床等。

C. 专用机床

这类机床的工艺范围最窄，通常只能完成某一特定零件的特定工序。例如，加工机床主轴箱体孔的专用镗床，加工机床导轨的专用导轨磨床等。它是根据特定的工艺要求专门设计、制造的，生产率和自动化程度较高，适用于大批量生产。组合机床也属于专用机床。

②按加工精度：机床的加工精度是指该机床加工零件表面的实际几何参数与理想几何参数的符合程度，如零件加工表面的尺寸、形状、位置及粗糙度。按加工精度可分为普通精度机床、精密机床和高精度机床。

③按重量和尺寸：可分为仪表机床、中型机床（一般机床）、大型机床（质量大于10 t）、重型机床（质量在30 t以上）和超重型机床（质量在100 t以上）。

④按机床主要零部件的数目，可分为单轴、多轴、单刀及多刀机床等。

⑤按自动化程度不同，可分为普通、半自动和自动机床。自动机床具有完整的自动工作循环，包括自动装卸工件，能够连续的自动加工工件。半自动机床也有完整的自动工作循环，但装卸工件还须人工完成，因此不能连续地加工。

⑥按机床的加工过程的控制方式分类可分为：普通机床、数控机床、加工中心和柔性制造

单元。

（2）机床的型号编制

机床的型号是机床产品的代号，用以表明机床的类型、通用和结构特性、主要技术参数等。GB/T 15375—94《金属切削机床型号编制方法》规定，我国的机床型号由汉语拼音字母和阿拉伯数字按一定规律组合而成。

机床的类别代号见表 1.4。

表 1.4 机床类别代号

类别	车床	钻床	镗床	磨　　床			齿轮加工机床	螺纹加工机床	铣床	刨插床	拉床	锯床	其他机床
代号	C	Z	T	M	2M	3M	Y	S	X	B	L	G	Q
读音	车	钻	镗	磨	二磨	三磨	牙	丝	铣	刨	拉	割	其

（3）金属切削机床型号的编制

①机床的技术参数及其结构尺寸系列

机床的技术参数是表示机床尺寸大小及加工能力的各种数据。机床的技术参数包括：

➢主参数；

➢第 2 主参数；

➢主要工作部件的结构尺寸（如工作台面）；

➢主要工作部件的移动行程范围；

➢各种运动的速度范围和级数；

➢电机功率；

➢机床轮廓尺寸。

主参数：机床主参数是表示机床规格大小的一种参数，它直接反映出机床的加工能力的大小。

②机床型号

机床型号是用来表明机床的类型、通用特性、结构特性及主要技术参数等。如图 1.9 所示为几种铣床的型号。

（4）机床的组成

机床的组成包括：

①动力源　为机床提供动力（功率）和运动的驱动部分。

②传动系统　包括主传动系统、进给传动系统和其他运动的传动系统，如变速箱、进给箱等部件。

③支撑件　用于安装和支承其他固定的或运动的部件，承受其重力和切削力，如床身、底座、立柱等。

④工作部件包括：

A. 与主运动和进给运动有关的执行部件，如主轴及主轴箱、工作台及其溜板、滑枕等安装工件或刀具的部件。

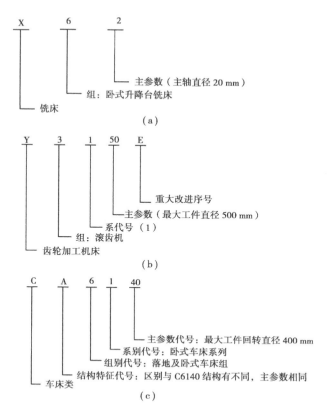

图 1.9　几种机床的型号

B. 与工件和刀具有关的部件或装置,如自动上下料装置、自动换刀装置及砂轮修整器等。

C. 与上述部件或装置有关的分度、转位、定位机构和操纵机构等。

⑤控制系统　控制系统用于控制各工作部件的正常工作,主要是电气控制系统,有些机床局部采用液压或气动控制系统。数控机床则是数控系统。

⑥冷却系统。

⑦润滑系统。

⑧其他装置　如排屑装置、自动测量装置。

如图 1.10 所示为 CA6140 车床的构成外形图。

2. 工件

工件是机械加工过程中被加工对象的总称。任何一个工件都要经过从毛坯到成品的过程。

3. 夹具概述

(1)夹具的定义及其组成

机床夹具是根据加工要求,使工件在机床上迅速地处于正确位置,并将其迅速地夹紧的一种附加装置,称为机床夹具,简称夹具。

一般夹具可由下列部分组成:

①定位元件　起定位作用,保证工件在夹具中处于一个正确的位置。

②夹紧装置　将工件夹紧;使工件牢固地固定在一个准确的位置上不发生移动。根据动

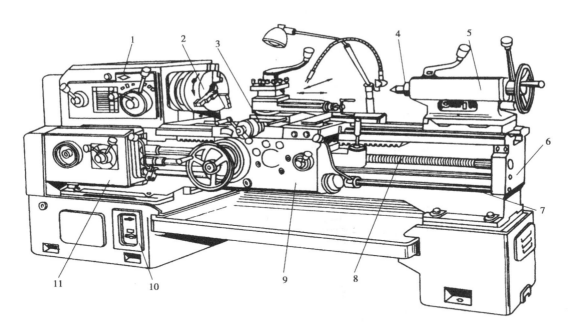

图 1.10 卧式车床的基本结构及运动

1—主轴箱;2—夹盘;3—刀架;4—后顶尖;5—尾座;6—床身;

7—光杆;8—丝杠;9—溜板箱;10—底座;11—进给箱

力源的不同,夹紧装置可分为手动、气动、液动和电动等方式。

③对刀或导向元件 用来保证刀具与工件加工表面的正确位置。对于铣刀、刨刀用对刀元件;对于钻头、扩孔钻、铰刀、镗刀等孔加工刀具用钻套或镗套等导向元件。

④连接元件 用来保证夹具与机床工作台之间的相对位置,如铣床夹具的定位键。

⑤其他装置 如上下料装置、分度装置、工件的顶出装置等。

⑥夹具体 是一个基础件,它将夹具的所有组成部分有机地组成一个整体,并保证它们之间的相对位置关系。

在夹具的组成部分中,定位、夹紧和夹具体等 3 部分,是每个夹具都必不可少的,至于对刀——导向元件及其他装置等,按使用要求而定,有的需要,有的不需要。

(2)机床夹具的作用

多年来使用机床夹具的实践证明,机床夹具在生产中起着非常大的作用,大致可归纳为以下 3 个方面:

①保证加工质量:采用夹具后,工件各加工表面间的相互位置精度是由夹具保证的,而不是依靠工人的技术水平与熟练程度,因此产品质量容易保证。

②提高劳动生产率和降低成本:使用夹具使工件安装迅速方便,从而大大缩短了辅助时间,提高了生产率。特别是对于加工时间短、辅助时间长的中、小零件,效果更为显著。

③减轻工人的劳动强度:有些工件,特别是比较大的工件,调整和夹紧很费力气,而且注意力要高度集中,很容易疲劳,一天工作下来就非常累,如使用夹具,就不用调整。如用气动或液动等自动化夹紧装置,工人只要操作按钮就能工作。

(3)机床夹具的分类

机床夹具按其专业化程度,通常可分为通用夹具、专用夹具、成组夹具、组合夹具和随行夹具等。

①通用夹具 通常作为机床的附件与机床相配套,是许多工件都能使用的夹具。如车床的三爪卡盘,铣床的虎钳等。

②专用夹具 按照零件的机械加工工艺规程,为某道工序专门设计与制造的夹具。它既不适用于此工件的其他工序,更不适用于其他工件。它一般在成批生产或大量生产中使用。

③成组夹具 在成组加工中,零件按工艺或形状等特点分组,同一组零件在同一机床上共同使用的夹具。它是根据这一组零件的定位和夹紧要求设计的。使用时只要调整更换夹具上的某些元件就可以加工同一组中的其他零件。

④组合夹具 它是由许多标准化的元件,根据搭积木原理,按零件加工工序需要拼装而成。不用时可拆卸,适用于单件小批生产。

⑤随行夹具 用于自动线上,工件安装在随行夹具上,随行夹具运输装置输送到各机床,并在机床夹具或机床工作台上进行定位夹紧。

从按使用的机床类型来分,可分为车床夹具、铣床夹具、钻床夹具、磨床夹具等。

从夹具的动力来源来分,可分为手动夹具、气动夹具、液压夹具、气液夹具、电动夹具、电磁夹具、真空夹具及自紧夹具(靠切削力本身来夹紧)等。

工件在夹具中的定位。

(4)六点定位原理

任何一个物体在空间直角坐标系中都有 6 个自由度,用 $\vec{x},\vec{y},\vec{z},\overset{\curvearrowright}{x},\overset{\curvearrowright}{y},\overset{\curvearrowright}{z}$ 表示,如图 1.11 所示。在机械加工中,要完全确定工件在夹具中的正确位置,必须限制工件的 6 个空间自由度,用 6 个抽象的支承点来限制工件的 6 个自由度,称为"六点定位原理",如图 1.12 所示。

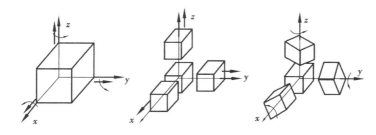

图 1.11 物体的 6 个自由度

①完全定位与不完全定位

根据工件的加工要求,有些自由度对加工有影响,这样的自由度必须限制,而有些自由度对加工没有影响,这样的自由度不必被限制。工件的 6 个自由度均被限制,称为完全定位。工件 6 个自由度中有 1 个或几个自由度未被限制,称为不完全定位。

在图 1.13 连杆钻孔定位方案中,工件的 6 个自由度都被限制了,这种定位方式就叫做完全定位。在图 1.14(a)中,由于是铣通槽,$\vec{x}$ 不需要被限制,这种定位方式就叫做不完全定位,在图 1.14(b)中则是完全定位。

②过定位与欠定位

工件加工时必须限制的自由度未被完全限制,称为欠定位。欠定位不能保证工件的正确

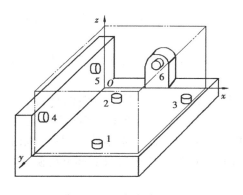

图1.12 六点定位简图

安装,因而是不允许的。

过定位——工件某一个自由度(或某几个自由度)被两个(或两个以上)约束点约束,称为过定位。过定位是否允许,要视具体情况而定:

A. 如果工件的定位面经过机械加工,且形状、尺寸、位置精度均较高,则过定位是允许的。有时还是必要的,因为合理的过定位不仅不会影响加工精度,还会起到加强工艺系统刚度和增加定位稳定性的作用。

B. 如果工件的定位面是毛坯面,或虽经过机械加工,但加工精度不高,这时过定位一般是不允许

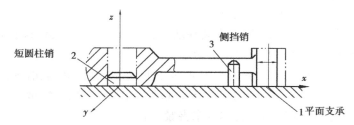

图1.13 连杆钻孔定位方案

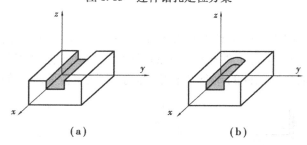

(a)   (b)

图1.14 铣槽定位方案

的,因为它可能造成定位不准确,或定位不稳定以及发生定位干涉等情况。

在图1.15中,采用1,2两个定位支撑点已经限制了工件的 $\vec{x}$ 和 $\vec{y}$ 两个自由度,3和4两个定位支撑点限制了 $\vec{z}$ 和 $\vec{y}$ 两个自由度, $\vec{y}$ 被限制了两次,这就是过定位。工件的左侧面、前侧面精度不高,垂直度不高,这种定位方式让工件或者处在图中Ⅰ的位置或者处在Ⅱ的位置,造成定位不准确。

在图1.16中,齿坯利用中间的圆孔和底面进行定位,底面限制了 $\vec{x}$, $\vec{y}$ 和 $\vec{z}$,心轴限制了 $\vec{x}$, $\vec{y}$, $\vec{x}$, $\vec{y}$ 4个自由度,这样 $\vec{x}$ 和 $\vec{y}$ 自由度被重复限制,造成过定位,但是由于在进行定位时,齿坯的端面和内孔的形状、尺寸、位置精度均较高,这种过定位不会造成定位不准确,是被允许的。

4. 刀具

刀具由工作部分和非工作部分构成。不论刀具结构如何复杂,就其单刀齿切削部分,都可以看成由外圆车刀的切削部分演变而来,本节以外圆车刀为例来介绍其几何参数。

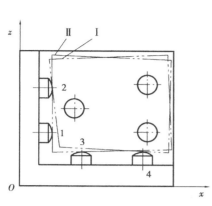
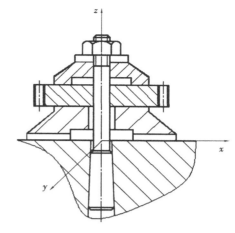

图 1.15　过定位示意　　　　　　图 1.16　滚、插齿时工件的过定位

（1）外圆车刀的结构

外圆车刀包括刀柄和切削部分。刀柄是指刀具上的夹持部分，切削部分是指刀具上直接参加切削工作的部分。

如图 1.17 所示，车刀切削部分的组成要素如下：

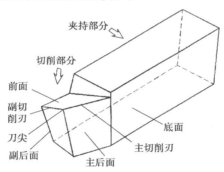

图 1.17　车刀切削部分的组成要素

前刀面：切屑流过的刀面。

主后刀面：与工件正在被切削加工的表面（过渡表面）相对的刀面。

副后刀面：与工件已切削加工的表面相对的刀面。

主切削刃 S：前面与主后面在空间的交线。

副切削刃 S'：前面与副后面在空间的交线。

刀尖：3 个刀面在空间的交点，也可理解为主、副切削刃两条刀刃汇交的一小段切削刃。在实际应用中，为增加刀尖的强度与耐磨性，一般在刀尖处磨出直线或圆弧形的过渡刃。

刀尖的常见结构如图 1.18 所示。

（2）刀具的几何参数

为定量地表示刀具切削部分的几何形状，必须把刀具放在一个参考系（即坐标系）中，用一组几何参数（即坐标）表达刀具表面和切削刃的空间位置，这组参数就是刀具的几何参数。

度量刀具的几何参数的坐标系分两类：

静止参考系　用于定义刀具的设计、制造、刃磨和测量时几何参数的参考系。它不考虑刀

19

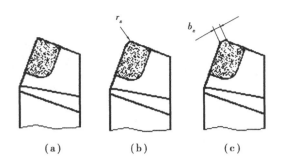

图 1.18　刀尖的类型

具的工作情况,只表达刀具在假设状态下的几何参数。

工作参考系　用于分析刀具在具体工作当中的实际几何参数。

①静止参考系

刀具静止参考系是在下列假定条件下建立的:

A.假定刀刃上的选定点与工件的轴线等高,是刀具静止参考系的原点。

B.假定过刀具的轴线与工件的轴线等高。

C.假定进给运动方向与刀具的轴线垂直。

在这里,只介绍正交平面参考系,正交平面参考系包括 3 个参考平面:基面、切削平面和正交平面,如图 1.19 所示。

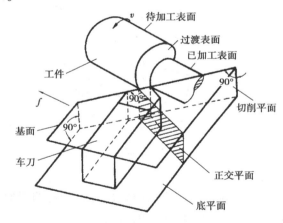

图 1.19　正交平面参考系

基面 P_r　通过切削刃上的选定点,垂直于主运动方向的平面。车刀的基面平行于刀体底面。

切削平面 P_s　通过切削刃上的选定点,与切削刃相切,并垂直于基面的平面。它包含主运动方向。

正交平面 P_o　通过切削刃上的选定点,同时垂直于基面和切削平面的平面。

如图 1.20 所示,刀具在正交平面参考系中定义的静态角度有:

前角 γ_o　过主切削刃上的选定点,在正交平面内测量的前刀面与基面之间的夹角。前刀面与切削平面之间的夹角为锐角时,前角为正值;夹角为钝角时,前角为负值。

后角 α_o　过主切削刃上的选定点,在正交平面内测量的后刀面与切削平面之间的夹角。

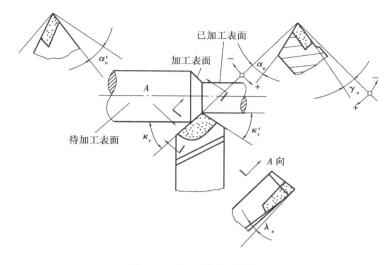

图 1.20　车刀的主要角度

后刀面与基面之间的夹角为锐角时,后角为正值;夹角为钝角时,后角为负值。

主偏角 κ_r　过主切削刃上的选定点,在基面内测量的主切削刃和进给运动方向的夹角。

刃倾角 λ_s　过主切削刃上的选定点,在切削平面内测量的主切削刃与基面间的夹角。刃倾角总为锐角,其正、负值的确定原则为:当刀尖位于主切削刃的最高点时,刃倾角为正值;反之为负值。

副偏角 κ_r'　过副切削刃上的选定点,在基面内测量的副切削刃与进给运动反方向的夹角。副偏角 κ_r' 一般为锐角。

副后角 α_o'　过副切削刃上的选定点,在副正交平面 P_o' 内测量的副后刀面与副切削平面之间的夹角。

刃倾角和主偏角确定了主切削刃在参考系中的位置。前刀面由前角和刃倾角确定,主后刀面由主偏角和后角确定,副后刀面由副偏角和副后角确定。这 6 个基本角度确定了普通外圆车刀切削部分的几何形状。

楔角 β_o　在正交平面内测量的前刀面和后刀面之间的夹角,即

$$\beta_o = 90° - (\alpha_o + \gamma_o)$$

刀尖角 ε_r　在基面内测量的主切削刃和副切削刃之间的夹角,即

$$\varepsilon_r = 180° - (\kappa_r + \kappa_r')$$

②工作参考系

在刀具的实际工作中要考虑刀具的实际切削运动方向和进给运动方向以及刀具的安装位置等因素,利用刀具的工作参考系来表明刀具在工作中的实际几何参数。

工作参考系中的参考面由工作基面、工作切削平面和工作正交平面组成。

工作基面 P_{re}　通过切削刃上的选定点,垂直于合成切削运动方向的平面。基面 P_r 与工作基面 P_{re} 不同之处在于前者的主运动方向是假定的,而后者的合成切削运动方向是实际存在的。

工作切削平面 P_{se}　通过切削刃上的选定点,与切削刃相切,并垂直于工作基面的平面。它包含合成切削运动方向。

工作正交平面 P_{oe} 通过切削刃上的选定点,同时垂直于工作基面和工作切削平面的平面。

相应的,在工作状态下刀具的角度也变了,称为工作角度,分别是工作前角 γ_{oe}、工作后角 α_{oe}、工作主偏角 κ_{re}、工作副偏角 κ'_{re}、工作刃倾角 λ_{se} 和工作副后角 α_{oe}。工作角度的测量方法与静止参考系相似,只是将参考面换成是工作参考系中的对应参考面。例如,前角 γ_o 是过主切削刃上的选定点,在正交平面内测量的前刀面与基面之间的夹角;工作前角 γ_{oe} 是过主切削刃上的选定点,在工作正交平面内测量的前刀面与工作基面之间的夹角。

A. 进给运动对刀具工作角度的影响(见图 1.21),横向进给对工作角度的影响。

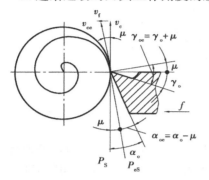

图 1.21 横向进给对工作角度的影响

切断、切槽时,刀具相对于工件的运动轨迹是阿基米德螺旋线,合成切削运动的方向是它的切线方向。合成切削运动 v_{ce} 是切削运动 v_c 与进给运动 f 的合成。合成切削运动 v_{ce} 和切削运动 v_c 方向的夹角为 μ,即

$$\gamma_{oe} = \gamma_o + \mu$$

$$\alpha_{oe} = \alpha_o - \mu$$

$$\tan \mu = v_f/v_c = fn/\pi dn = f/\pi d$$

式中 f——刀具的横向进给量,mm/r;

d—— 切削刃上选定点处的工件直径,mm。

从上式可以看出,随着切削的进行,切削刃越靠近工件中心,d 越小,如果 f 不变,μ 越大,工作前角 γ_{oe} 也越大,工作后角 α_{oe} 则越小,甚至达到负值,对加工有很大的影响。

B. 刀具安装位置对工作角度的影响

刀尖安装高低的影响如图 1.23 所示,$\lambda_s = 0$ 的切槽刀切槽时的情况。图中的 3 个情景分别表示了刀尖与工件轴心线等高和高于、低于工件轴心线时工作前角、工作后角的变化情况。

C. 刀杆中心线不垂直于工件轴线

如图 1.22 所示,当刀杆中心线、轴线互不垂直时,将引起主偏角 κ_r、副偏角 κ'_r 数值的改变。

(3)刀具材料

刀具材料是指刀具切削部分的材料。刀具材料是工艺系统中影响加工效率和加工质量的重要因素。采用合理的刀具材料可大大提高切削加工生产效率,降低刀具消耗,保证加工质量。

①刀具材料应具备的性能

A. 高的硬度和耐磨性。

B. 足够的强度和韧性。

C. 高的耐热性 是指高温下保持硬度、耐磨性、强度和韧性的性能。

D. 导热性和耐热冲击性 是指具有良好的散热能力和适应切削时瞬间反复的热力冲击。

E. 抗黏结性 是指防止工件与刀具材料分子在高温高压下相互吸附产生黏结。

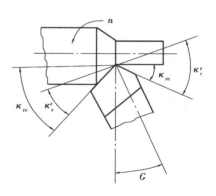

图 1.22 刀杆中心线、轴线互不垂直引起主偏角 κ_r,副偏角 κ'_r 数值的改变

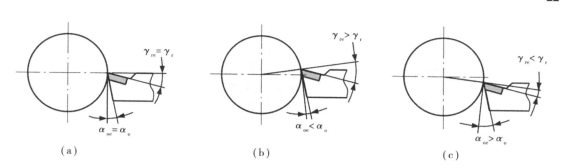

图 1.23　刀具安装高低对工作角度的影响

F. 化学稳定性　是指高温下刀具材料不易与周围介质发生化学反应。

G. 良好的冷热加工工艺性。

H. 经济性。

②常用的刀具材料

常用的有工具钢(包括碳素工具钢、合金工具钢和高速钢)、硬质合金、陶瓷、金刚石(天然和人造)和立方氮化硼等。碳素工具钢和合金工具钢,因其耐热性很差,目前仅用于手工工具。各种刀具材料的硬度和韧性比较如图 1.24 所示。

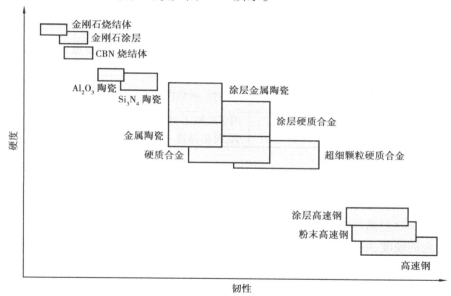

图 1.24　各类刀具材料硬度和韧性

A. 高速钢

高速钢是一种加入了较多的钨、钼、铬、钒等合金元素的高合金工具钢。特点如下:

a. 强度高,抗弯强度为硬质合金的 2~3 倍。

b. 韧性高,比硬质合金高几十倍。

c. 硬度 63~70 HRC,且有较好的耐热性和耐磨性,在切削温度高达 500~600 ℃时尚能切削。

d. 高速钢的冷加工工艺性特别好,在热处理前,高速钢可以像一般中碳钢一样进行各种加工;热处理后,高速钢刀具可以磨出锋利的切削刃。

正是由于高速钢具有足够的强度、硬度、耐热性和耐磨性,具有特别好的冷加工工艺性、磨削加工工艺性和较好的热加工工艺性,因此,在钻头、丝锥、拉刀、齿轮刀具及成形刀具等复杂刀具制造中,高速钢仍占主导地位。高速钢的常用牌号和性能如表 1.5 所示。

表 1.5　常用高速钢牌号及其应用范围

类　别		牌　号	主要用途
普通高速钢		W18Cr4V	广泛用于制造钻头、铰刀、铣刀、拉刀、丝锥、齿轮刀具等
		W6Mo5Cr4V2	用于制造要求热塑性好和受较大冲击载荷的刀具,如轧制钻头等
		W14Cr4VMnRe	用于制造要求热塑性好和受较大冲击载荷的刀具,如轧制钻头等
高性能高速钢	高碳	95W18Cr4V	用于制造对韧性要求不高,但对耐磨性要求较高的刀具
	高矾	W12Cr4V4Mo	用于制造形状简单,对耐磨性要求较高的刀具
	超硬	W6Mo5Cr4V2Al	用于制造复杂刀具和难加工材料用的刀具
		W10Mo4Cr4V3Al	耐磨性好,用于制造加工高强度耐热钢的刀具
		W6Mo5Cr4V5SiNbAl	用于制造形状简单的刀具,如加工铁基高温合金的钻头
		W12Cr4V3 Mo3Co5Si	耐磨性、耐热性好,用于制造加工高强度钢的刀具
		W2Mo9Cr4VCo8 (M42)	用于难加工材料的刀具,因其磨削性好可做复杂刀具,价格昂贵

B. 硬质合金

硬质合金是用高硬度、高熔点的金属碳化物(如 WC,TiC,TaC,NbC 等)粉末和金属黏结剂(如 Co,Ni,Mo 等)经高压成型后,再在高温下烧结而成的粉末冶金制品。

硬质合金的硬度、耐磨性、耐热性都很高。常用硬质合金的硬度为 89～93 HRA,比高速钢(83～86.6 HRA)高得多,在 800～1 000 ℃时还能切削,因此,硬质合金的耐热性能比高速钢好。

硬质合金允许的切削速度远高于高速钢,在刀具寿命相同的条件下,硬质合金的切削速度比高速钢的可提高 2～10 倍,可达 100 m/min 以上,且能切削诸如淬火钢等硬材料。硬质合金的不足是与高速钢相比,其抗弯强度较低、脆性较大,抗振动和冲击性能也较差。使用时要注意,硬质合金刀具不能承受大的振动和冲击,也不能承受大的热冲击。

硬质合金的冷加工性和热加工性都很差。

硬质合金因其切削性能优良而被广泛用来制作各种刀具。在我国,绝大多数车刀、面铣刀和深孔钻都采用硬质合金制造。目前,在一些较复杂的刀具上,如立铣刀、孔加工刀具等也开始使用硬质合金制造。

a. 钨钴类硬质合金(Wc + Co)

钨钴类硬质合金的国标代号是 YG,相当于 ISO 标准的 K 类。

　　YG 类具有较高的抗弯强度和韧性,故适用于加工铸铁,也适用于加工有色金属和非金属材料。此外,YG 类硬质合金还适用于加工钛合金和不锈钢。

　　b. 钨钛钴类硬质合金（WC + TiC + Co）

　　钨钛钴类硬质合金的代号为 YT,相当于 ISO 标准的 P 类。

　　YT 类硬质合金适用于在中高切削速度下加工钢料。

　　c. 钨钛钽（铌）钴类硬质合金（WC + TiC + TaC（NbC）+ Co）

　　钨钛钽（铌）钴类硬质合金的代号为 YW,相当于 ISO 标准的 M 类。

　　YW 类硬质合金兼有 YG 类和 YT 类的优点,具有硬度高、耐热性好和强度高、韧性好的特点,既可加工钢材,也可加工铸铁和有色金属,故被称为通用硬质合金。

　　YW 类硬质合金主要用于耐热钢、高锰钢、不锈钢等难加工材料。YW1 适用于精加工,YW2 适用于粗加工。YW 类硬质合金成本高,使用受限。

　　d. 碳化钛基硬质合金

　　碳化钛基硬质合金的国标代号为 YN,以 TiC 为主要成分,以 Ni,Mo 作为黏结剂。TiC 基硬质合金的特点是硬度更高。TiC 基硬质合金的硬度已经达到 93 HRA,接近陶瓷的水平。因而 TiC 基硬质合金的刀具寿命比 WC 基硬质合金长。

　　TiC 基硬质合金可加工钢,也可加工铸铁。但是,TiC 基硬质合金的抗弯强度和韧性不如 WC 基硬质合金,因此,不适于重载荷切削及断续切削,只适用于精加工。

　　各种硬质合金的应用范围见表 1.6。

表 1.6　各种硬质合金的应用范围

牌　号			应用范围
YG3X	硬度、耐磨性、切削速度↓	抗弯强度、韧性、进给量↑	铸铁、有色金属及其合金精加工、半精加工,不能承受冲击载荷
YG3			铸铁、有色金属及其合金精加工、半精加工,不能承受冲击载荷
YG6X			普通铸铁、冷硬铸铁、高温合金的精加工、半精加工
YG6			铸铁、有色金属及其合金的半精加工和粗加工
YG8			铸铁、有色金属及合金、非金属材料粗加工,也可用于断续切削
YG6A			冷硬铸铁、有色金属及其合金的半精加工,亦可用于高锰钢、淬硬钢的半精加工和精加工
YT30	硬度、耐磨性、切削速度↓	抗弯强度、韧性、进给量↑	碳素钢、合金钢的精加工
YT15			碳素钢、合金钢在连续切削时的粗加工、半精加工,也可用于断续切削时的精加工
YT14			同 YT15
YT5			碳素钢、合金钢的粗加工,也可以用于断续切削
YW1	硬度、耐磨性、切削速度↓	抗弯强度、韧性、进给量↑	高温合金、高锰钢、不锈钢等难加工材料及普通钢料、铸铁、有色金属及其合金的半精加工和精加工
YW2			高温合金、高锰钢、不锈钢等难加工材料及普通钢料、铸铁、有色金属及其合金的粗加工和半精加工

C. 陶瓷刀具材料

陶瓷材料比硬质合金具有更高的硬度(91~95 HRA)和耐热性,在1 200 ℃的温度下仍能切削,耐磨性和化学惰性好,摩擦系数小,抗黏结和扩散磨损能力强,因而能以更高的速度切削,并可切削难加工的高硬度材料。

主要缺点是性脆,抗冲击韧性差,抗弯强度低。

D. 超硬刀具材料

超硬刀具材料包括天然金刚石、聚晶金刚石和聚晶立方氮化硼3种。金刚石刀具主要用于加工高精度及粗糙度很低的非铁金属、耐磨材料和塑料,如铝及铝合金、黄铜、预烧结的硬质合金和陶瓷、石墨、玻璃纤维、橡胶及塑料等。立方氮化硼主要用于加工淬硬钢、喷涂材料、冷硬铸铁和耐热合金等。

天然金刚石是自然界最硬的材料,根据其质量的不同,硬度范围为 HK8 000~HK12 000 (HK,Knoop 硬度,单位 kgf/mm^2),密度为 3.48~3.56。由于天然金刚石是一种各向异性的单晶体,因此,在晶体上的取向不同,耐磨性及硬度也有差异,其耐热性为 700~800 ℃。天然金刚石的耐磨性极好,刃口锋利,切削刃的钝圆半径可达 0.01 μm 左右,刀具寿命可长达数百小时。但天然金刚石价格昂贵,因此,主要用于制造加工精度和表面粗糙度要求极高零件的刀具,如加工磁盘、激光反射镜、感光鼓及多面镜等。金刚石刀具不适于加工钢及铸铁。

聚晶金刚石是由金刚石微粉在高温高压下聚合而成,因此不存在各向异性,其硬度比天然金刚石低,为 HK 6 500~HK 8 000,价格便宜,焊接方便,可磨削性好,因此,可成为当前金刚石刀具的主要材料,在大部分场合替代天然金刚石刀具。

用等离子 CVD 法开发的金刚石涂层刀具,其基体材料为硬质合金或氮化硅陶瓷,用途和聚晶金刚石相同。由于可在形状复杂的刀具(如硬质合金麻花钻、立铣刀、成形刀具及带断屑槽的刀片等)上进行涂层,故具有广阔的发展前途。

聚晶立方氮化硼是由单晶立方氮化硼微粉在高温高压下聚合而成的。由于成分及粒度的不同,聚晶立方氮化硼刀片的硬度在 HV3 000~HV4 500 变动,其耐热性达 1 200 ℃左右,化学惰性很好,在 1 000 ℃的温度下不与铁、镍和钴等金属发生化学反应。它主要用于加工淬硬工具钢、冷硬铸铁、耐热合金及喷焊材料等,用于高精度铣削时可以代替磨削加工。

由于陶瓷、金刚石和立方氮化硼等材料韧性差、硬度高,因此要求使用这类刀具的机床刚性好、速度高、功率足够、主轴偏摆小,并且要求机床—夹具—工件—刀具系统的刚性好。只有这样才能充分发挥这些先进刀具材料的作用,取得良好的使用效果。

(四)金属切削的过程与原理

1. 金属切削过程

(1)切削的形成

切削的形成与切离过程,是切削层受到刀具前刀面的挤压而产生以滑移为主的塑性变形过程,如图 1.25 所示。

正挤压:金属材料受挤压时,最大剪应力方向与作用力方向约成 45° 金属有向最大剪应力方向滑移的倾向。

偏挤压:金属材料一部分受挤压时,OB 线以下金属由于母体阻碍,不能沿 AB 线滑移,而只能沿 OM 线滑移。

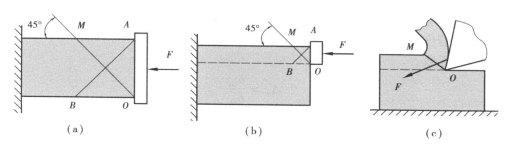

图 1.25　塑性金属材料的剪切破坏
（a）正挤压　（b）偏挤压　（c）切削

切削：与偏挤压情况类似。弹性变形→剪切应力增大，达到屈服点→产生塑性变形，沿 *OM* 线滑移→剪切应力与滑移量继续增大，达到断裂强度→切屑与母体脱离。

（2）切削的 3 个变形区

在切削过程中，切屑层金属经过复杂的变形与工件材料分离变成切屑。这一过程中的变形可分为 3 个变形区，如图 1.26 所示。

➤第 Ⅰ 变形区：即剪切变形区，金属剪切滑移，成为切屑。金属切削过程的塑性变形主要集中于此区域。

➤第 Ⅱ 变形区：靠近前刀面处，切屑排出时受前刀面挤压与摩擦。此变形区的变形是造成前刀面磨损和产生积屑瘤的主要原因。

图 1.26　切削过程的 3 个变形区

➤第 Ⅲ 变形区：已加工面受到后刀面挤压与摩擦，产生变形。此区变形是造成已加工面加工硬化和残余应力的主要原因。

①第 Ⅰ 变形区

在第 Ⅰ 变形区（见图 1.27），切削层金属从 *OA* 线开始产生剪切滑移塑性变形，到 *OM* 线剪切滑移基本完成，这一变形区也叫主变形区。在实际切削中，切屑形成的速度极快，时间极短，*OA*、*OM* 相距只有 $0.02 \sim 0.2$ mm，因而有时也用一个平面代替第 Ⅰ 变形区，这个平面叫剪切面。

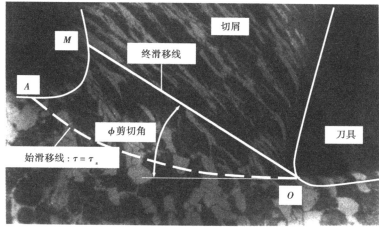

图 1.27　切屑根部金相照片

变形系数:切削层经塑性变形后,厚度增加,长度缩小,宽度基本不变。可用变形系数表示切削层的变形程度,如图1.28所示。

厚度变形系数:

$$\Delta_h = \frac{h_{ch}}{h_D}$$

长度变形系数:

$$\Delta_L = \frac{L_D}{L_{ch}}$$

②第Ⅱ变形区

A.黏结区和滑动区

经过第Ⅰ变形区形成的切屑在沿前刀面排除时,进一步受到前刀面的挤压和摩擦,形成与前刀面平行的纤维化组织,这一与前刀面接触的切屑底层内产生的变形区就是第Ⅱ变形区。

这个变形区可划分为两个区域:黏结区和滑动区,如图1.29所示。

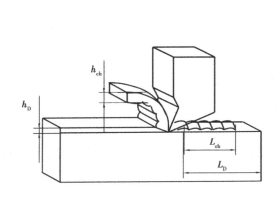

图1.28 切屑与切削层尺寸

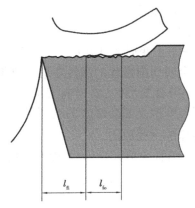

图1.29 切屑与前刀面的摩擦

黏结区:在高温高压使切屑底层软化,粘嵌在前刀面高低不平的凹坑中,形成长度为l_{fi}的黏结区。切屑的黏结层与上层金属之间产生相对滑移,其间的摩擦属于内摩擦。

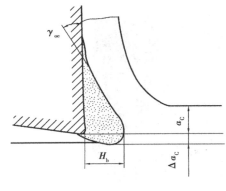

图1.30 积屑瘤

滑动区:切屑在脱离前刀面之前,在长度l_{fo}的区域内,与前刀面只在一些突出点接触,切屑与前刀面之间的摩擦属于外摩擦。

B.积屑瘤

a.积屑瘤的形成

切屑对前刀面接触处的摩擦,使前刀面十分洁净。当两者的接触面达到一定温度同时压力又较高时,会产生黏结现象,即一般所谓的"冷焊"。切屑从黏在刀面的底层上流过,形成"内摩擦"。如果温度与压力适当,底层上面的金属因内摩擦而变形,也会发生加工硬化,而被阻滞在底层,黏成一体。这样黏结层就逐步长大,形成积屑瘤,直到该处的温度与压力不足以造成黏附为止,如图1.30所示。

b. 积屑瘤对切削过程的影响

i. 实际前角增大

它加大了刀具的实际前角,可使切削力减小,对切削过程起积极的作用。积屑瘤越高,实际前角越大。

ii. 使加工表面粗糙度增大

积屑瘤的底部则相对稳定一些,其顶部很不稳定,容易破裂,一部分黏附于切屑底部而排出,一部分残留在加工表面上,积屑瘤凸出刀刃部分使加工表面切得非常粗糙,因此,在精加工时必须设法避免或减小积屑瘤。

iii. 对刀具寿命的影响

积屑瘤黏附在前刀面上,在相对稳定时,可代替刀刃切削,有减少刀具磨损、提高寿命的作用。但在积屑瘤比较不稳定的情况下使用硬质合金刀具时,积屑瘤的破裂有可能使硬质合金刀具颗粒剥落,反而使磨损加剧。

c. 防止积屑瘤的主要方法

i. 降低切削速度,使温度较低,黏结现象不易发生。

ii. 采用高速切削,使切削温度高于积屑瘤产生的相应温度。

iii. 采用润滑性能好的切削液,减小摩擦。

iv. 增加刀具前角,以减小切屑与前刀面接触区的压力。

v. 适当提高工件材料硬度,减小加工硬化倾向。

③第Ⅲ变形区

第Ⅲ变形区变形原因:切削刃存在刃口圆弧,导致挤压和摩擦已加工表面,造成表层组织的纤维化和加工硬化,产生第Ⅲ变形区。

(3)脆性材料切削过程

脆性材料切削过程是大规模挤裂与小规模挤裂交替进行的过程,如图1.31所示。

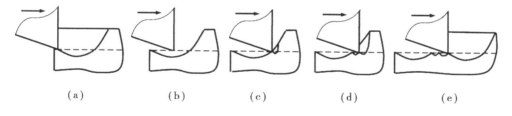

（a）　　　　　　（b）　　　　　　（c）　　　　　　（d）　　　　　　（e）

图1.31　硬脆材料切削过程

（a）大规模挤裂（大块破碎切除）　（b）空切　（c）小规模挤裂（小块破碎切除）

（d）小规模挤裂（次小块破碎切除）　（e）重复大规模挤裂（大块破碎切除）

2. 金属切削规律

(1)切削力

切削过程中工件作用在刀具上的切削抗力,称为切削力。

切削力来源:一是克服被加工材料对弹性变形和塑性变形的抗力;二是克服切屑对刀具前面的摩擦阻力和工件表面对刀具后面的摩擦阻力。

为了便于测量和应用,可将切削力分解成3个相互垂直的分力,如图1.32所示。

①主切削力 F_c。垂直与基面与主切削速度方向一致的分力。

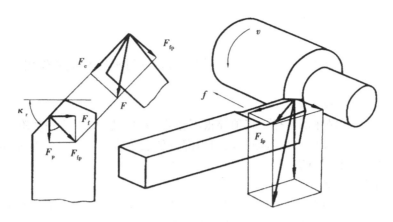

图 1.32　切削力的分解

②吃刀抗力 F_p　在基面内与进给方向垂直,即沿吃刀方向的分力。

③进给抗力 F_f　在基面内与进给运动方向相平行,即沿进给方向上的力。

影响切削力的因素如下:

A. 工件材料

强度高,加工硬化倾向大,切削力大。

B. 切削用量

被吃刀量与切削力近似成正比。

进给量增加,切削力增加,但不成正比。

切削速度对切削力影响复杂(见图 1.33)。

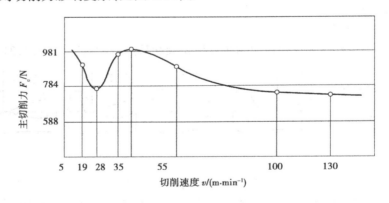

图 1.33　切削速度对切削力的影响

C. 刀具几何角度影响

前角 γ_o 增大,切削力减小(见图 1.34)。

主偏角 κ_r 对主切削力影响不大,对吃刀抗力和进给抗力影响显著($\kappa_r \uparrow$ —— $F_p \downarrow$, $F_f \uparrow$,见图 1.35)。

与主偏角相似,刃倾角 λ_s 对主切削力影响不大,对吃刀抗力和进给抗力影响显著($\lambda_s \uparrow$ —— $F_p \downarrow$, $F_f \uparrow$),如图 1.35 所示。

刀尖圆弧半径 r_ε 　对主切削力影响不大,对吃刀抗力和进给抗力影响显著($r_\varepsilon \uparrow$ —— $F_p \uparrow$, $F_f \downarrow$)。

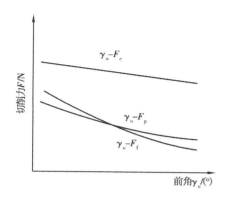

图 1.34　前角对 γ_o 切削力的影响

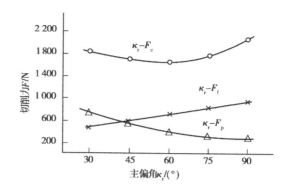

图 1.35　主偏角 κ_r 对切削力的影响

D. 其他因素影响

刀具材料　与工件材料之间的亲和性影响其间的摩擦,从而影响切削力。

切削液　有润滑作用,使切削力降低。

后刀面磨损　使切削力增大,对吃刀抗力 F_p 的影响最为显著。

（2）切削热与切削温度

①切削热和切削温度

切削热来源　切削过程变形和摩擦所消耗的功,绝大部分转变为切削热。

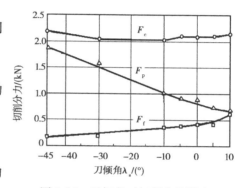

图 1.36　刃倾角对切削力的影响

切削温度分布（见图 1.37）　切削塑性材料——前刀面靠近刀尖处温度最高。

　　　　　　　　　　　　　　　切削脆性材料——后刀面靠近刀尖处温度最高。

②影响切削温度的因素

A. 切削用量的影响

在切削用量中,切削速度对切削温度的影响最大。进给量次之,背吃刀量最小,如图 1.38 所示。

随着切削速度的提高,材料切除率随之成正比例的增加。但随着切削速度的提高,切屑变形相应减小,故切削功和切削热虽然有所增高,但不可能成正比例的增高,因此,切削温度也不会成正比例的增高。

因此,若要切除给定的余量,又要求切削温度较低,则在选择切削用量时,应优先考虑采用大的背吃刀量,然后选择一个适当的进给量,最后再选择合理的切削速度。

上述切削用量选择原则是从最低切削温度出发考虑的,这也是制订零件加工工艺规程时,确定切削用量的原则。

B. 刀具几何参数的影响

工件材料机械性能↑→切削温度↑;

工件材料导热性↑→切削温度↓。

C. 冷却液的影响

合理使用切削液能降低切削温度。

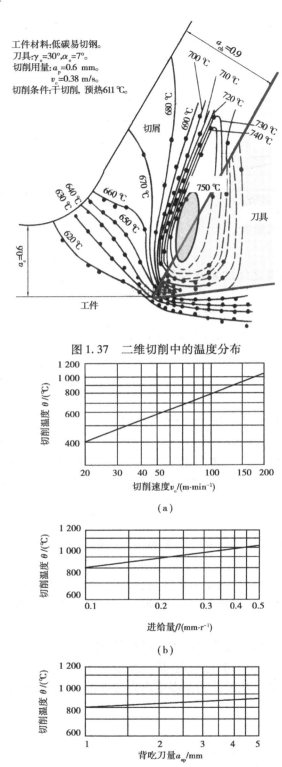

图 1.37　二维切削中的温度分布

（a）

（b）

（c）

图 1.38　切削用量对切削温度的影响

（3）刀具磨损和耐用度

①刀具磨损形态

刀具的磨损分为正常磨损和非正常磨损。

正常磨损是指刀具在设计与使用合理、制造与刃磨质量符合要求的情况下，在切削过程中逐渐产生的磨损。正常磨损有以下 3 种形式（见图 1.39）：

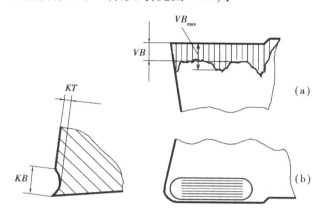

图 1.39　刀具磨损形态

A. 前刀面磨损

形式：形成月牙洼。

形成条件：加工塑性材料，v_c 大，a_c 大。

影响：削弱刀刃强度，降低加工质量。

B. 后刀面磨损

形式：形成后角 $=0$ 的磨损面（参数——VB，VB_{max}）。

形成条件：加工塑性材料，v_c 较小，a_c 较小；加工脆性材料。

影响：切削力↑，切削温度↑，产生振动，降低加工质量。

C. 前、后刀面磨损

在用中等切削速度和进给量切削塑性金属时，刀具上同时出现前刀面和后刀面磨损。

非正常磨损是指刀具破损（裂纹、崩刃、破碎等）和卷刃（刀刃塑性变形）。

②刀具磨损原因

A. 磨粒磨损　切屑及工件中含有一些硬度极高的微小质点，可在刀具表面刻画出沟槽，造成刀具磨损。

——各种切速下均存在。

——低速情况下刀具磨损的主要原因。

B. 黏结磨损（冷焊）　刀具与工件在高温高压作用下易产生黏结，刀具材料被工件材料带走，造成刀具磨损。

——刀具材料与工件材料亲和力大。

——刀具材料与工件材料硬度比小。

——中等偏低切速。

C. 扩散磨损　在高温作用下，刀具与工件接触面分子活动能量大，造成合金元素相互扩

33

散置换,使刀具材料力学性能降低,再经过摩擦,刀具容易破损。

—— 高温下发生。

D. 氧化磨损　在一定温度下,刀具材料与某些周围介质起化学作用,在刀具表面形成一层硬度较低的化合物,被切屑或工件擦掉而形成磨损,称为氧化磨损。

——高温情况下,在切削刃工作边界发生。

E. 相变磨损　刀具上最高温度超过了刀具材料的相变温度,刀具材料的金相组织会发生变化,使硬度降低,磨损加剧,造成磨损。

——高温下发生。

③刀具磨损过程

在正常磨损的情况下,刀具磨损量随切削时间增加而逐渐扩大,如图 1.40 所示。以后刀面为指标时,磨损过程可分为 3 个阶段:初期磨损阶段、正常磨损阶段和急剧磨损阶段。

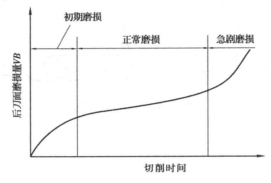

图 1.40　刀具磨损过程

④刀具的磨钝标准

为了保证刀具有足够的寿命,必须在刀具的实际磨损量达到急剧磨损阶段之前的某一值就停止使用,进行刃磨或换刀,这个值就叫磨钝标准。刀具允许达到的最大的磨损量,称为"磨钝标准"。对于一般刀具,常以后面磨损带高度 VB 的允许极限值作为磨钝标准。这是衡量刀具是否应该刃磨或更换的标准。

刀具耐用度　刃磨后的刀具自开始切削到磨损量达磨钝标准为止的总切削时间,称为刀具耐用度。以 T 表示,单位为分钟。精加工也可用加工的零件数表示。

刀具寿命　表示一把新刀具用到报废之前总的切削时间,其中包括多次重磨。刀具寿命等于刀具耐用度乘以重磨次数。

⑤影响刀具耐用度的因素

切削温度直接决定刀具的耐用度,切削温度越高,刀具磨损也越快,刀具的耐用度就越低。影响切削温度的因素都对耐用度有影响。

在切削用量中 v_c 的影响最显著;f 次之;a_p 影响最小 。

工件材料的强度硬度越高,切削温度越高,刀具的磨损越快。

刀具材料的高温硬度越高,越耐磨,耐用度也越高。

(4)刀具的破损

刀具破损也是刀具损坏的主要形式之一。以脆性大的刀具材料制成的刀具进行断续切削,或加工高硬度的工件材料时,刀具的破损最为严重。

①破损的形式

脆性破损:硬质合金和陶瓷刀具切削时,在机械和热冲击作用下,前、后刀面尚未发生明显的磨损前,就在切削刃处出现崩刃、碎断、剥落、裂纹等。

塑性破损:切削时,由于高温、高压作用,有时在前、后刀面和切屑、工件的接触层上,刀具表层材料发生塑性流动而失去切削能力。

②破损的原因

在生产实际中,工件的表面层无论其几何形状,还是材料的物理、机械性能,都远不是规则和均匀的。例如,毛坯几何形状的不规则,加工余量不均匀,表面硬度不均匀,以及工件表面有沟、槽、孔等,都使切削或多或少带有断续切削的性质;至于铣、刨更属断续切削之列。在断续切削条件下,伴随着强烈的机械和热冲击,加以硬质合金和陶瓷刀具等硬度高、脆性大的特点,粉末烧结材料的组织可能不均匀,且存在着空隙等缺陷,因而很容易使刀具由于冲击、机械疲劳、热疲劳而破损。

③破损的防止

防止或减小刀具破损的措施:提高刀具材料的强度和抗热振性能;选用抗破损能力大的刀具几何形状;采用合理的切削条件。

3. 切屑的控制

(1)切屑的类型

切屑的类型及形成条件见表 1.7。

表 1.7　切屑类型及形成条件

名　称	带状切屑	节状切屑	粒状切屑	崩碎切屑
简图				
形态	带状,底面光滑,背面呈毛茸状	节状,底面光滑有裂纹,背面呈锯齿状	粒状	不规则块状颗粒
变形	剪切滑移尚未达到断裂程度	局部剪切应力达到断裂强度	剪切应力完全达到断裂强度	未经塑性变形即被挤裂
形成条件	加工塑性材料,切削速度较高,进给量较小,刀具前角较大	加工塑性材料,切削速度较低,进给量较大,刀具前角较小	工件材料硬度较高,韧性较低,切削速度较低	加工硬脆材料,刀具前角较小
影响	切削过程平稳,表面粗糙度小,妨碍切削工作,应设法断屑	切削过程欠平稳,表面粗糙度欠佳	切削力波动较大,切削过程不平稳,表面粗糙度不佳	切削力波动大,有冲击,表面粗糙度恶劣,易崩刀

（2）切屑的卷曲和折断

为使切削过程正常进行和保证已加工表面质量,应使切屑卷曲和折断。切屑的卷曲是切屑基本变形或经过卷屑槽使之产生附加变形的结果。在实际加工中,应用最广的断屑方法就是在前刀面上磨制出断屑槽或使用压块式断屑器。

4. 切削液的作用和种类

（1）切削液的作用

冷却作用:使切削热传导、对流和汽化,从而降低切削区温度。

润滑作用(边界润滑原理):切削液渗透到刀具与切屑、工件表面之间形成润滑膜,它具有物理吸附和化学吸附作用。

洗涤和防锈作用:冲走细屑或磨粒;在切削液中添加防锈剂,起防锈作用。

（2）切削液的种类

①水溶液:水溶液就是以水为主要成分并加入防锈添加剂的切削液。主要起冷却作用。常用的有电解水溶液和表面活性水溶液。

电解水溶液:在水中加入各种电解质(如 Na_2CO_3,$NaNO_2$),能渗透到表面油膜内部起冷却作用。主要用于磨削、钻孔和粗车等。

表面活性水溶液:在水中加入皂类、硫化蓖麻油等表面活性物质,用以提高水溶液的润滑作用。常用于精车、精铣和铰孔等。

②切削油:主要起润滑作用。

10 号、20 号机油:用于普通车削、攻丝。

轻柴油:用于自动机上。

煤油:用于精加工有色金属、普通孔或深孔精加工。

豆油、菜油、蓖麻油等:用于螺纹加工。

③乳化液:由水和油混合而成的液体。生产中的乳化液是由乳化剂(蓖麻油、油酸或松脂)加水配制而成。

浓度低的乳化液含水多,主要起冷却作用,适用于粗加工和磨削;浓度高的乳化液含水少,主要起润滑作用,适用于精加工。

④极压切削油和极压乳化液:在切削液中添加了硫、氯、磷极压添加剂后,能在高温下显著提高冷却和润滑效果。

 任务实施

（一）刀具几何参数的合理选择

刀具几何参数包括角度、刀面形式、切削刃形状等。它们对切削时金属的变形、切削力、切削温度、刀具磨损、已加工表面质量等都有明显的影响。

所谓合理几何参数,是指在保证加工质量的前提下,能够获得最高刀具耐用度,从而达到提高切削效率,降低生产成本的目的。

确定参数时的一般原则是:

（1）考虑刀具材料和结构。刀具材料有高速钢、硬质合金等,而刀具结构有整体、焊接、机夹、可转位等。

（2）考虑工件的实际情况。如材料的物理机械性能、毛坯情况（铸、锻等）、形状、材质等。

（3）了解具体加工条件。如机床、夹具情况、系统刚性、粗或精加工、自动线等。

（4）注意几何参数之间的关系。如选择前角，应同时考虑卷屑槽的形状、是否倒棱、刃倾角的正与负等。

（5）处理好刀具锋锐性与强度、耐磨性的关系。在保证具有足够强度和耐磨性的前提下，力求刀具锋锐；在提高刀具锋锐性的同时，设法强化刀尖和刃区等。

1. 前角和前刀面形状的选择

（1）前角 γ_o。

①作用

a. 影响切削区的变形、力、温度、功率消耗等。

b. 与切削刃强度、散热条件等有关。

c. 改变切削刃受力性质。如 $+\gamma_o$（见图 1.41（a））受弯；$-\gamma_o$（见图 1.41（b））受压。

d. 涉及切屑形态、断屑效果，如小的 γ_o，切屑变形大，易折断。

e. 关系到已加工表面的质量，主要是通过积屑瘤、鳞刺、振动等因素产生影响。

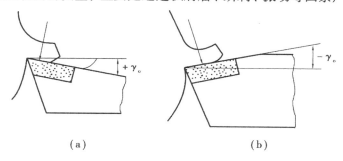

图 1.41 γ_o 为正或负时的受力情况

（a）正前角 （b）负前角

显然 γ_o 大或小，各有利弊。如 γ_o 大，切削变形小，可降低温度，但刀具散热条件差，温度可能上升；γ_o 小，甚至负值，如切削硬材料时，虽可改善散热条件，使温度下降，但因变形严重、热量多，反而使温度上升。

②选择

在一定条件下，γ_o 必有一个合理值 γ_{oPt}。刀具材料不同时，如图 1.42（a）所示；工件材料不同时，如图 1.42（b）所示。应注意的是：这里所说的 γ_{oPt} 是指保证最大耐用度的 γ_o，在某些情况下未必是最适宜的。如出现振动，为减振或消振，有时仍需增大 γ_o；在精加工时，考虑到加工精度和粗糙度，也可能重新选择适宜的 γ_o。

a. 依据刀具材料：抗弯强度低、韧性差、脆性大且忌冲击、易崩刃的，取小的 γ_o，反之，取较大的 γ_o。

依据工件材料：钢料，塑性大，切屑变形大，与刀面接触长度长，刀屑间压力、摩擦力均大，为减小变形与摩擦，宜取较大的 γ_o；铸铁，脆性大，切屑是崩碎的，集中于切削刃处，为保证有较好的切削刃强度，γ_o 宜取得比钢小。

用硬质合金刀加工钢，常取 $\gamma_o \approx 10° \sim 20°$；加工铸铁，常取 $\gamma_o \approx 5° \sim 15°$。材料的强度、硬

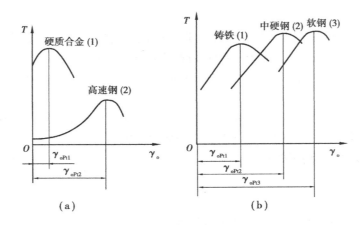

图 1.42　γ_o 的合理值 γ_{oPt}

(a)不同刀具材料　(b)不同工件材料

度高时,宜取小 γ_o;特硬的,如淬硬钢,γ_o 应更小,甚至取 $-\gamma_o$,以使刀片处在受压的工作状态(见图 1.41(b)),这是因为硬质合金的抗压强度比抗弯强度高 3～4 倍。

　　b.考虑具体的加工条件:粗加工,特别是断续切削,或有硬皮时,如铸、锻件,γ_o 可小些;数控机床、自动机或自动线上用的刀具,考虑应有较长的刀具耐用度及工作稳定性,常取较小的 γ_o。精加工时,宜取较大的前角,以减小工件变形与表面粗糙度;带有冲击性的断续切削比连续切削前角取得小。

　　表 1.8　为常见的工件材料的前角的选择。

表 1.8　常见的工件材料的前角的选择

工件材料		前角	
		高速钢刀具	硬质合金刀
铝及铝合金		25°～30°	25°～30°
紫铜及铜合金(软)		25°～30°	25°～30°
铜合金(脆性)	粗加工	5°～10°	5°～10°
	精加工	10°～15°	10°～15°
结构钢	粗加工	15°～20°	10°～15°
	精加工	20°～25°	15°～20°
灰铸铁及可锻铸铁	HBS≤220	20°～25°	15°～20°
	HBS>220	10°	8°
铸、锻钢件或断续切削灰铸铁		10°～15°	5°～10°

(2)倒棱

　　在车刀切削刃附近的前刀面上,磨出很窄的棱边,称为倒棱。如图 1.43 所示,倒棱是防止因 γ_o 增大削弱切削刃强度的一种措施。在使用脆性大的刀具材料,粗加工或断续切削时,对减小刀具崩刃,提高刀具耐用度效果显著(可提高 1～5 倍)。

其参数值的选取应恰当,宽度 b_{r1} 不可太大,应保证切屑仍沿正前角 γ_o 的前刀面流出。b_{r1} 的取值与进给量有关,常取 $b_{r1} \approx (0.3 \sim 0.8)f$,精加工取小值,粗加工取大值;倒棱前角 γ_{o1}:高速钢刀具倒棱前角取正值 $\gamma_{o1} = 0° \sim 5°$,硬质合金刀具倒棱前角取负值 $\gamma_{o1} = -5° \sim -10°$。

加工低碳钢、灰铸铁、不锈钢时,$b_{r1} \leqslant 0.5f$,$\gamma_{o1} = -5° \sim -10°$。

加工硬皮的锻件或铸钢件,机床刚度与功率允许的情况下,倒棱负角可减小到 $-30°$,

冲击比较大,负倒棱宽度可取 $b_{r1} = (1.5 \sim 2)f$。

对于进给量很小($f \leqslant 0.2$ mm/r)的精加工刀具,为使切削刃锋利和减小刀刃钝圆半径,一般不磨倒棱。加工铸铁、铜合金等脆性材料的刀具,一般也不磨倒棱。

采用切削刃钝圆(见图 1.44),也是增强切削刃、减少刀具破损的有效方法,可使刀具耐用度提高约 200%;断续切削时,适当加大 r_β 值,可增加刀具崩刃前所受的冲击次数;钝圆刃还有一定的切挤熨压及消振作用,可减小已加工表面的粗糙度。

一般情况下,常取 $r_\beta < f/3$。轻型切削钝圆 $r_\beta = 0.02 \sim 0.03$ mm;中型切削钝圆 $r_\beta = 0.05 \sim 0.1$ mm;用于重切削的重型钝圆 $r_\beta = 0.15$ mm。

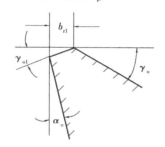

图 1.43　前刀面上的倒棱

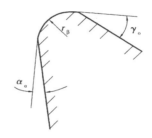

图 1.44　切削刃钝圆

(3)带卷屑槽的前刀面形状

加工韧性材料时,为使切屑卷成螺旋形或折断成 C 形,使之易于排出和清理,常在前刀面磨出卷屑槽,其槽形有直线圆弧形、直线形、全圆弧形等不同形式,如图 1.45(a)、(b)、(c)所示。直线圆弧形的槽底圆弧半径 R_n 和直线形的槽底角对切屑的卷曲变形有直接的影响,较小时,切屑卷曲半径较小、切屑变形大、易折断;但过小时又易使切屑堵塞在槽内,增大切削力,甚至崩刃。一般条件下,常取 $R_n = (0.4 \sim 0.7)W_n$;槽底角取 110° ~ 130°。这两种槽形较适于加工碳素钢、合金结构钢、工具钢等,一般 γ_o 为 5° ~ 15°。全圆弧形可获得较大的前角,且不致使刃部过于削弱,较适于加工紫铜、不锈钢等高塑性材料,γ_o 可增至 25° ~ 30°。

卷屑槽宽 W_n 越小,切屑卷曲半径越小,切屑越易折断;但太小,切屑变形很大,易产生小块的飞溅切屑。过大的 W_n 也不能保证有效地卷屑或折断。一般根据工件材料和切削用量决定,常取 $W_n = (1 \sim 10)f$。

2.主、副后角的选择

(1)主后角 α_o

①作用:VB 不变,α_o 增大,允许磨去的金属多(见图 1.46),表明刀具耐用;但 NB 加大,影响工件尺寸精度。

α_o 增大,β_o 减小,r_β 也减小,切削刃锋锐,易切入,工件表面的弹性恢复减小,从而减小了后刀面与已加工表面的摩擦,减小了后刀面的磨损,有利于提高表面质量和刀具耐用度。但太

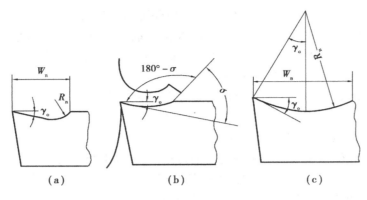

（a）　　　　　　　　（b）　　　　　　　　（c）

图 1.45　前刀面上卷屑槽的形状

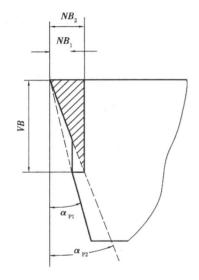

图 1.46　α_o 对刀具磨损量的影响

大的 α_o 将显著削弱刀头强度，使散热条件恶化而降低刀具耐用度；并使重磨量和时间增加，提高了磨刀费用。

②选择：切削时同样存在着一个合理的 α_{oPt}。α_{oPt} 随 γ_o 的减小而增大（见图 1.47（a））；也因刀具材料不同而改变，硬质合金的 γ_o 小于高速钢，r_β 大于高速钢，因此，α_{oPt} 大于高速钢（见图 1.47（b））。

根据切削厚度 a_c（进给量 f）进行选择　粗加工、强力切削及承受冲击的刀具，要求切削刃强固，宜取较小的 α_o；精加工时，a_c 小，磨损主要发生在后刀面，加以 r_β 的影响，为减小后刀面磨损和增加切削刃的锋锐性，应取较大的 α_o。通常，$f > 0.25$ mm/r 时，取 $\alpha_o = 5° \sim 8°$；$f < 0.25$ mm/r时，取 $\alpha_o = 10° \sim 12°$。

根据工件材料进行选择：强度、硬度高时，为加强切削刃强度，应取较小的 α_o；材质软，塑性大，易产生加工硬化时，为减小后刀面摩擦，宜取较大的 α_o；脆性材料，应力

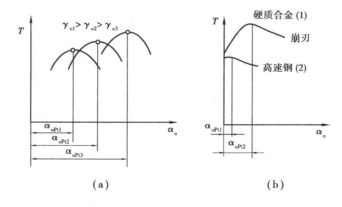

（a）　　　　　　　　　　（b）

图 1.47　α_o 的合理值 α_{oPt}

集中在刀尖处，可取小的 α_o；特硬材料在 γ_o 为负值时，为造成较好的切入条件，应加大 α_o。

切断刀因进给量关系，使近工件中心处工作后角减小，α_o 应取的比外圆车刀大，常取

$\alpha_o = 10° \sim 12°$；车削大螺距的右旋螺纹时，也因走刀关系，务必使左切削刃的后角磨的比右切削刃的后角大。

表 1.9　硬质合金车刀合理后角参考值

工件材料	合理后角		工件材料	合理后角	
	粗 车	精 车		粗 车	精 车
低碳钢	8° ~ 10°	10° ~ 12°	灰铸铁	4° ~ 6°	6° ~ 8°
中碳钢	5° ~ 7°	6° ~ 8°	铜及铜合金	6° ~ 8°	6° ~ 8°
合金钢	5° ~ 7°	6° ~ 8°	铝及铝合金	8° ~ 10°	10° ~ 12°
淬火钢	8° ~ 10°		钛合金 $\sigma_b \leqslant$ 1.777 GPa	10° ~ 15°	
不锈钢（奥氏体）	6° ~ 8°	8° ~ 10°			

（2）副后角 α_o'

一般取 $\alpha_o' = \alpha_o$。切断刀、切槽刀、锯片等的 α_o'，因受其结构强度限制，只允许取小的 α_o'，如 1° ~ 2°。

3. 主、副偏角及刀尖形状的选择

（1）主偏角 κ_r

①作用：如图 1.48 所示，κ_r 值影响残留面积高度、切屑形状、单位长度切削刃上的负荷、刀尖角 ε_r、F_x、F_y 的比值等，κ_r 小于 90° 时，切削刃最先与工件接触的在远离刀尖处，可减小因切入冲击而造成的刀尖损坏。

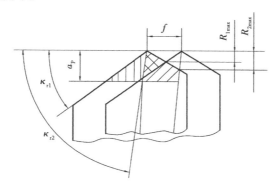

图 1.48　κ_r 对一些参数的影响

②选择：据加工性质，κ_r 大，a_c 大，切削变形小，切削力小，可减振，但散热条件差，影响刀具耐用度。综合结果：用硬质合金刀粗加工或半精加工时，常取 $\kappa_r = 75°$；精加工时，为减小残留面积高度，提高工件表面质量，κ_r 应尽量小。

根据工件材料：硬度、强度大的，如冷硬铸铁、淬火钢等，为减轻单位切削刃上的负荷，改善刀头散热条件，提高刀具耐用度，在工艺系统刚性较好时，宜取小的 κ_r。

根据加工情况：工艺系统刚性差时，如工件长度与直径之比大于 12 的细长轴的加工，应选大的 κ_r，甚至取 $\kappa_r = 90° \sim 93°$，以使 F_p 下降并消振；需中间切入的、仿形车等，可取 $\kappa_r =$

$45° \sim 60°$；阶梯轴的加工 $\kappa_r \geq 90°$；单件、小批量生产时，考虑到一刀多用（车外圆、端面、倒角），宜取 $\kappa_r = 45°$ 或 $90°$。

表 1.10　主偏角的参考值

工作条件	主偏角 κ_r
系统刚性大、背吃刀量较小、进给量较大、工件材料硬度高	$10° \sim 30°$
系统刚性大（$l/d < 6$），加工盘类零件	$30° \sim 35°$
系统刚性小（$l/d = 6 \sim 12$），背吃刀量较大或有冲击	$60° \sim 75°$
系统刚性小（$l/d > 12$），车台阶轴、车槽及切断	$90° \sim 95°$

（2）副偏角 κ_r'

①作用：工件已加工表面靠副切削刃最终形成，κ_r' 值影响刀尖强度、散热条件、刀具耐用度、振动和已加工表面的质量等。

②选择：粗加工时，考虑到刀尖强度、散热条件等，κ_r' 不宜太大，可取 $10° \sim 15°$。

精加工时，在工艺系统刚性较好、不产生振动的条件下，考虑到残留面积高度等，κ_r' 应尽量的小，可取 $5° \sim 10°$。

切断刀、锯片等，因受结构、强度限制，并考虑到重磨后刃口宽度变化尽量小，宜选用较小的 κ_r'，一般仅 $1° \sim 2°$。

有时，为了提高已加工表面质量，生产中还使用 $\kappa_r' = 0°$ 的带有修光刃的刀具，如图 1.45（a）所示，其宽度 b_ε 应大于进给量 f：车刃 $b_\varepsilon = (1.2 \sim 1.3)f$；硬质合金端铣刀 $b_\varepsilon = (4 \sim 6)f$，此时，工件上的理论残留高度已不存在。对于车刀，使用时应注意：修光刃必须确保在水平线上与工件轴线平行，否则得不到预期的效果。实践表明：这种车刀在 $f = 3 \sim 3.5$ mm/r 时还能得到粗糙度为 $R_a 10 \sim 5$ μm 的表面；而用 $\kappa_r' > 0°$ 的普通车刀，要得到同样的粗糙度，f 几乎要减小到 1/10。

（3）刀尖形状

①直线形过渡刃　为增强刀尖强度和改善散热条件，常将其做成直线形或圆弧形的过渡刃，直线形过渡刃（见图 1.49（b）），刃磨较容易，一般适于粗加工，常取 $b_\varepsilon = 0.5 \sim 2$ mm

或
$$b_\varepsilon = \left(\frac{1}{4} \sim \frac{1}{5}\right)a_p \quad a_\varepsilon = a_o$$

②圆弧形过渡刃　如图 1.49（c）所示，刃磨较难，但可减小已加工表面粗糙度，较适用于精加工。r_ε 值与刀具材料有关：高速钢，$r_\varepsilon = 1 \sim 3$ mm；硬质合金、陶瓷刀 r_ε 略小，常取 $0.5 \sim 1.5$ mm。这是因为 r_ε 大时，F_p 也大，工艺系统刚性不足时，易振，而脆性刀具材料对此反应较敏感。

4. 刃倾角的选择

（1）作用

①控制切屑流出方向。$\lambda_s = 0°$ 时（见图 1.50（a）），即直角非自由切削，主切削刃与基面重叠，切屑在前刀面上近似沿垂直于主切削刃的方向流出；$\lambda_s \neq 0°$ 时，即斜角非自由切削，主切削刃不在基面上。λ_s 为负值时（见图 1.50（b）），切屑流向与 v_f 方向相反，可能缠绕、擦伤已加工

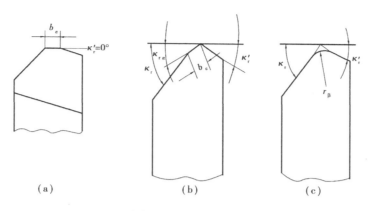

图 1.49　刀尖的形状

（a）修光刃　（b）直线形过渡刃　（c）圆弧形过渡刃

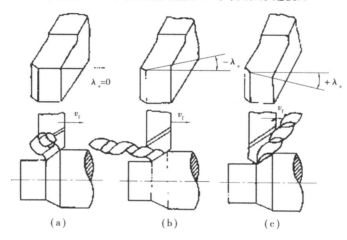

图 1.50　刃倾角对切屑流向的影响

表面，但刀尖强度较好，常用在粗加工；λ_s 为正值时，如图 1.50（c）所示，切屑流向与 v_f 方向一致，保护了已加工表面，但刀尖强度较差，适用于精加工。

②影响刀尖强度及继续切削时切削刃上受冲击的位置，如图 1.51 所示。$+\lambda_s$ 时（双点划线部分），首先接触工件，受冲击的是刀尖，容易崩刀；$-\lambda_s$ 时（实线部分），首先接触工件的是离刀尖较远的切削刃，保护了刀尖，较适于粗加工，特别是冲击较大的加工。

③改变 F_f，F_p 的比值。当 $-\lambda_s$ 的绝对值增大时，F_p 增加得很快，将导致工件变形和引起振动。

（2）选择

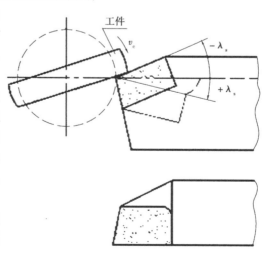

图 1.51　λ_s 值对切削刃受冲击位置的影响

43

①加工一般钢料、灰铸铁,无冲击的粗车取 $\lambda_s = 0° \sim -5°$,精车取 $\lambda_s = 0° \sim +5°$;有冲击时,取 $\lambda_s = -5° \sim -15°$;冲击特大时,$\lambda_s = -30° \sim -45°$;加工淬硬钢、高强度钢、高锰钢,取 $\lambda_s = -20° \sim -30°$。

②强力刨刀,取 $\lambda_s = -10° \sim -20°$。微量精车外圆、精刨平面的精刨刀,取 $\lambda_s = 45° \sim 75°$。

③金刚石、立方氮化硼刀,取 $\lambda_s = -5°$。

④工艺系统刚性不足时,λ_s 不应取负值。

例1.1　如图1.52所示大切深强力车刀,刀具材料YT15,一般用于中等刚性车床上,加工热轧和锻制的中碳钢。切削用量为:背吃刀量 $a_p = 15 \sim 20$ mm,进给量 $f = 0.25 \sim 0.4$ mm/r。试对该刀具的刀具几何参数进行分析。

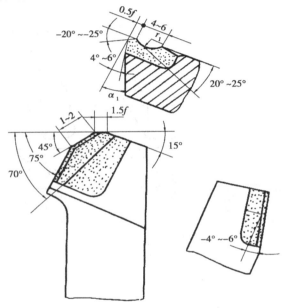

图1.52　车刀结构图例

此刀具主要几何参数及作用如下:

①取较大前角,$\gamma_o = 20° \sim 25°$,能减小切削变形,减小切削力和切削温度。主切削刃采用负倒棱,$b_{r1} = 0.5f$,$\gamma_{o1} = -20° \sim -25°$,提高切削刃强度,改善散热条件。

②后角值较小,$\alpha_o = 4° \sim 6°$,而且磨制成双重后角,主要是为提高刀具强度,提高刀具的刃磨效率和允许刃磨次数。

③主偏角较大,$\kappa_r = 70°$,副偏角也较大,$\kappa_r' = 15°$,以降低主切削力 F_c 和吃刀抗力 F_p,避免产生振动。

④刀尖形状采用直线形过渡刃加修光刃,倒角 $\kappa_{re} = 45°$,$b_\varepsilon = 1 \sim 2$ mm,修光刃 $b = 1.5f$,主要是提高刀尖强度,增大散热体积。修光刃目的是修光加工表面残留面积,提高加工表面的质量。

⑤刃倾角取负值,$\lambda_s = -40° \sim -60°$,提高刀具强度,避免刀尖受冲击(一般大前角刀具通常选用负的刃倾角)。

（二）切削用量的选用

1. 切削速度的选用原则

所谓合理的切削用量，就是在充分利用刀具的切削性能和机床性能（功率、扭矩等）、保证加工质量的前提下，获得较高的生产率和较低加工成本的切削速度、进给量和切削深度。

v_c，f，a_p 之中任何一项增大，都会使刀具耐用度 T 下降。但影响程度不一，以 v_c 最大，f 次之，a_p 最小。因此，从耐用度 T 出发选择用量时，首先是选大的 a_p，其次选大的 f，最后据已定的数据来确定 v_c。

2. 切削用量对加工质量的影响

a_p 增大，F_p 增大，工艺系统变形增大，振动增大，工件加工精度下降，粗糙度增大；f 增大，力也增大，粗糙度的增大更为显著；v_c 增大，切屑变形、力、粗糙度均有所减小。

由此可认为：精加工宜用小的 a_p、小的 f；为避免积屑瘤、鳞刺对已加工表面质量的影响，可用硬质合金刀高速切削（$v_c = 80 \sim 100$ m/min），或者用高速钢刀低速切削（$v_c = 3 \sim 8$ m/min）。

3. 切削用量的确定

（1）背吃刀量 a_p

粗加工（表面粗糙度 $R_a 50 \sim 12.5$ μm）

尽量一次走刀切除全部余量。在允许的条件下，尽量一次切除该工序的全部余量。在中等功率机床上，a_p 可达 $8 \sim 10$ mm。下列情况时，可分几次走刀。

①加工余量太大，一次走刀会使切削力太大，机床功率或刀具强度所不允许。

②工艺系统刚性不足，或加工余量极不均匀，以致引起很大振动，如加工细长轴或薄壁工件时。

③断续切削，刀具受到很大的冲击而破损。如分两次走刀，应使 $a_{p1} > a_{p2}$，a_{p2} 取加工余量的 $1/3 \sim 1/4$。

半精加工：（表面粗糙度 $R_a 6.3 \sim 3.2$ μm）

a_p 取 $0.5 \sim 2$ mm。

精加工（表面粗糙度 $R_a 1.6 \sim 0.8$ μm）

a_p 取 $0.1 \sim 0.4$ mm。

（2）进给量 f

粗加工：对加工质量没有太高的要求，而切削力往往较大。合理的 f 应为机床进给机构的强度、刀杆的强度和刚度、硬质合金或陶瓷刀片的强度、工件的装夹刚度所能承受。

实际生产中，f 通常根据工件材料、直径，刀杆横截面尺寸和已定的 a_p，从切削用量手册中查得。表 1.12 为硬质合金刀片强度允许的进给量。

限制精加工时最大进给量的主要因素是加工表面的表面粗糙度。表 1.13 为硬质合金外圆车刀半精加工时的进给量。

表 1.11　硬质合金及高速钢车刀粗车外圆和端面　时的进给量

加工材料	车刀刀杆尺寸 $B \times H$ /（mm×mm）	工件直径 /mm	背吃刀量 a_p/mm				
			≤3	>3~5	>5~8	>8~12	12 以上
			进给量 f/（mm/r）				
碳素结构钢和合金结构钢、耐热钢	16×25	20	0.3~0.4	—	—	—	—
		40	0.4~05	0.3~0.4	—	—	—
		60	0.5~0.7	0.4~0.6	0.3~0.5	—	—
		100	0.6~0.9	0.5~0.7	0.5~0.6	0.4~0.5	—
		400	0.8~1.2	0.7~1.0	0.6~0.8	0.5~0.6	—
	20×30 25×25	20	0.3~0.4	—	—	—	—
		40	0.4~05	0.3~0.4	—	—	—
		60	0.6~0.7	0.5~0.7	0.4~0.6	—	—
		100	0.8~1.0	0.7~0.9	0.5~0.7	0.4~0.7	—
		600	1.2~1.4	1.0~1.2	0.8~1.0	0.6~0.9	0.4~0.6
	25×40	60	0.6~0.9	0.5~0.8	0.4~0.7	—	—
		100	0.8~1.2	0.7~1.1	0.6~0.9	0.5~0.8	—
		1 000	1.2~1.5	1.1~1.5	0.9~1.2	0.8~1.0	0.7~0.8
	30×45	500	1.1~1.4	1.1~1.4	1.0~1.2	0.8~1.2	0.7~1.1
	40×60	2 500	1.3~2.0	1.3~1.8	1.2~1.6	1.1~1.5	1.0~1.5
铸铁及钢合金	16×25	40	0.4~05	—	—	—	—
		60	0.6~0.8	0.5~0.8	0.4~0.6	—	—
		100	0.8~1.2	0.7~1.0	0.6~0.8	0.5~0.7	—
		400	1.0~1.4	1.0~1.2	0.8~1.8	0.6~0.8	—
	20×30 25×25	40	0.4~0.5	—	—	—	—
		60	0.6~0.9	0.5~0.8	0.4~0.7	—	—
		100	0.9~1.3	0.8~1.2	0.7~1.0	0.5~0.8	—
		600	1.2~1.8	1.2~1.6	1.0~1.3	0.9~1.1	0.7~0.9
	25×40	60	0.6~0.8	0.5~0.8	0.4~0.7	—	—
		100	1.0~1.4	0.9~1.2	0.8~1.0	0.6~0.9	—
		1 000	1.5~2.0	1.2~1.8	1.0~1.4	1.0~1.2	0.8~1.0
	30×45	500	1.4~1.8	1.2~1.6	1.0~1.4	1.0~1.3	0.9~1.2
	40×60	2 500	1.6~2.4	1.6~2.0	1.4~1.8	1.3~1.7	1.2~1.7

注：1. 加工断续表面及有冲击的切削时，表内的进给量应乘系数 $K=0.75~0.85$。

　　2. 加工耐热钢及其合金时，不采用大于 1.0 mm/r 的进给量。

　　3. 加工淬硬钢时，表内进给量应乘系数 $K=0.8$（当材料硬度为 HRC44~56 时）或 $K=0.5$（当硬度为 HRC57~62 时）。

　　4. 可转位刀片的允许最大进给量不应超过其刀尖圆弧半径数值的 80%。

表 1.12　硬质合金刀片强度允许的进给量

背吃刀量 a_p/mm	刀片厚度 c/mm				材料不同对进给量修正系数 K_{Mf}			
	4	6	8	10	钢 σ_b 0.47~0.627 Gpa	钢 σ_b 0.637~0.852 Gpa	钢 σ_b 0.852~1.147 Gpa	铸铁
≤4	1.3	2.6	4.2	6.1	1.2	1.0	0.85	1.6
>4~7	1.1	2.2	3.6	5.1	主偏角不同对进给量修正系数 K_{krf}			
>7~13	0.9	1.8	3.0	4.2	33°	45°	60°	90
>13~22	0.8	1.5	2.5	3.6	1.4	1.0	0.6	0.4

注：有冲击时，进给量应减小 20%。

表 1.13　硬质合金外圆车刀半精车时的进给量

工件材料	表面粗糙度 R_a/μm	切削速度范围 /(m·min⁻¹)	刀尖圆弧半径 r_e/mm		
			0.5	1.0	2.0
			进给量 f/(mm·r⁻¹)		
铸铁、青铜和铝合金	6.3	不限	0.25~0.40	0.40~0.50	0.50~0.60
	3.2		0.12~0.25	0.25~0.40	0.40~0.60
	1.6		0.10~0.15	0.15~0.20	0.20~0.35
碳素结构钢和合金结构钢	6.3	≤50	0.30~0.50	0.45~0.60	0.55~0.70
		>80	0.40~0.55	0.55~0.65	0.65~0.70
	3.2	≤50	0.20~0.25	0.25~0.30	0.30~0.40
		>80	0.25~0.30	0.30~0.35	0.35~0.40
	1.6	≤50	0.10~0.11	0.11~0.15	0.15~0.20
		>80	0.10~0.20	0.16~0.25	0.25~0.35

（3）切削速度 v_c

粗加工时限制切削速度 v_c 的主要因素是刀具耐用度和机床功率。

精加工时限制切削速度 v_c 的主要因素是刀具耐用度。精加工时切削力较小，机床功率一般能满足。

当已确定了背吃刀量 a_p 和进给量 f 后，按合理刀具耐用度 T，求切削度 v_c 时，用以下公式可计算 v_c。

$$v_c = \frac{C_v K_v}{T^m a_p^{x_v} f^{y_v}}$$

式中　v_c——切削速度，m/min；

　　　T——合理刀具耐用度，min；

　　　m——刀具耐用度指数，查表 1.14；

　　　C_v——切削速度系数，查表 1.15；

　　　x_v，y_v——背吃刀量 a_p，进给量 f 对 v_c 的影响指数，查表 1.15；

K_v——切削速度修正系数,查表 1.16 至表 1.19。

$$K_v = K_{mv} \cdot K_{sv} \cdot K_{tv} \cdot K_{krv}$$

根据 $v_c = \pi d_w n / 1\,000$ 计算工件转速 n,即

$$n = \frac{1\,000 v_c}{\pi d_w}$$

式中 n ——工件转速,r/mim;

　　v_c ——切削速度,m/min;

　　d_w ——工件待加工表面直径,mm。

根据机床说明书,选择相近较低挡的转速 n。

切削速度的选取原则如下:

①粗车时,应选较低的切削速度,精加工时选择较高的切削速度。

②加工材料强度硬度较高时,选较低的切削速度,反之取较高切削速度。

③刀具材料的切削性能越好,切削速度越高。

表 1.14　刀具耐用度指数 m

刀具材料	高速钢刀具	硬质合金刀具	陶瓷刀具
m	0.1 ~ 0.125	0.2 ~ 0.3	0.4

表 1.15　切削速度公式中的系数及指数

加工材料	加工形式	刀具材料	进给量 /mm	系数及指数			
				C_v	x_v	y_v	m
碳素结构钢 $\sigma_b = 0.637$ GPa	外圆纵车	YT15(不用切削液)	$f \le 0.30$	291	0.15	0.20	0.20
			$f \le 0.70$	242		0.35	
			$f \le 0.70$	235		0.45	
		W18Cr4V(用切削液)	$f \le 0.25$	67.2	0.25	0.33	0.125
			$f \le 0.25$	43		0.66	
	切断及切槽	YT5(不用切削液)	—	38	—	0.80	0.20
		W18CrV(用切削液)		21		0.66	0.25
	成形车削	W18Cr4V(用切削液)	—	20.3	—	0.50	0.30
灰铸铁 HBS190	外圆纵车	YG6(不用切削液)	$f \le 0.40$	189.8	0.15	0.20	0.20
			$f > 0.40$	158		0.40	
		W18Cr4V (不用切削液)	$f \le 0.25$	24	0.15	0.30	0.1
			$f > 0.25$	22.7		0.40	

表 1.16 钢和铸铁的强度和硬度该表时切削速度的修正系数 K_{Mv}

加工材料	刀具材料	
	硬质合金	高速钢
	计算公式	
碳素结构钢、合金结构钢和铸钢	$K_{Mv} = \dfrac{0.637}{\sigma_b}$	$K_{Mv} = \left(\dfrac{0.637}{\sigma_b}\right)^{1.75}$
灰铸铁	$K_{Mv} = \left(\dfrac{190}{HBS}\right)^{1.25}$	$K_{Mv} = \left(\dfrac{190}{HBS}\right)^{1.7}$

表 1.17 毛坯表面状态改变时切削速度的修正系数 K_{sv}

毛坯表面状态	无外皮	有外皮				
		棒料	锻件	铸钢及铸铁		铜及铝合金
				一般	带砂	
修正系数 K_{sv}	1.0	0.9	0.8	0.8~0.85	0.5~0.6	0.9

表 1.18 刀具材料改变时切削速度的修正系数 K_{tv}

加工材料	不同刀具牌号切削速度的修正系数 K_{tv}					
结构钢及铸钢	YT5	YT14	YT15	YT30	YG8	—
	0.65	0.8	1.0	1.4	0.4	
灰铸铁及可锻铸铁	YG8	YG6	—	YG3		
	0.83	1.0		1.15		

表 1.19 车刀主偏角 κ_r 改变时切削速度的修正系数 $K_{\kappa_r v}$

主偏角 κ_r	30°	45°	60°	75°	90°
结构钢、可锻铸铁	1.13	1.0	0.92	0.86	0.81
耐热钢	—	1.0	0.87	0.78	0.70
灰铁钢及铜合金	1.20	1.0	0.88	0.83	0.73

表 1.20　车刀刀杆及刀片尺寸的选择

1. 刀杆尺寸

断面形状	尺寸 $B \times H$/(mm × mm)							
短形刀杆	10×16	12×20	16×25	20×30	25×40	30×45	40×60	50×80
方形刀杆	12×12	16×16	20×20	25×25	30×30	40×40	50×50	65×65

2. 根据机床中心高选择刀杆尺寸

车床中心高/mm	150	180~200	260~300	350~400
刀杆横剖面 $B \times H$/(mm × m)	12×20	16×25	20×30	25×40

3. 根据刀杆尺寸选择刀片尺寸

刀杆尺寸 $B \times H$/(mm × m)	10×16	12×20	16×16	16×25	20×20	20×30
刀片厚度/mm	3.0	3.5~4	4.5	4.5~6	5.5	6~8

刀杆尺寸 $B \times H$/(mm × m)	25×25	25×40	30×45	40×60	50×80
刀片厚度/mm	7	7~8.5	8.5~10	9.5~12	10.5

4. 根据切削深度及进给量选择刀片尺寸

a_p/mm	3.2			4.8			6.4		7.9			9.5			12.7	
进给量 f/(mm·r⁻¹)	0.2~0.3	0.38	0.51	0.2~0.25	0.3~0.51	0.63	0.25~0.38	0.38~0.63	0.25~0.3	0.38~0.63	0.76	0.25~0.3	0.38~0.63	0.76	0.3~0.51	0.63~0.76
刀片厚度/mm	3.2	4.8	4.8	3.2	4.8	6.4	4.8	6.4	4.8	6.4	6.4~7.9	4.8	6.4	7.9	6.4	7.9

例 1.2　选择切削用量。已知工件为经调质的 45 钢,抗拉强度 $\sigma_b = 0.735$ GPa。毛坯尺寸 $\phi68 \times 350$ mm,如图 1.53 所示。要求加工后达到 h11 级精度和表面粗糙度 $R_a 3.2$ μm,外圆直径为 $\phi60$。精车直径余量为 1.5 mm。见图 1.53,使用 CA6140 卧式车床。

(1)选择刀具几何参数

①确定粗加工刀具类型　选择 YT15 硬质合金焊接式车刀;刀具耐用度 $T = 60$ min;刀杆尺寸按表 1.20 选择 16 mm × 25 mm;刀片厚度 6 mm;$\gamma_o = 10°$,$\gamma_{o1} = -5°$,$\kappa_r = 75°$,$\kappa_r' = 15°$,$\lambda_s = 0°$,$\alpha_o = \alpha_o' = 6°$,刀尖圆弧半径 $r_\varepsilon = 1.0$ mm。

②确定精加工刀具类型　选择 YT15 硬质合金刀片；刀杆尺寸 16 mm × 25 mm；刀具耐用度 $T = 60$ min；$\gamma_o = 20°$，$\gamma_{o1} = -3°$、$\kappa_r = 60°$，$\kappa'_r = 10°$，$\lambda_s = +3°$，$\alpha_o = \alpha'_o = 6°$。

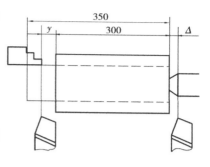

图 1.53　加工示意图

（2）确定粗车时的切削用量

①背吃刀量 a_p 单边余量 $A = (68 - 61.5)/2 = 3.25$ mm。故 $a_p = 3.25$ mm。

②进给量 f 由表 1.11 查得 $f = 0.4 \sim 0.6$ mm/r；由表 1.12 查得刀片强度允许的进给量 $f = 2.6K_{Mf}K_{krf} = 2.6 \times 1 \times 0.4 = 1.04$ mm/r。根据数据可取 $f = 0.51$ mm/r。

③切削速度 v_c（机床主轴转速 n）

由表 1.15 查得 $C_v = 242, x_v = 0.15, y_v = 0.35, m = 0.20$

由表 1.16 至表 1.19 查得

$$K_{Mv} = 0.637/0.735 = 0.866 ; K_{sv} = 0.9 ; K_{tv} = 1.0 ; K_{\kappa rv} = 0.86$$
$$K_v = K_{Mv} \cdot K_{sv} \cdot K_{tv} \cdot K_{\kappa rv}$$
$$= 0.866 \times 0.9 \times 1.0 \times 0.86 = 0.67$$

由式

$$v_c = \frac{C_v K_v}{T^m a_p^{x_v} f^{y_v}}$$
$$= [242/(60^{0.2} \times 3.25^{0.15} \times 0.51^{0.35})] \times 0.67$$
$$= 75.83 \text{ m/min}$$

则

$$n = 1\,000 v_c / \pi d_w$$
$$= (1\,000 \times 75.83)/(3.14 \times 68)$$
$$= 355 \text{ r/min}$$

由机床说明书得，$n = 320$ r/min。

求得实际切削速度

$$v_c = \pi d_w n/1\,000 = 3.14 \times 68 \times 320/1\,000 = 68.3 \text{ m/min}$$

（3）确定精车时的切削用量

①背吃刀量 $a_p = (61.5 - 60)/2 = 0.75$ mm

②进给量 f 按表 1.13 预先估计 $v_c > 80$ m/min 查得 $f = 0.3 - 0.35$ mm/r，按说明书选 $f = 0.3$ mm/r。

③切削速度 v_c（机床主轴转速 n）

查表 1.15 得 $c_v = 291$，$x_v = 0.15, y_v = 0.2, m = 0.2$，$K_v$ 同粗加工（$K_v = 0.67$），则

$$v_c = [C_v/(T^m \cdot a_p^{x_v} \cdot f^{y_v})] \cdot K_v$$
$$= [291/(60^{0.2} \times 0.75^{0.15} \times 0.3^{0.2})] \times 0.67$$
$$= 114.8 \text{ m/min}$$

查机床说明书得，$n = 560$ r/min。

$$v_c = \pi d_w n/1\,000 = 3.14 \times 61.5 \times 560/1\,000$$
$$= 108 \text{ m/min}$$

符合预先估计的 $v_c > 80 \text{ m}/\text{min}$ 的设定。

任务考评

评分标准见表1.21。

表1.21 评分标准

序 号	考核内容	考核项目	配 分	检测标注
1	机械制造过程	1. 生产过程与工艺过程 2. 生产纲领与生产类型特点	6分	1. 生产过程与工艺过程(3分) 2. 生产纲领与生产类型特点(3分)
2	机械加工表面成形方法	1. 工件表面的成形方法 2. 机械加工所需的运动 3. 切削用量及切削层参数	14分	1. 工件表面的成形方法(3分) 2. 机械加工所需的运动(3分) 3. 切削用量及切削层参数(8分)
3	机械加工工艺系统的组成	1. 金属切削机床 2. 金属切削刀具 3. 工件 4. 夹具	40分	1. 金属切削机床(5分) 2. 金属切削刀具(25分) 3. 工件(5分) 4. 夹具(5分)
4	金属切削过程基本规律及应用。	1. 金属切削过程 2. 切削力 3. 切削热与切削温度及其影响因素 4. 刀具磨损及刀具耐用度 5. 切屑及控制 6. 材料的切削加工性 7. 切削液作用及种类	40分	1. 金属切削过程(4分) 2. 切削力(4分) 3. 切削热与切削温度及其影响因素(8分) 4. 刀具磨损及刀具耐用度(8分) 5. 切屑及控制(8分) 6. 材料的切削加工性(4分) 7. 切削液作用及种类(4分)

思考与练习题

1.1 如何表示切屑变形程度？

1.2 影响切削变形有哪些因素？各因素如何影响切削变形？

1.3 什么是切削力？切削力的来源有哪些？

1.4 3个切削分力是如何定义的？各分力对加工有何影响？

1.5 刀具磨损过程有哪几个阶段？为何出现这种规律？

1.6 刀具破损的主要形式有哪些？高速钢和硬质合金刀具的破损形式有何不同？

1.7　工件材料切削加工性的衡量指标有哪些?

1.8　说明最大生产效率刀具使用寿命和经济刀具使用寿命的含义及计算公式。

1.9　切削液有何功用?如何选用?

1.10　简述各种生产组织类型的特点。

1.11　简述楔角。

1.12　简述刀具寿命。

1.13　简述切削用量要素。

1.14　简述刀尖角。

1.15　后角的功用是什么?怎样合理选择?

1.16　简述刃倾角对切屑流向的影响。

1.17　积屑瘤的成因及其对加工过程的影响。

1.18　如图 1.54 所示为在车床上车孔示意图,试在图中标出刀具前角、后角、主偏角、副偏角和刃倾角。

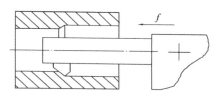

图 1.54　车孔示意图

1.19　某企业年产汽车发动机 1 200 台,已知活塞备品率 16%,废品率 3%,计算该企业活塞的年生产纲领,并说明其属于何种生产类型(已知发动机为 6 缸,每缸有一套活塞)。

1.20　车削直径 $D = 100$ mm,长 $L = 400$ mm 的棒料,进给量 $f = 0.5$ mm/r,吃刀深度 $a_p = 5$ mm,$n = 300$ r/min。试求切削速度、切削时间是多少?

1.21　已知工件材料为 45 钢,ϕ50 mm 棒料,加工用机床为 CA6140 车床。现要加工成 ϕ42 mm,表面粗糙度为 R_a 3.2 μm 的外圆,试决定刀具参数及车削用量。

任务 **2**
机械加工工艺规程的制订

知识点
◆工艺规程的概念、作用及制订步骤。
◆定位基准的选择原则。
◆工艺路线的拟订。
◆零件的结构及工艺分析。
◆加工阶段的划分及工序的安排。
◆加工余量及工序尺寸的确定。
◆尺寸链的运用。
◆时间定额及提高效率的措施。
技能点
◆编制零件的机械加工工艺过程。

 任务描述

工艺是指产品的制造方法,机械加工工艺过程是采用机械加工方法,直接改变毛坯的形状、尺寸、表面粗糙度以及力学物理性能,使之成为合格零件的劳动过程。零件的机械加工工艺过程是比较复杂的,往往是根据零件的不同结构、不同材料、不同的技术要求,采用不同的加工方法、加工设备、加工刀具等,并通过一系列的加工步骤,才能将毛坯变为成品。工艺规程是依据工艺学原理和工艺试验,经过生产验证而确定的,是科学技术和生产经验的结晶。因此,它是获得合格产品的技术保证,是指导企业生产活动的重要文件,在生产中必须遵守工艺规程,否则常常会引起产品质量的严重下降,生产率显著降低,成本增加,甚至造成废品。

 任务分析

要制订出合理、科学的工艺规程,必须了解工艺规程的制订原则、方法及步骤,能根据零件的生产纲领确定生产类型,正确选择毛坯并进行结构工艺性分析,正确拟订零件的加工工艺路线,确定各工序的工艺装备和辅助工具,确定各工序的加工余量、工序尺寸及公差,确定各工序的切削用量及工时定额,能进行工艺过程的技术经济分析。

相关知识

(一)零件加工工艺规程设计的准备工作

1. 工艺规程的概念

对于同一个零件或者产品,在不同的条件下其加工、生产过程可以是多种多样的,但对于确定的条件,总有一个最为合理的工艺过程,工艺规程是在具体的生产条件下说明并规定合理工艺过程的技术性文件。

2. 工艺规程的内容

根据生产过程工艺性质的不同,有毛坯制造、零件机械加工、热处理、表面处理及装配等不同的工艺规程。规定零件制造工艺过程和操作方法的工艺文件称为机械加工工艺规程;规定产品或部件的装配工艺过程的和装配方法的工艺文件称为机械装配工艺规程。工艺规程是制造过程的纪律性文件,机械加工工艺规程的内容包括工件加工工艺路线及经过的车间和工段、各工序的内容及采用的机床和工艺装备、工件的检验项目及检验方法、切削用量、工时定额及工人技术等级等内容。机械装配工艺规程的内容包括装配工艺路线、装配方法、各工序的具体装配内容和所用的工艺装备、技术要求及检验方法等内容。

3. 工艺规程的作用

(1)指导生产的重要技术文件

工艺规程是在总结生产实践经验的基础上,依据工艺理论和工艺试验而制订的。在生产中应严格遵行,才能保证产品质量与经济效益。但是,工艺规程也不是固定不变的,工艺人员应总结工人的革新创造,可以根据生产实际情况,及时地汲取国内外的先进工艺技术,对现行工艺不断地进行改进和完善,但必须要有严格的审批手续。

(2)生产组织和生产准备工作的依据

生产计划的制订,产品投产前原材料和毛坯的供应,工艺装备的设计、制造与采购,机床负荷的调整,作业计划的编排,劳动力的组织,工时定额的制订,以及成本的核算等,都是以工艺规程作为基本依据的。

(3)新建和扩建工厂(车间)的技术依据

在新建和扩建工厂(车间)时,生产所需要的机床和其他设备的种类、数量和规格,车间的面积、机床的布局、生产工人的工种、技术等级及数量、辅助部门的安排等都是以工艺规程为基础,根据生产类型来确定的。除此以外,先进的工艺规程也起着推广和交流先进经验的作用,典型工艺规程可指导同类产品的生产。

4. 工艺规程制订的原则

(1)技术上的先进性

在制订工艺规程时,要了解国内外本行业工艺技术的发展,通过必要的工艺试验,尽可能采用先进适用的工艺和工艺装备。

(2)经济上的合理性

在一定的生产条件下,可能会出现几种能够保证零件技术要求的工艺方案,此时应通过成本核算或相互对比,选择经济上最合理的方案,使产品生产成本最低。

（3）良好的劳动条件及避免环境污染

在制订工艺规程时，要注意保证工人操作时有良好而安全的劳动条件。因此，在工艺方案上要尽量采取机械化或自动化措施，以减轻工人繁重的体力劳动。同时，要符合国家环境保护法的有关规定，避免环境污染。产品质量、生产率和经济性这3个方面有时相互矛盾，因此，合理的工艺规程应该处理好这些矛盾，体现这三者的统一。

5. 制订工艺规程的原始资料

制订工艺规程时，需要的原始资料包括以下内容：

①产品全套装配图和零件图。

②产品验收的质量标准。

③产品的生产纲领（年产量）。

④毛坯资料　毛坯资料包括各种毛坯制造方法的技术经济特征；各种型材的品种和规格，毛坯图等；在无毛坯图的情况下，需实了解毛坯的形状、尺寸及机械性能，等等。

⑤本厂的生产条件　为了使制订的工艺规程切实可行，一定要考虑本厂的生产条件。例如，了解毛坯的生产能力及技术水平；加工设备和工艺装备的规格及性能；工人技术水平以及专用设备与工艺装备的制造能力，等等。

⑥国内外先进工艺及生产技术发展情况　工艺规程的制订，要经常研究国内外有关工艺技术资料，积极引进适用的先进工艺技术，不断提高工艺水平，以获得最大的经济效益。

⑦有关的工艺手册及图册。

6. 制订工艺规程的步骤

制订工艺规程时，其步骤如下：

①计算年生产纲领，确定生产类型。

②分析零件图及产品装配图，对零件进行工艺分析。

③选择毛坯。

④拟订工艺路线。

⑤确定各工序的加工余量，计算工序尺寸及公差。

⑥确定各工序所用的设备及刀具、夹具、量具和辅助工具。

⑦确定切削用量及工时定额。

⑧确定各主要工序的技术要求及检验方法。

⑨填写工艺文件。

7. 工艺文件的格式

将工艺规程的内容，填入一定格式的卡片，即成为生产准备和施工依据的工艺文件。常用的工艺文件格式有下列两种：

（1）机械加工工艺过程卡片

这种卡片以工序为单位，简要地列出了整个零件加工所经过的工艺路线（包括毛坯制造、机械加工和热处理等），它是制订其他工艺文件的基础，也是生产技术准备、编排作业计划和组织生产的依据。

在这种卡片中，由于各工序的说明不够具体，故一般不能直接指导工人操作，而多在生产管理方面使用。但是，在单件小批生产中，通常不编制其他较详细的工艺文件，而以这种卡片指导生产。工艺过程卡片的格式见表2.1。

表2.1　工艺过程卡

厂名		产品型号		零(部)件图号		共　页
		产品名称		零(部)件名称		第　页
材料牌号	毛坯种类	毛坯外形尺寸	每台毛皮数	每台件数	备注	

工序号	工序名称	工序内容	车间	工段	设备	工艺装备	工时定额	
							准备终结	单件
			编制(日期)	审核(日期)	会签(日期)			

| 标记 | 处记 | 更改文件号 | 签字 | 日期 | 标记 | 更改文件号 | 签字 | 日期 |

（2）机械加工工序卡片

机械加工工序卡片是根据工艺卡片为每一道工序制订的。它更详细地说明了整个零件各个工序的加工要求,是用来具体指导工人操作的工艺文件。在这种卡片上,要画出工序简图,注明该工序每一工步的内容、工艺参数、操作要求以及所用的设备和工艺装备。工序简图就是按一定比例用较小的投影绘出工序图,可略去图中的次要结构和线条,主视图方向尽量与零件在机床上的安装方向相一致,本工序的加工表面用粗实线或红色粗实线表示,零件的结构、尺寸要与本工序加工后的情况相符合,并标注出本工序加工尺寸及上、下偏差,加工表面粗糙度和工件的定位及夹紧情况。该卡片用于大批量生产的零件。机械加工工序卡片的格式见表2.2。

（二）拟订零件加工工艺路线

1.零件的工艺分析

（1）零件结构分析

①零件表面的组成和基本类型

尽管组成零件的结构多种多样,但从形体上加以分析,它都是由一些基本表面和特形表面组成的。基本表面有内外圆柱表面、圆锥表面和平面等;特形表面主要有螺旋面、渐开线齿形表面、圆弧面(如球面)等。在零件结构分析时,根据机械零件不同表面的组合形成零件结构上的特点,就可选择与其相适应的加工方法和加工路线,例如,外圆表面通常由车削或磨削加工,内孔表面则通过钻、扩、铰、镗和磨削等加工方法获得。机械零件不同表面的组合形成零件结构上的特点。在机械制造中,通常按零件结构和工艺过程的相似性,将各类零件大致分为轴类零件、套类零件、箱体类零件、齿轮类零件和叉架类零件等。

表2.2　机械加工工序卡片

厂　名		产品型号		零(部)件图号		共　页	
		产品名称		零(部)件名称		第　页	
材料牌号		毛坯种类	毛坯外形尺寸	每对号毛坯件数	每台件数	备注	
(工序简图)		车间	工序号	工序名称	材料牌号		
		毛坯种数	毛坯外形尺寸	每坯件数	每台件数		
		设备名称	设备型号	设备编号	同时加工件数		
		夹具编号	夹具名称		切削液		
					工序工时		
					准备终结	单件	
工序号	工步内容	工艺装备	主轴转速 /(r·min^{-1})	切削速度 /(m·min^{-1})	进给量 /(mm·r^{-1})	背吃刀量 /mm	进给次数	工时定额	
								机动	辅助
						编制 (日期)	审核 (日期)	会签 (日期)	
标记	处记	更改文件号	签字	日期	标记	处记	更改文件号	签字	

②主要表面与次要表面

根据零件各加工表面要求的不同,可以将零件的加工表面划分为主要加工表面和次要加工表面。这样,就能在拟订工艺路线时,做到主、次分开以保证主要表面的加工精度。

③零件的结构工艺性

所谓零件的结构工艺性,是指零件在满足使用要求的前提下,制造该零件的可行性和经济性。功能相同的零件,其结构工艺性可以有很大差异。所谓结构工艺性好,是指在现有工艺条件下,既能方便制造又有较低的制造成本。下面将从零件的机械加工和装配两个方面对零件的结构工艺性进行分析。

　　④机械加工对零件结构的要求

　　A. 便于装夹　零件的结构应便于加工时的定位和夹紧,装夹次数要少。如图 2.1(a)所示零件,拟用顶尖和鸡心夹头装夹,但该结构不便于装夹。若改为如图 2.1(b)所示结构,则可以方便地装置夹头。

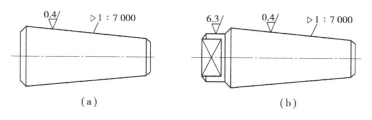

(a)　　　　　　　　　　　　　　(b)

图 2.1　便于装夹的零件结构示例

(a)改正前　(b)改正后

　　B. 便于加工　零件的结构应尽量采用标准化结构,同时还需注意退刀和进刀、易于保证加工精度要求、减少加工面积等。表 2.3 列举了在常规工艺条件下,零件结构工艺性分析的实例,供设计零件和对零件结构工艺性分析时参考。

表 2.3　零件结构工艺性示例

序号	结构工艺性差		结构工艺性好	
1	孔离箱壁太近,钻头在圆角处易引偏;箱壁高度尺寸大,需加长钻头方能钻孔		(a)　　(b)	加长箱耳,不需加长头(见图(a));只要使用上允许将箱耳设计在某一端,则不需加长箱耳,即可方便加工(见图(b))
2	车螺纹时,螺纹根部易打刀,且不能清根			留有退刀槽,可使螺纹清根,避免打刀
3	插齿无退刀空间,小齿轮无法加工			大齿轮可进行滚齿或插齿,小齿轮可进行插齿
4	两端轴颈需磨削加工,因砂轮圆角而不能够清根			留有砂轮越程槽,磨削时可以清根
5	斜面钻孔,钻头易引偏			只要结构允许留出平台,可直接钻孔

59

续表

序号	结构工艺性差		结构工艺性好
6	锥面加工时,易碰伤圆柱面,且不能清根		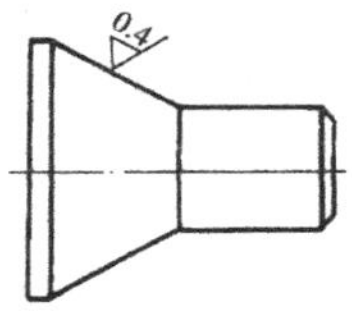 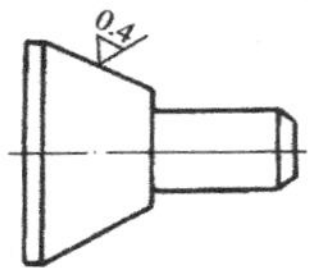 可方便地对锥面进行加工
7	加工面高度不同,须两次调整刀具加工,影响生产率		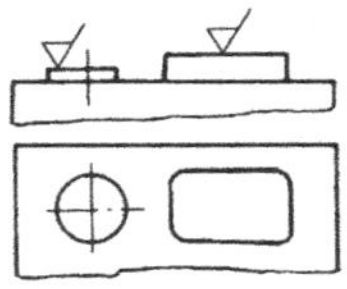 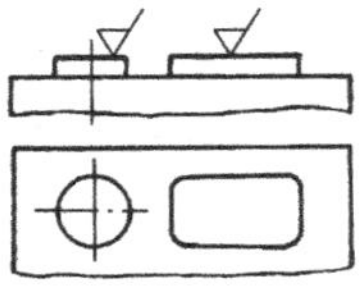 加工面在同一高度,一次调整刀具可加工两个平面
8	3个退刀槽的宽度有3种尺寸,需用3把不同尺寸的刀具		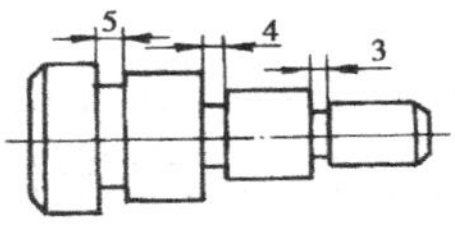 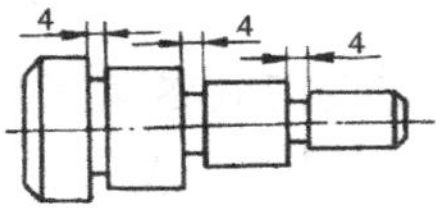 同一宽度尺寸的退刀槽,使用一把刀具即可加工
9	加工面大,加工时间长,平面度误差大		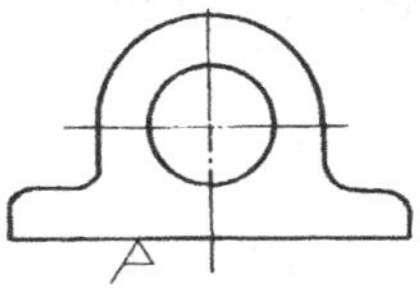 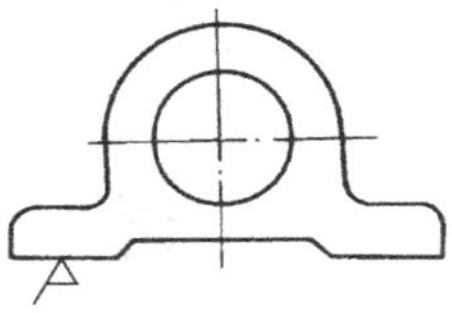 加工面减小,节省工时,减少刀具损耗且易保证平面度要求
10	内壁孔出口处易钻偏或钻头折断		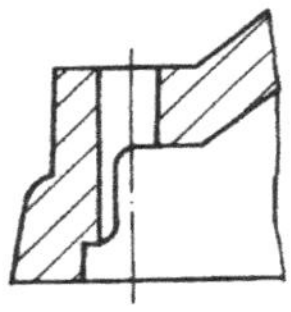 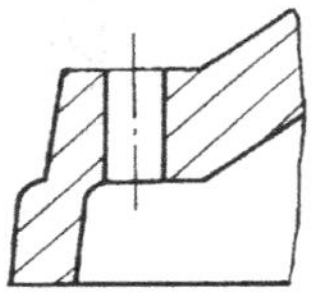 内壁孔出口处平整,钻孔方便,易保证孔中心
11	键槽设置在阶梯轴90°方向上,须两次装夹加工		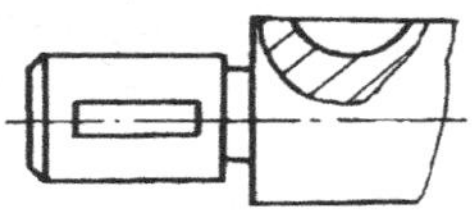 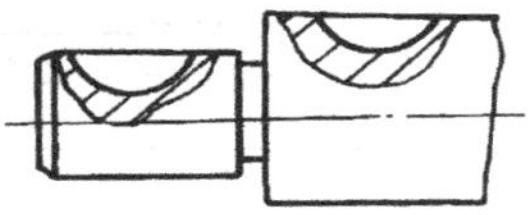 将阶梯轴的两个键槽设计在同一方向上,一次装夹即可对两个键槽加工

C. 便于数控机床编程 编程方便与否,通常是衡量数控工艺性好坏的一个指标。如图 2.2 所示,某零件经过抽象的尺寸标注方法,若用 APT 语言编写该零件的源程序,在用几何定义语句描述零件形状时,将遇到麻烦,因为 B 点及直线 OB 难以定义。解决此问题需要迂回,即先过 B 点作一平行于 L_1 的直线 L_3 并定义它,同时还要定义出直线 AB,方能求出 L_3 与直线 AB 的交点 B,进而定义 OB,否则要进行机外手工计算,这是应该尽量避免的。由此看出,零件图样上尺寸标注方法对工艺性影响较大。为此对零件设计图样应提出不同的要求,凡经数控加工的零件,图样上给出的尺寸数据应符合编程方便的原则。

D. 便于测量 设计零件结构时,还应考虑测量的可能性与方便性。如图 2.3 所示,要求测量孔中心线与基准面 A 的平行度。如图 2.3(a)所示的结构,由于底面凸台偏置一侧而平行度难以测量。在图 2.3(b)中增加一个工艺凸台,并使凸台位置对称,此时测量就方便多了。

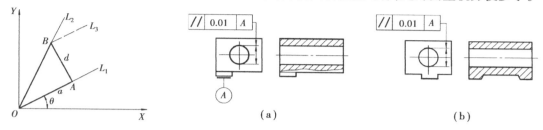

图 2.2   工艺性差的尺寸标注

图 2.3   便于测量的零件结构示例
(a)改进前的结构   (b)改进后的结构

⑤装配和维修对零件结构工艺性的要求

零件的结构应便于装配和维修时的拆装。如图 2.4(a)所示的结构无透气口,销钉孔内的空气难以排出,故销钉不易装入,改进后的结构如图 2.4(a)所示的右图。在图 2.4(b)中为保证轴肩与支承面紧贴,可在轴肩处切槽或孔口处倒角。如图 2.4(c)所示为两个零件配合,由于同一方向只能有一个定位基面,故如图 2.4(c)所示的左图不合理,而如图 2.4(c)所示的右图为合理的结构。在图 2.4(d)中,左图设计的螺钉装配空间太小,螺钉装不进,改进后的结构如图 2.4(d)所示的右图。

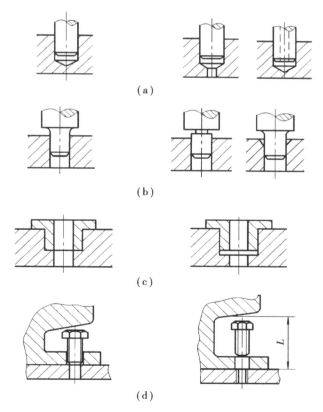

图 2.4   便于装配的结构

（2）零件的技术要求分析

零件图样上的技术要求，既要满足设计要求，又要便于加工，而且技术要求应齐全并合理。其技术要求包括下列3个方面：

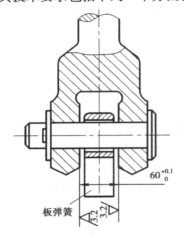

①加工表面的尺寸精度、形状精度和表面质量。

②各加工表面之间的相互位置精度。

③工件的热处理和其他要求，如动平衡、镀铬和去磁处理等。

零件的尺寸精度、形状精度、位置精度和表面粗糙度的要求，对确定机械加工工艺方案和生产成本影响很大。因此，必须认真审查，以避免过高的要求使加工工艺复杂化和增加不必要的费用。如图 2.5 所示的汽车吊耳，吊耳内侧两面没有配合要求，不需要制订 $60^{+0.1}_{0}$ 的尺寸精度要求和 3.2 μm 的粗糙度要求，否则会增加加工难度。

板弹簧

图 2.5　汽车钢板弹簧吊耳

2. 毛坯的选择

（1）机械加工中常用毛坯的种类

①铸件

形状复杂的零件毛坯，宜采用铸造方法制造。目前，铸件大多用砂型铸造，又分为木模手工造型和金属模机器造型。木模手工造型铸件精度低，加工表面余量大，生产率低，适用于单件小批生产或大型零件的铸造。金属模机器造型生产率高，铸件精度高，但设备费用高，铸件的重量也受到限制，适用于大批量生产的中小铸件。其次，少量质量要求较高的小型铸件可采用特种铸造（如压力铸造、离心铸造和熔模铸造等）。

②锻件

机械强度要求高的钢制件，一般要用锻件毛坯。锻件有自由锻件和模锻件两种。自由锻件可用手工锻打（小型毛坯）、机械锤锻（中型毛坯）或压力机压锻（大型毛坯）等方法获得。这种锻件的精度低，生产率不高，加工余量较大，而且零件的结构必须简单，适用于单件和小批生产，以及大型锻件的制造。模锻件的精度和表面质量都比自由锻件好，而且锻件的形状也可较为复杂，因而能减少机械加工余量。模锻的生产率比自由锻高得多，但需要特殊的设备和锻模，故适用于批量较大的中小型锻件的生产。

③型材

型材按截面形状可分为圆钢、方钢、六角钢、扁钢、角钢、槽钢及其他特殊截面的型材。型材有热轧和冷拉两类，热轧的型材精度低，但价格便宜，用于一般零件的毛坯；冷拉的型材尺寸较小，精度高，易于实现自动送料，但价格较高，多用于批量较大的生产，适用于自动机床加工。

④焊接件

焊接件是用焊接方法获得的结合件。焊接件的优点是制造简单，周期短，省材料，缺点是抗振性差，变形大，须经时效处理后才能进行机械加工。除此之外，还有冲压件、冷挤压件、粉末冶金件等其他毛坯。

（2）毛坯种类选择时应注意的问题

①零件材料及其力学性能

零件的材料大致确定了毛坯的种类。例如，材料为铸铁和青铜的零件应选择铸件毛坯；钢质零件形状不复杂,力学性能要求不太高时可选型材;重要的钢质零件,为保证其力学性能,应选择锻件毛坯。

②零件的结构形状与外形尺寸

形状复杂的毛坯,一般用铸造方法制造。薄壁零件不宜用砂型铸造;中小型零件可考虑用先进的铸造方法;大型零件可用砂型铸造。一般用途的阶梯轴,各阶梯直径相差不大,可用圆棒料;如各阶梯直径相差较大,为减少材料消耗和机械加工的劳动量,则宜选择锻件毛坯。尺寸大的零件一般选择自由锻造;中小型零件可选择模锻件;一些小型零件可制作成整体毛坯。

③生产类型

大量生产的零件应选择精度和生产率都比较高的毛坯制造方法,如铸件采用金属模机器造型或精密铸造;锻件采用模锻、精锻;型材采用热轧或冷拉型材;零件产量较小时应选择精度和生产率较低的毛坯制造方法。

④现有生产条件

确定毛坯的种类及制造方法,必须考虑具体的生产条件,如毛坯制造的工艺水平、设备状况及对外协作的可能性等。

⑤充分考虑利用新工艺、新技术和新材料

随着机械制造技术的发展,毛坯制造方面的新工艺、新技术和新材料的应用也发展很快,如精铸、精锻、冷挤压、粉末冶金和工程塑料等在机械中的应用日益增加。采用这些方法大大减少了机械加工量,有时甚至可以不再进行机械加工就能达到设计要求,其经济效益非常显著,因此,在选择毛坯时应给予充分考虑,在可能的条件下尽量采用。

(3)毛坯形状和尺寸的确定

①工艺搭子的设置

有些零件,由于结构的原因,加工时不易装夹稳定,为了装夹方便迅速,可在毛坯上制出凸台,即所谓的工艺搭子,如图2.6所示。工艺搭子只在装夹工件时用,零件加工完成后,一般都要切掉,但如果不影响零件的使用性能和外观质量,则可以保留。

②整体毛坯的采用

在机械加工中,有时会遇到如磨床主轴部件中的三瓦轴承、发动机的连杆和车床的开合螺母等类零件。为了保证这类零件的加工质量和加工时方

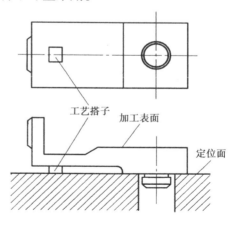

图2.6　工艺搭子

便,常将其做成整体毛坯,加工到一定阶段后再切开,如图2.7所示的连杆整体毛坯。

③合件毛坯的采用

为了便于加工过程中的装夹,对于一些形状比较规则的小型零件,如T形键、扁螺母、小隔套等,应将多件合成一个毛坯,待加工到一定阶段后或者大多数表面加工完成后,再加工成单件。如图2.8(a)所示为T815汽车上的一个扁螺母,毛坯取一长六方钢。如图2.8(b)所示为车床上车槽、倒角。如图2.8(c)所示为车槽及倒角后,用钻头钻孔。钻孔的同时也就切成若干个单件。合件毛坯,在确定其长度尺寸时,不但要考虑切割刀具的宽度和零件的个数,还应考虑切成单件后,切割的端面是否需要进一步加工,若要加工,则应留有一定的加工余量。

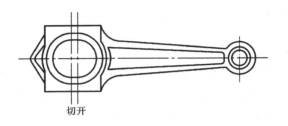

切开

图 2.7　连杆整体毛坯

在确定了毛坯种类、形状和尺寸后,还应绘制一张毛坯图,作为毛坯生产单位的产品图样。绘制毛坯图是在零件图的基础上,在相应的加工表面上加上毛坯余量。绘制时,必须考虑毛坯的具体制造条件,如铸件上的孔、锻件上的孔和空挡、法兰等的最小铸造和锻造条件;铸件和锻件表面的起模斜度(拔模斜度)和圆角;分型面和分模面的位置,等等。

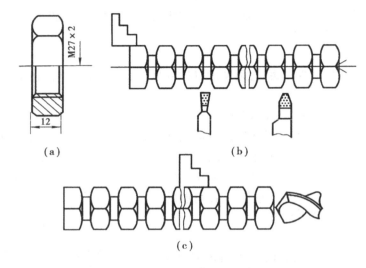

(a)　　　　　　　　　　(b)

(c)

图 2.8　扁螺母整体毛坯及加工

3. 定位基准及其选择

(1)基准的概念及分类

所谓基准,就是零件上用来确定其他点、线、面的位置的那些点、线、面。基准按其作用可分为设计基准和工艺基准两大类。

①设计基准　在零件图上使用的基准称为设计基准。

如图 2.9(a)所示零件,对尺寸 20 mm 而言,A、B 面互为设计基准;图 2.9(b)中,ϕ50 mm 圆柱面的设计基准是 ϕ50 mm 的轴线,ϕ30 mm 圆柱面的设计基准是 ϕ30 mm 的轴线。就同轴度而言,ϕ50 mm 的轴线是 ϕ30 mm 轴线的设计基准。如图 2.9(c)所示零件,圆柱面的下素线 D 为槽底面 C 的设计基准。作为设计基准的点、线、面在工件上不一定具体存在,如表面的几何中心、对称线、对称平面等。

②工艺基准　在制造零件或装配机器的生产过程中使用的基准称为工艺基准。工艺基准按用途不同又分为工序基准、定位基准、测量基准和装配基准等。

A. 工序基准　在工序图上,用以确定本工序被加工面加工后的尺寸、形状、位置的基准称为工序基准。其所标注的加工面尺寸称为工序尺寸。如图 2.10 所示为一工件上钻孔工序简图,图 2.10(a)、图 2.10(b)分别表示对被加工孔的工序基准的两种不同选择。图中尺寸 22 ±0.1 和尺寸 18 ±0.1 为选取不同工序基准时的工序尺寸。

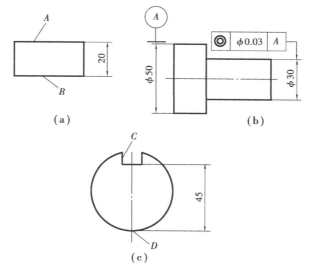

图 2.9　设计基准示例

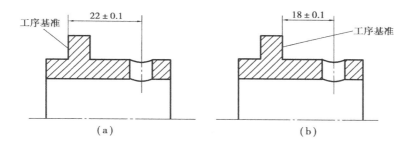

图 2.10　工序基准示例

B. 定位基准　在机械加工中,用来使工件在机床上或夹具中占有正确位置的点、线或面称为定位基准。如图 2.11 所示齿轮,在切齿时,利用已精加工的孔和端面,将工件安装在机床夹具上,因此,孔的轴线和端面是加工齿形的定位基准。作为定位基准的点、线、面可能是工件上的某些面,也可能是看不见摸不着的中心线、对称线、对称面、球心等。应该指出的是,工件上作为定位基准的点、线、面,通常是由具体的表面来体现的,这些具体表面称为定位基准面。如图 2.11 所示齿轮孔的轴线,实际上是由孔的表面来体现的。例如,用三爪自定心卡盘夹持工件外圆,轴线为定位基准,外圆面为定位基准面。

C. 测量基准　检验已加工表面的尺寸及位置精度所使用的基准称为测量基准。如图 2.9(c)所示,在检验尺寸 45 mm 时,下素线 D 为测量基准。

D. 装配基准　装配时,用以确定零件或部件在机器中位置的基准称为装配基准。如图 2.11 所示的齿轮是以孔作为装配基准。

(2)工件的安装方式

①工件装夹的实质

在机床上加工工件时,为了使该工序加工的表面能达到图纸规定的尺寸、几何形状以及与其他表面的相互位置精度等技术要求,在加工前,必须首先将工件装好、夹牢。工件装夹的实质,就是在机床上对工件进行定位和夹紧。装夹工件的目的,则是通过定位和夹紧而使工件在

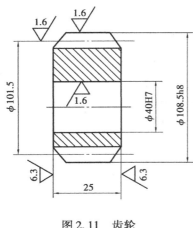

图 2.11　齿轮

加工过程中始终保持其正确的加工位置,以保证达到该工序所规定的加工技术要求。

②工件装夹的方法

A. 直接找正的定位安装　对于形状简单的工件,可以采用直接找正的定位安装方法,即用划针、百分表或目测在机床上直接找正工件的位置。例如,在磨床上加工一个与外圆表面有同轴度要求的内孔,如图 2.12(a)所示。加工前将工件装在四爪单动卡盘上,用百分表直接找正外圆表面,即可获得工件的正确位置。又如,在牛头刨床上加工一个同工件底面及侧面有平行度要求的槽,如图 2.12(b)所示。用百分表找正工件的右侧面,即可使工件获得正确的位置。直接找正装夹工件时的找正面即为定位基准面。直接找正的定位安装生产效率低,对工人技术水平要求高,因此,一般只适用于以下两种情况:

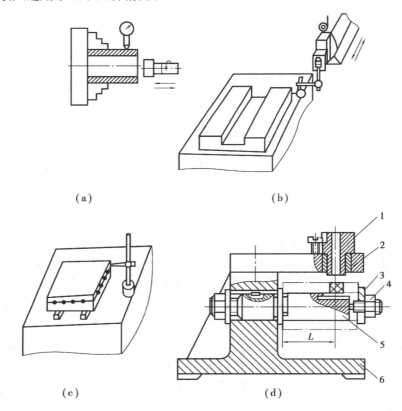

(a)　　　　　　　　　　　(b)

(c)　　　　　　　　　　　(d)

图 2.12　工件安装方法
(a)磨孔时直接找正　(b)刨削时直接找正
(c)按划线找正装夹　(d)用专用夹具装夹

a. 工件批量小,采用夹具不经济时,这种方法通常在单件小批生产的加工车间,以及修理、试制、工具车间中得到应用。

b. 对工件的定位精度要求特别高(小于 0.005~0.01 mm),而采用夹具不能保证其精度时,只能用精密量具直接找正定位。

B. 按划线找正定位的安装　对于形状复杂的零件(如车床主轴箱),采用直接安装找正法会顾此失彼,这时就有必要按照零件图在毛坯上先划出中心线、对称线及各待加工表面的加工线,然后按照划好的线找正工件在机床上的位置,如图 2.12(c)所示。此时用于找正的划线,即为定位基准。对于形状复杂的工件,通常需要经过几次划线。划线找正的定位精度一般只能达到 0.2~0.5 mm。划线加工需要技术高的划线工,而且非常费时,因此,它只适用于以下 3 种情况:

a. 生产批量不大,形状复杂的铸件。

b. 在重型机械制造中,尺寸和重量都很大的铸件和锻件。

c. 毛坯的尺寸公差很大,表面很粗糙,一般无法直接使用夹具时。

C. 利用夹具进行安装　加工生产批量较大的零件时,为了保证加工精度,提高效率以及减轻工人的劳动强度,应采用夹具进行安装,如图 2.12(d)所示。

(3)定位基准的选择

定位基准选择得正确与否关系到拟订工艺路线和夹具结构设计是否合理,并影响到工件的加工精度、生产效率和成本,因此,定位基准的选择是制订工艺规程的主要内容之一。定位基准又分为粗基准、精基准和辅助基准。

粗基准:以未加工过的表面进行定位的基准称为粗基准,也就是第一道工序所用的定位基准。

精基准:以已加工过的表面进行定位的基准称为精基准。

辅助基准:该基准在零件的装配和使用过程中无用处,只是为了便于零件的加工而设置的基准称为辅助基准,如轴加工用的顶尖孔等。

①粗基准的选择原则

在第一道工序加工时,只能选择未加工过的毛坯表面定位,即粗基准,其选择原则如下:

A. 选用不加工的表面作粗基准　这样可以保证零件的加工表面与不加工表面之间的相互位置关系,并可能在一次装夹中加工出更多的表面。如图 2.13 所示,铸件毛坯孔 2 与外圆有偏心,若以不加工的外圆面 1 为粗基准加工孔 2,则加工时余量不均匀,但加工后的孔 2 与不加工的外圆面 1 基本同轴,较好地保证了壁厚均匀,内外圆的偏心较小。

B. 合理分配加工余量　对有较多加工面的工件,选择其粗基准时,应考虑合理地分配各加工表面的加工余量。主要应注意以下两点:

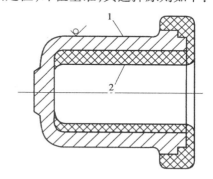

图 2.13　铸件粗基准的选择

a. 应保证各主要加工表面都有足够的加工余量。为满足这个要求,应选毛坯上精度高、余量小的表面作粗基准。如图 2.14 所示的阶梯轴毛坯,其大、小两端的同轴度误差为 0~3 mm,大端最小加工余量为 8 mm,小端最小加工余量为 5 mm。若以加工余量大的大端为粗基准先车小端,则小端可能会因加工余量不足而使工件报废。反之,以加工余量小的小端为粗基准先车大端,则大端的加工余量足够,经过加工的大端外圆与小端毛坯外圆基本同轴,再以加工过的大端外圆为精基准车小端外圆,小端的余量也就足够了。

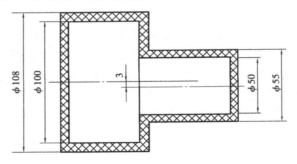

图2.14 阶梯轴毛坯粗基准的选择

b. 为保证工件上最重要的表面(如机床导轨面和重要的内孔等)的加工余量均匀,应选择这些重要表面作粗基准。如图2.15所示的车床床身,导轨表面是重要表面,要求耐磨性好且在整个导轨表面内具有大体一致的力学性能。因此,加工时应选导轨表面作为粗基准加工床腿底面(见图2.15(a)),然后以床腿底面为基准加工导轨平面(见图2.15(b))。

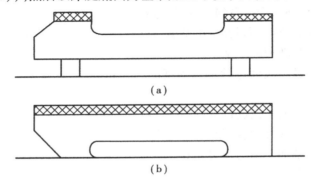

(a)

(b)

图2.15 车床床身的粗基准选择

C. 粗基准应避免重复使用 一般情况下,在同一尺寸方向上,粗基准只允许使用一次。因为粗基准表面粗糙,定位精度不高,若重复使用,在两次装夹中会使加工表面产生较大的位置误差,对于相互位置精度要求较高的表面,通常会造成超差而使零件报废。如图2.16所示小轴的加工中,如果重复使用毛坯 B 面定位,分别加工表面 A 和 C,则必然会使 A 面与 C 面的轴线产生较大的同轴度误差。

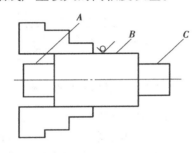

图2.16 重复使用粗基准示例

D. 粗基准表面应平整 所选粗基准表面应尽可能平整,并有足够大的面积,还要将浇口、冒口和飞边等毛刺打磨掉,以便工件安装时定位可靠,夹紧方便。

②精基准的选择原则

精基准的选择应从保证零件加工精度出发,同时考虑装夹方便可靠,夹具结构简单。选择精基准有以下5条基本原则:

A. "基准重合"原则 所谓"基准重合",是指设计基准和定位基准重合。在精基准选择时,应尽可能选用设计基准作为定位基准,以避免产生基准不重合误差。"基准重合"原则对于保证表面间的相互位置精度(如平行度、垂直度和同轴度等)也完全适用。

B."基准统一"原则 使位置精度要求较高的各加工表面,尽可能在多数工序中统一用同一基准,这就是"基准统一"原则,也称"基准同一"原则。例如,轴类零件加工时,一般总是先将两端面打好中心孔,其余工序都是以两中心孔为定位基准;齿轮的齿坯和齿形加工时,多采用内孔及基准端面为定位基准;箱体零件加工时,大多以一组平面或一面两孔作统一基准加工孔系和端面。采用"基准统一"原则,可较好地保证各加工面的位置精度,也可减小工装设计及制造的费用,提高生产率,并且可以避免基准转换所造成的误差。

C."自为基准"原则 有些精加工工序为了保证加工质量,要求加工余量小而均匀,便以加工表面自身来作为定位基准,这就是"自为基准"原则。如图2.17所示,磨削床身导轨面时,一般以导轨面为基准找正定位,然后进行加工。此外,铰削孔、拉削孔、无心磨削及珩磨等都是应用"自为基准"原则进行加工的。

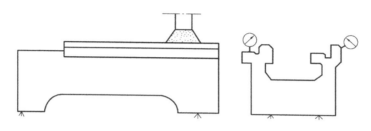

图2.17 床身导轨面的磨削

D."互为基准"原则 有位置精度要求的两个表面在加工时,为了使加工面获得均匀的加工余量和较高的相互位置精度,用其中任意一个表面作为定位基准来加工另一表面,再以加工好的面为基准去加工未加工的面,这就是"互为基准"原则。例如,加工精密齿轮时,通常是齿面淬硬后再磨齿面及内孔。由于齿面磨削余量小,为了保证加工要求,采用如图2.18所示的装夹方式。先以齿面为基准磨内孔,再以内孔为基准磨齿面,这样不但能使齿面磨削余量小而均匀,而且能较好地保证内孔与齿切圆有较高的同轴度。

E.其他原则 应选择精度较高、定位方便、夹紧可靠、便于操作及夹具结构简单的表面作为精基准。有时为了使基准统一或定位可靠,操作方便,人为地制造出一些基准面,这些表面在零件使用中并不起作用,仅在加工中起定位作用,如顶尖孔、工艺凸台、工艺孔等,这类基准称为辅助基准。

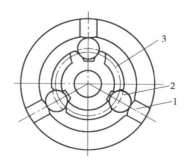

图2.18 精密齿轮内孔的磨削
1—卡盘;2—滚柱;3—齿轮

总之,无论是粗基准还是精基准,选择时都必须是:首先使工件定位稳定、安全可靠,然后再考虑夹具设计容易、结构简单、成本低廉等技术经济原则。在实际生产中选择粗、精基准时,要想完全符合上述原则是不可能的,往往会出现相互矛盾的情况,这时应从工件的整个加工全过程统一考虑,抓住主要矛盾,确保选择出合理的加工方案。

4. 工艺路线的拟订

（1）表面加工方案的选择

①各种加工方法所能达到的经济精度及表面粗糙度

为了正确选择表面加工方法，首先应了解各种加工方法的特点和掌握加工经济精度的概念。任何一种加工方法可以获得的加工精度和表面粗糙度均有一个较大的范围。例如，精细的操作，选择低的切削用量，可以获得较高的精度，但会降低生产率，提高成本；反之，如增大切削用量提高生产率，虽然成本降低了，但精度也降低了。因此，对一种加工方法，只有在一定的精度范围内才是经济的，这一定范围的精度是指在正常的加工条件下（采用符合质量的标准设备，工艺装备和标准技术等级的工人，不延长加工时间）所能保证的加工精度。这一定范围的精度称为经济精度。相应的粗糙度称为经济表面粗糙度。各种加工方法所能达到的加工经济精度和表面粗糙度，以及各种典型表面的加工方案已制成表格，在机械加工手册中都能查到。表2.4、表2.5、表2.6中分别摘录了外圆、内孔和平面等典型表面的加工方法和加工方案以及所能达到的加工经济精度和表面粗糙度。这里要指出的是，加工经济精度的数值并不是一成不变的，随着科学技术的发展，工艺技术的改进，加工经济精度会逐步提高。

表2.4 外圆柱面加工方案

序号	加工方案	公差等级	表面粗糙度 $R_a/\mu m$	适用范围
1	粗车	IT13～IT11	50～12.5	
2	粗车—半精车	IT10～IT8	6.3～3.2	适用于淬火钢以外的各种金属
3	粗车—半精车—精车	IT8～IT7	1.6～0.8	
4	粗车—半精车—精车—滚压（或抛光）	IT8～IT7	0.2～0.025	
5	粗车—半精车—磨削	IT8～IT7	0.8～0.4	
6	粗车—半精车—粗磨—精磨	IT7～IT6	0.4～0.1	主要用于淬火钢，也可以用于未淬火钢，但不宜加工有色金属
7	粗车—半精车—粗磨—精磨—超精加工（或轮式超精磨）	IT5	0.1～0.012	
8	粗车—半精车—精车—精细车（金刚车）	IT7～IT6	0.4～0.025	主要用于要求较高的有色金属加工
9	粗车—半精车—粗磨—精磨—超精磨（或镜面磨）	IT5以上	0.025～0.006	极高精度的外圆加工
10	精车—半精车—粗磨—精磨—研磨	IT5以上	0.1～0.006	

表 2.5　平面加工方案

序号	加工方案	公差等级	表面粗糙度 $R_a/\mu m$	适用范围
1	粗车	IT13～IT11	50～12.5	用于加工回转体零件的端面
2	粗车—半精车	IT10～IT8	6.3～3.2	
3	粗车—半精车—精车	IT8～IT7	1.6～0.8	
4	粗车—半精车—磨削	IT8～IT6	0.8～0.2	
5	粗铣（粗刨）	IT13～IT11	25～6.3	一般用于加工不淬硬平面（端铣表面粗糙值较小）
6	粗铣（粗刨）—精铣（精刨）	IT10～IT8	6.3～1.6	
7	粗铣（粗刨）—精铣（精刨）—刮研	IT7～IT6	0.8～0.1	用于加工精度要求较高的不淬火钢、铸铁、有色金属等材料
8	粗铣（粗刨）—精铣（精刨）—宽刀细刨	IT6	0.2～0.8	
9	粗铣（粗刨）—精铣（精刨）—磨削	IT6	0.2～0.8	用于加工不淬火钢、铸铁、有色金属等材料
10	粗铣（粗刨）—精铣（精刨）—粗磨—精磨	IT6～IT5	0.1～0.4	
11	粗铣—精铣—磨削—研磨	IT5～IT4	0.025～0.4	
12	拉削	IT9～IT6	0.2～0.8	用于大批量生产除淬火钢以外的各种金属

表 2.6　孔加工方案

序号	加工方案	公差等级	表面粗糙度 $R_a/\mu m$	适用范围
1	钻	IT13～IT11	12.5	适用于淬火钢以外的各种金属
2	钻—铰	IT10～IT8	6.3～1.6	
3	钻—粗铰—精铰	IT8～IT7	1.6～0.8	
4	钻—扩	IT11～IT10	12.5～6.3	
5	钻—扩—铰	IT9～IT8	3.2～1.6	主要用于淬火钢，也可以用于未淬火钢，但不宜加工有色金属
6	钻—扩—粗铰—精铰	IT7	1.6～0.8	
7	钻—扩—机铰—手铰	IT7～IT6	0.4～0.2	

续表

序号	加工方案	公差等级	表面粗糙度 $R_a/\mu m$	适用范围
8	钻—扩—拉	IT9 ~ IT7	1.6 ~ 0.1	主要用于要求较高的有色金属加工
9	粗镗(或扩张)	IT13 ~ IT11	12.5 ~ 6.3	除淬火钢外各种材料,毛坯有预孔
10	粗镗(粗扩)—半精镗(精扩)	IT10 ~ IT9	3.2 ~ 1.6	
11	粗镗(粗扩)—半精镗(精扩)—精镗(铰)	IT8 ~ IT7	1.6 ~ 0.8	
12	粗镗(粗扩)—半精镗(精扩)—精镗—浮动镗刀精镗	IT7 ~ IT6	0.8 ~ 0.4	
13	粗镗(扩)—半精镗—磨孔	IT8 ~ IT7	0.8 ~ 0.2	主要用于淬火钢,也可用于未淬火钢,但不宜用于有色金属
14	粗镗(扩)—半精镗—粗磨—精磨	IT7 ~ IT6	0.2 ~ 0.1	
15	粗镗—半精镗—精镗—精细镗(金刚镗)	IT7 ~ IT6	0.4 ~ 0.05	主要用于精度要求高的有色金属加工
16	钻—(扩)—粗铰—精铰—珩磨;钻—(扩)—拉—珩磨;粗镗—半精镗—精镗—珩磨	IT7 ~ IT6	0.2 ~ 0.025	精度要求很高的孔

②选择表面加工方案时考虑的因素

选择表面加工方案,一般是根据经验或查表来确定,再结合实际情况或工艺试验进行修改。表面加工方案的选择,应同时满足加工质量、生产率和经济性等方面的要求,具体选择时应考虑以下5个方面的因素:

A. 选择能获得相应经济精度的加工方法　如加工精度为IT7,表面粗糙度为 $R_a 0.4\ \mu m$ 的外圆柱面,通过精细车削是可以达到要求的,但不如磨削经济。

B. 零件材料的可加工性能　如淬火钢的精加工要用磨削,有色金属圆柱面的精加工为避免磨削时堵塞砂轮,则要用高速精细车或精细镗(金刚镗)。

C. 工件的结构形状和尺寸大小　如对于加工精度要求为IT7的孔,采用镗削、铰削、拉削和磨削均可达到要求。但箱体上的孔,一般不宜选用拉孔或磨孔,而宜选择镗孔(大孔)或铰孔(小孔)。

D. 生产类型　大批量生产时,应采用高效率的先进工艺,例如,用拉削方法加工孔和平面,用组合铣削或磨削同时加工几个表面,对于复杂表面的加工采用数控机床及加工中心等;单件小批生产时,宜采用刨削、铣削平面和钻、扩、铰孔等加工方法,避免盲目地采用高效加工方法和专用设备,保证其经济性。

E. 现有生产条件　充分利用现有设备和工艺手段,发挥工人的创造性,挖掘企业潜力,提高经济效益。

（2）加工阶段的划分

①划分方法

零件的加工质量要求较高时,都应划分加工阶段。一般划分为粗加工、半精加工和精加工3 个阶段。如果零件要求的精度特别高,表面粗糙度很小时,还应增加光整加工和超精密加工阶段。各加工阶段的主要任务如下:

A. 粗加工阶段　主要任务是切除毛坯上各加工表面的大部分加工余量,使毛坯在形状和尺寸上接近零件成品。因此,应采取措施尽可能提高生产率。同时要为半精加工阶段提供精基准,并留有充分均匀的加工余量,为后续工序创造有利条件。

B. 半精加工阶段　达到一定的精度要求,并保证留有一定的加工余量,为主要表面的精加工做准备。同时完成一些次要表面的加工（如紧固孔的钻削、攻螺纹、铣键槽等）。

C. 精加工阶段　主要任务是保证零件各主要表面达到图纸规定的技术要求。

D. 光整加工阶段　对精度要求很高（IT6 以上）,表面粗糙度很小（小于 $R_a0.2\ \mu m$）的零件,需安排光整加工阶段。其主要任务是减小表面粗糙度或进一步提高尺寸精度和形状精度。

②划分加工阶段的原因

A. 保证加工质量的需要　零件在粗加工时,由于要切除掉大量金属,因而会产生较大的切削力和切削热,同时也需要较大的夹紧力,在这些力和热的作用下,零件会产生较大的变形。而且经过粗加工后零件的内应力要重新分布,也会使零件发生变形。如果不划分加工阶段而连续加工,就无法避免和修正上述原因所引起的加工误差。加工阶段划分后,粗加工造成的误差,通过半精加工和精加工可以得到修正,并逐步提高零件的加工精度和表面质量,保证了零件的加工要求。

B. 合理使用机床设备的需要　粗加工一般要求功率大、刚性好、生产率高而精度不高的机床设备,而精加工需采用精度高的机床设备,划分加工阶段后就可以充分发挥粗、精加工设备各自性能的特点,避免以粗干精,做到合理使用设备。这样不但可提高粗加工的生产效率,而且也有利于保持精加工设备的精度和使用寿命。

C. 及时发现毛坯缺陷　毛坯上的各种缺陷（如气孔、砂眼、夹渣或加工余量不足等）,在粗加工后即可被发现,便于及时修补或决定报废,以免继续加工后造成工时和加工费用的浪费。

D. 便于安排热处理　热处理工序使加工过程划分成几个阶段,如精密主轴在粗加工后进行去除应力的人工时效处理,半精加工后进行淬火,精加工后进行低温回火和冰冷处理,最后再进行光整加工。这几次热处理就把整个加工过程划分为粗加工—半精加工—精加工—光整加工阶段。

在零件工艺路线拟订时,一般应遵守划分加工阶段这一原则,但具体应用时还要根据零件的情况灵活处理。例如,对于精度和表面质量要求较低而工件刚性足够、毛坯精度较高、加工余量小的工件,可不划分加工阶段。又如,对一些刚性好的重型零件,由于装夹吊运很费时,也往往不划分加工阶段而在一次装夹中完成粗、精加工。

（3）工序的集中与分散的划分

在选定了零件上各个表面的加工方法及加工顺序后,制订工艺路线时可以采用两种不同的原则:工序集中原则和工序分散原则。使每道工序中包含尽可能多的加工内容,从而使工序的总数减少,工艺路线缩短,称为工序集中。使每道工序的加工内容少,从而使工序总数增多,工艺路线长,称为工序分散。工序集中原则和工序分散原则各有不同的特点。

①工序集中的特点

A. 有利于采用高生产率的专用设备和工艺装备,如采用多刀多刃、多轴机床、数控机床和加工中心等,从而大大提高生产率。

B. 减少了工序数目,缩短了工艺路线,从而简化了生产计划和生产组织工作。

C. 减少了设备数量,相应地减少了操作人数和生产面积。

D. 减少了工件安装次数,不仅缩短了辅助时间,而且在一次安装下能加工较多的表面,也易于保证这些表面的相对位置精度。

E. 专用设备和工艺装置复杂,生产准备工作和投资都比较大,尤其是转换新产品比较困难。

②工序分散的特点

A. 设备和工艺装备结构都比较简单,调整方便,对工人的技术水平要求较低。

B. 可采用最有利的切削用量,减少机动时间。

C. 容易适应生产产品的转换。

D. 设备数量多,操作工人多,占用生产面积大。

（4）工序顺序的安排

①机械加工工序的安排原则

A. 基准先行　零件加工一般多从精基准的加工开始,再以精基准定位加工其他表面。因此,选作精基准的表面应安排在工艺过程初始工序,先进行加工,以便为后续工序提供精基准。例如,齿轮加工则先加工内孔及基准端面,再以内孔及端面作为精基准,粗、精加工齿形表面。

B. 先粗后精　精基准加工好以后,整个零件的加工工序,应是粗加工工序在前,相继为半精加工、精加工及光整加工。按先粗后精的原则,先加工精度要求较高的主要表面,即先粗加工,再半精加工各主要表面,最后再进行精加工和光整加工。

C. 先主后次　根据零件的功用和技术要求。先将零件的主要表面和次要表面分开,然后先安排主要表面的加工,再把次要表面的加工工序插入其中。次要表面一般是指键槽、螺孔、销孔等的表面。这些表面一般都与主要表面有一定的相对位置要求,应以主要表面作为基准进行次要表面加工,因此,次要表面的加工一般放在主要表面的半精加工以后,精加工以前一次加工完成。也有将次要表面放在最后加工的,但此时应注意不要碰伤已加工好的主要表面。

D. 先面后孔　对于箱体、底座、支架等类零件,平面的轮廓尺寸较大,用它作为精基准加工孔,比较稳定可靠,也容易加工,有利于保证孔的精度。如果先加工孔,再以孔为基准加工平面,则比较困难,加工质量也易受影响。

②热处理工序的安排原则

热处理可用来提高材料的力学性能,改善工件材料的加工性能和消除内应力,其安排主要是根据工件的材料和热处理目的来进行。热处理工艺可分为两大类:预备热处理和最终热处理。

A. 预备热处理　预备热处理的目的是改善加工性能、消除内应力和为最终热处理准备良好的金相组织。其热处理工艺有退火、正火、时效及调质等。

a. 退火和正火　退火和正火用于经过热加工的毛坯。含碳量高于0.5%的碳钢和合金钢，为降低其硬度易于切削，常采用退火处理；含碳量低于0.5%的碳钢和合金钢，为避免其硬度过低切削时粘刀，而采用正火处理。退火和正火还能细化晶粒、均匀组织，为以后的热处理做准备。退火和正火通常安排在毛坯制造之后、粗加工之前进行。

b. 时效处理　时效处理主要用于消除毛坯制造和机械加工中产生的内应力。对于一般精度的零件，在精加工前安排一次时效处理即可。但精度要求较高的零件（如坐标镗床的箱体等），应安排两次或数次时效处理工序。简单零件一般可不进行时效处理。除铸件外，对于一些刚性较差的精密零件（如精密丝杠），为消除加工中产生的内应力，稳定零件加工精度，通常在粗加工、半精加工之间安排多次时效处理。有些轴类零件加工，在校直工序后也要安排时效处理。

c. 调质　调质即是在淬火后进行高温回火处理，它能获得均匀细致的回火索氏体组织，为以后的表面淬火和渗氮处理时减少变形做准备，因此，调质也可作为预备热处理。由于调质后零件的综合力学性能较好，对某些硬度和耐磨性要求不高的零件，也可作为最终的热处理工序。

B. 最终热处理　最终热处理的目的是提高硬度、耐磨性和强度等力学性能。

a. 淬火　淬火分表面淬火和整体淬火。其中，表面淬火因为变形、氧化及脱碳较小而应用较广，而且表面淬火还具有外部强度高、耐磨性好，内部韧性好、抗冲击力强的优点。为提高表面淬火零件的机械性能，常需进行调质或正火等热处理作为预备热处理，其一般工艺路线为：下料—锻造—正火（退火）—粗加工—调质—半精加工—表面淬火—精加工。

b. 渗碳淬火　渗碳淬火适用于低碳钢和低合金钢，先提高零件表层的含碳量，经淬火后使表层获得高的硬度，而芯部仍保持一定的强度和较高的韧性和塑性。渗碳分整体渗碳和局部渗碳，局部渗碳时对不渗碳部分要采取防渗措施（镀铜或镀锌等防渗材料）。由于渗碳淬火变形大，且渗碳深度一般为0.5~2 mm，因此，渗碳工序一般安排在半精加工和精加工之间。其工艺路线一般为：下料—锻造—正火—粗、半精加工—渗碳淬火—精加工。当局部渗碳零件的不渗碳部分采用加大余量后切除多余的渗碳层的工艺方案时，切除多余渗碳层的工序应安排在渗碳后、淬火前进行。

c. 渗氮处理　渗氮是使氮原子渗入金属表面获得一层含氮化合物的处理方法。渗氮层可以提高零件表面的硬度、耐磨性、抗疲劳强度和抗蚀性。由于渗氮处理温度较低、变形小且渗氮层较薄（一般不超过0.6~0.7 mm），因此，渗氮工序应尽量靠后安排，通常安排在精加工之前进行。为减小渗氮时的变形，在切削后一般须进行消除应力的高温回火。

③检验工序的安排

检验工序一般安排在粗加工后、精加工前；送往外车间前后；重要工序和工时长的工序前后；零件加工结束后、入库前。

④其他工序的安排

A. 表面强化工序　如滚压、喷丸处理等，一般安排在工艺过程的最后。

B. 表面处理工序　如发蓝、电镀等，一般安排在工艺过程的最后。

C. 探伤工序　如X射线检查、超声波探伤等多用于零件内部质量的检查，一般安排在工艺过程的开始。磁力探伤、荧光检验等主要用于零件表面质量的检验，通常安排在该表面加工结束以后。

D. 平衡工序　包括动、静平衡，一般安排在精加工以后。

（三）零件的加工余量及工序尺寸的确定

1. 加工余量的概念及其影响因素

（1）加工余量的概念

在机械加工过程中，从加工表面切除的金属层厚度称为加工余量。加工余量分为工序余量和加工总余量。

工序余量是指为完成某一道工序所必须切除的金属层厚度，即相邻两工序的工序尺寸之差。

加工总余量是指由毛坯变为成品的过程中，在某加工表面上所切除的金属层总厚度，即毛坯尺寸与零件图设计尺寸之差。

由于毛坯尺寸和各工序尺寸不可避免地存在公差，因此，无论是加工总余量还是工序余量，实际上都是个变动值，因而加工余量又有基本余量、最大余量和最小余量之分，通常所说的加工余量是指基本余量。加工余量、工序余量的公差标注应遵循"入体原则"，即毛坯尺寸按双向标注上、下偏差；被包容表面尺寸上偏差为零，也就是基本尺寸为最大极限尺寸（如轴）；包容面尺寸下偏差为零，也就是基本尺寸为最小极限尺寸（如内孔）。

在加工过程中，工序完成后的工件尺寸称为工序尺寸。由于存在加工误差，各工序加工后的尺寸也有一定的公差，称为工序公差。工序公差带的布置也采用"入体原则"。

如图 2.19 所示加工余量及其公差的关系。从图 2.19 中可见，不论是被包容面还是包容面，其加工总余量均等于各工序余量之和，即

$$Z_D = Z_1 + Z_2 + Z_3 + \cdots + Z_n = \sum_{i=1}^{n} Z_i$$

式中　Z_D——加工总余量；

　　　n——工序数；

　　　Z_i——第 i 道工序的加工余量。

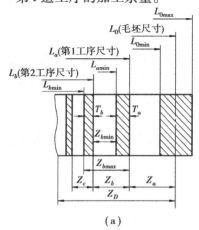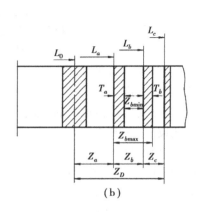

图 2.19　加工余量及公差

（a）被包容面加工余量及公差　（b）包容面加工余量及公差

对于被包容面(见图 2.19(a)):

本工序的基本余量:$Z_b = L_a - L_b$

本工序的最大余量:$Z_{b\max} = Z_b + T_b$

本工序的最小余量:$Z_{b\min} = Z_b - T_a$

本工序余量公差:$T_z = T_b + T_a$

式中　L_a,T_a——上工序的基本尺寸和尺寸公差;

　　　L_b,T_b——本工序的基本尺寸和尺寸公差。

对于包容面(见图 2.19(b)):

本工序的基本余量:$Z_b = L_b - L_a$

本工序的最大余量:$Z_{b\max} = Z_b + T_b$

本工序的最小余量:$Z_{b\min} = Z_b - T_a$

本工序余量公差:$T_z = T_b + T_a$

式中　L_a,T_a——上工序的基本尺寸和尺寸公差;

　　　L_b,T_b——本工序的基本尺寸和尺寸公差。

加工余量还有双边余量和单边余量之分,平面加工余量是单边余量,它等于实际切削的金属层厚度。对于外圆和孔等回转表面,加工余量是指双边余量,即以直径方向计算,实际切削的金属为加工余量数值的 1/2。如图 2.20 所示为加工余量示意图。由图 2.20 可知:

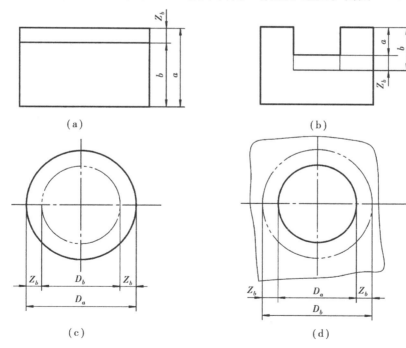

图 2.20　加工余量

对于外表面的单边余量:$Z_b = a - b$

对于内表面的单边余量:$Z_b = b - a$

对于轴:$2Z_b = D_a - D_b$

对于孔:$2Z_b = D_b - D_a$

式中　Z_b——本工序的基本余量；

D_a——上工序的基本尺寸；

D_b——本工序的基本尺寸。

(2)确定加工余量应考虑的因素

为切除前工序在加工时留下的各种有缺陷和误差的金属层，又考虑到本工序可能产生的安装误差而不致使工件报废，必须保证一定数值的最小工序余量。为了合理确定加工余量，首先必须了解影响加工余量的因素。影响加工余量的主要因素如下：

①前工序的尺寸公差　由于工序尺寸有公差，上工序的实际工序尺寸有可能出现最大或最小极限尺寸，本工序的加工余量应包括上工序的公差。

②前工序的形状和位置公差　当工件上有些形状和位置偏差不包括在尺寸公差的范围内时，这些误差又必须在本工序加以纠正，在本工序的加工余量中必须包括它。

③前工序的表面粗糙度和表面缺陷　为了保证加工质量，本工序的加工余量应包括前工序的表面粗糙度和表面缺陷层。

④本工序的安装误差　安装误差包括工件的定位误差和夹紧误差，若用夹具装夹，还应有夹具在机床上的安装误差。这些误差会使工件在加工时的位置发生偏移，因此，加工余量还必须考虑其影响。如图2.21所示用三爪自动定心卡盘夹持工件外圆加工孔时，若工件轴心线偏移机床主轴回转轴线一个e值，则造成内孔切削余量不均匀，为使上工序的各项误差和缺陷在本工序消除，应将孔的加工余量加大为$2e$。

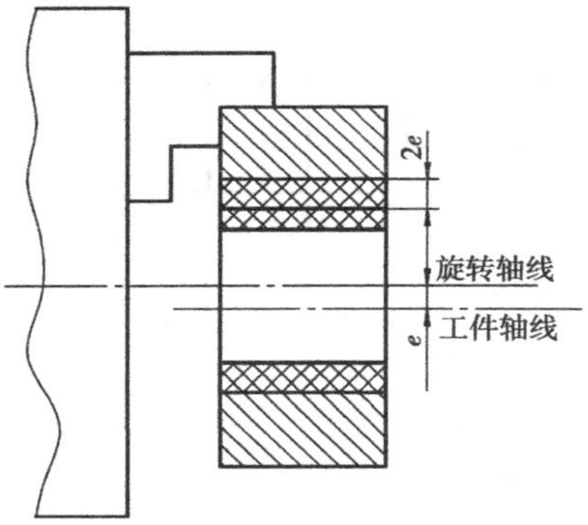

图2.21　工件的安装误差

2. 确定加工余量的方法

(1)分析计算法

分析计算法是根据有关加工余量计算公式和一定的试验资料，对影响加工余量的各项因素进行分析和综合计算来确定加工余量的。用这种方法确定加工余量比较经济合理，但必须有比较全面和可靠的试验资料。目前，只在材料十分贵重，以及军工生产或少数大量生产的工厂中采用。

(2)经验估算法

经验估算法是根据工厂的生产技术水平，依靠实际经验确定加工余量。为防止因余量过小而产生废品，经验估计的数值总是偏大，这种方法常用于单件小批量生产。

(3)查表修正法

查表修正法是根据各工厂长期的生产实践与试验研究所积累的有关加工余量数据，制成各种表格并汇编成手册，确定加工余量时，查阅有关手册，再结合本厂的实际情况进行适当修正后确定，目前此法应用较为普遍。

3. 工序尺寸及其公差的确定

(1)基准重合时工序尺寸及公差的确定

当零件定位基准与设计基准(工序基准)重合时，零件工序尺寸及其公差的确定方法是：先根据零件的具体要求确定其加工工艺路线，再通过查表确定各道工序的加工余量及其公差，然后计算出各工序尺寸及公差。计算顺序是：先确定各工序余量的基本尺寸，再由后往前逐个工序推算,即由工件上的设计尺寸开始,由最后一道工序向前工序推算直到毛坯尺寸。

例3.1　法兰盘上有一孔,孔径为 $\phi 60^{+0.03}_{0}$,表面粗糙度为 0.8 μm(见图 2.22),毛坯为铸钢件,需淬火处理,其工艺路线见表 2.7。

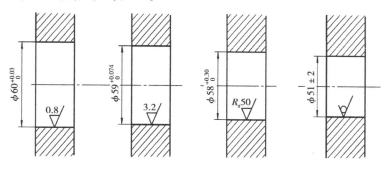

图 2.22　内孔工序尺寸计算

解　A. 根据各工序的加工性质,查表得它们的工序余量(见表 2.7 中的第 2 列)。

B. 确定各工序的尺寸公差及表面粗糙度。由各工序的加工性质查有关经济加工精度和经济表面粗糙度(见表 2.7 中的第 3 列)。

C. 根据查得的余量计算各工序尺寸(见表 2.7 中的第 4 列)。

D. 确定各工序尺寸的上、下偏差,按"入体原则",对于孔,基本尺寸值为公差带的下偏差,上偏差取正值;对于毛坯,尺寸偏差应取双向对称偏差(见表 2.7 中的第 5 列)。

表 2.7　工序尺寸及其公差的计算

工序名称	工序余量	工序所能达到的精度等级	工序尺寸(最小工序尺寸)	工序尺寸及其上、下偏差
磨孔	0.4	H7($^{+0.03}_{0}$)	60	$60^{+0.03}_{0}$
半精镗孔	1.6	H9($^{+0.074}_{0}$)	60−0.4=59.6	$59.6^{+0.074}_{0}$
粗镗孔	7	H12($^{+0.30}_{0}$)	59.6−1.6=58	$58^{+0.30}_{0}$
毛坯孔	±2		58−7=51	51±0.2

(2)基准不重合时工序尺寸及其公差的确定

定位基准与设计基准或工序基准不重合时,工序尺寸及其公差的确定比较复杂,须用工艺尺寸链来进行分析计算。

(四)工艺尺寸链的运用

1. 工艺尺寸链的定义

如图 2.23(a)所示为一定位套,A_0 与 A_1 为图样上已标注的尺寸。按零件图进行加工时,尺寸 A_0 不便直接测量。如欲通过易于测量的尺寸 A_2 进行加工,以间接保证尺寸 A_0 的要求,则首先需要分析尺寸 A_1,A_2 和 A_0 之间的内在关系,然后据此算出尺寸 A_2 的数值。此时尺寸 A_1,A_2 和 A_0 就构成一个封闭的尺寸组合,即形成了一个尺寸链,如图 2.23(b)所示。

如图 2.24 所示的阶台零件,该零件先以 A 面定位加工面 C,得到尺寸 L_c,再加工 B 面,得

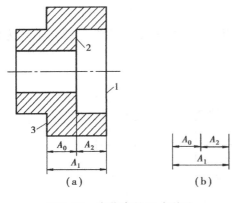

图 2.23　定位套的尺寸联系

到尺寸 L_a,这样该零件在加工时并未直接保证的尺寸 L_b 就随之确定。尺寸 L_c,L_a,L_b 就构成一个封闭的尺寸组合,即形成了一个尺寸链。

由上述两例可知,在零件的加工过程中,为了加工和检验的方便,有时需要进行一些工艺尺寸的计算。为使这种计算迅速准确,按照尺寸链的基本原理,将这些有关尺寸以一定顺序首尾相连排列成一封闭的尺寸系统,即构成了零件的工艺尺寸链,简称工艺尺寸链。

2. 工艺尺寸链的组成

（1）环

组成工艺尺寸链的各个尺寸都称为工艺尺寸链的环。图 2.23 中的尺寸 A_1,A_2,A_0 和图 2.24 中的尺寸 L_a,L_b,L_c 都是工艺尺寸链的环。

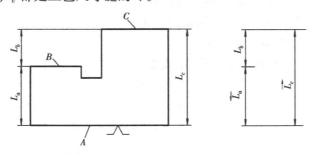

图 2.24　阶台零件的尺寸联系

（2）封闭环

工艺尺寸链中间接得到的环称为封闭环。图 2.23 中的尺寸 A_0 和图 2.24 中的尺寸 L_b,都是加工后间接获得的,因此是封闭环。封闭环以下角标"0"表示。如"A_0","L_0"。

（3）组成环

除封闭环以外的其他环都称为组成环。图 2.23 中的尺寸 A_1,A_2 和图 2.24 中的尺寸 L_a,L_c 都是组成环。组成环分增环和减环两种。

①增环　当其余各组成环保持不变,某一组成环增大,封闭环也随之增大,该环即为增环。一般在该环尺寸的代表符号上加一向右的箭头表示,如图 2.23 中的尺寸 A_1 和图 2.24 中尺寸 L_c 为增环。

②减环　当其余各组成环保持不变,某一组成环增大,封闭环反而减小,该环即为减环。一般在该尺寸的代表符号上加一向左的箭头表示,如图 2.23 中的尺寸 A_2 和图 2.24 中的尺寸 L_a 为减环。

3. 工艺尺寸链的特征

（1）关联性

组成工艺尺寸链的各尺寸之间必然存在着一定的关系,相互无关的尺寸不组成工艺尺寸链。在工艺尺寸链中,每一个组成环不是增环就是减环,其尺寸发生变化都要引起封闭环的尺寸变化。对工艺尺寸链中的封闭环尺寸没有影响的尺寸,就不是该工艺尺寸链的组成环。

（2）封闭性

尺寸链必须是一组首尾相接并构成一个封闭图形的尺寸组合,其中应包含一个间接得到的尺寸。不构成封闭图形的尺寸组合就不是尺寸链。

4. 建立工艺尺寸链的步骤

（1）确定封闭环

确定封闭环即确定加工后间接得到的尺寸。

（2）查找组成环

从封闭环一端开始,按照尺寸之间的联系,首尾相连,依次画出对封闭环有影响的尺寸,直到封闭环的另一端,形成一个封闭图形,就构成一个工艺尺寸链。如图 2.24 所示,从尺寸 L_b 上端开始,沿 L_b—L_c—L_a 到 L_b 下端就形成了一个封闭的尺寸组合,即构成了一个工艺尺寸链。

查找组成环必须掌握的基本要点为:组成环是加工过程中“直接获得”的,而且对封闭环有影响。下面以图 2.25 为例,说明尺寸链建立的具体过程。如图 2.25 所示为套类零件,为便于讨论问题,图中只标出轴向设计尺寸,轴向尺寸加工顺序安排如下:

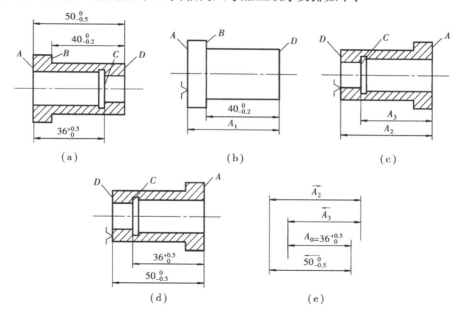

图 2.25　尺寸链的建立

①以大端面 A 定位,车端面 D 获得 A_1,并车小外圆至 B 面,保证长度 $40_{-0}^{-0.2}$（见图 2.25（b））。

②以端面 D 定位,精车大端面 A 获得尺寸 A_2,并在车大孔时车端面 C,获得孔深尺寸 A_3（见图 2.25（c））。

③以端面 D 定位,磨大端面 A 保证全长尺寸 $50_{-0.5}^{0}$,同时保证孔深尺寸为 $36_{0}^{+0.5}$（见图 2.25（d））。

（3）按照各组成环对封闭环的影响,确定其为增环或减环

确定增环或减环可用如图 2.26 所示的方法:先给封闭环任意规定一个方向,然后沿此方向,绕工艺尺寸链依次给各组成环画出箭头,凡是与封闭环箭头方向相同的是减环,相反的是增环。

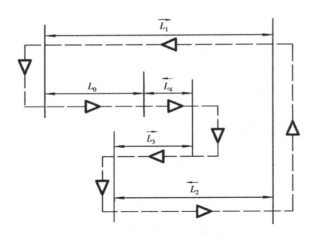

图 2.26　增环、减环的判断

L_0—封闭环；L_1，L_3—增环；L_2，L_4—减环

5. 工艺尺寸链的计算

尺寸链的计算方法有两种：极值法与概率法。极值法是从最坏情况出发来考虑问题，即当所有增环都为最大极限尺寸而减环恰好都为最小极限尺寸，或所有增环都为最小极限尺寸而减环恰好都为最大极限尺寸时，来计算封闭环的极限尺寸和公差。事实上，一批零件的实际尺寸是在公差带范围内变化的。在尺寸链中，所有增环不一定同时出现最大或最小极限尺寸，即使出现，此时所有减环也不一定同时出现最小或最大极限尺寸。概率法解尺寸链，主要用于装配尺寸链，其计算方法在装配中讲授。这里只介绍极值法解工艺尺寸链的基本计算公式。

（1）封闭环的基本尺寸 L_0

$$L_0 = \sum_{i=1}^{m} \overrightarrow{L_i} - \sum_{j=m+1}^{n} \overleftarrow{L_j} \tag{2.1}$$

式中　　m——增环的环数；

n——组成环的总环数（下同）。

（2）封闭环的极限尺寸

$$L_{0max} = \sum_{i=1}^{m} \overrightarrow{L_{imax}} - \sum_{j=m+1}^{n} \overleftarrow{L_{jmin}} \tag{2.2}$$

$$L_{0min} = \sum_{i=1}^{m} \overrightarrow{L_{imin}} - \sum_{j=m+1}^{n} \overleftarrow{L_{jmax}} \tag{2.3}$$

（3）封闭环的极限偏差

$$ES_0 = \sum^{m} \overrightarrow{ES_i} - \sum_{j=m+1}^{n} \overleftarrow{EI_j} \tag{2.4}$$

$$EI_0 = \sum^{m} \overrightarrow{EI_i} - \sum_{i=m+1}^{n} \overleftarrow{ES_j} \tag{2.5}$$

（4）封闭环的公差 T_0

$$T_0 = ES_0 - EI_0 = \sum_{i=1}^{n} T_i \tag{2.6}$$

（5）封闭环的平均尺寸 L_{0m}

$$L_{0m} = \sum_{i=1}^{m} \overrightarrow{L_{im}} - \sum_{j=m+1}^{n} \overleftarrow{L_{jm}} \qquad (2.7)$$

式中　$\overrightarrow{L_i}$——增环的平均尺寸;

　　　$\overleftarrow{L_{jm}}$——减环的平均尺寸。

组成环的平均尺寸:

$$L_{im} = \frac{L_{imax} + L_{imin}}{2} \qquad (2.8)$$

6. 工艺尺寸链的应用

（1）测量基准与设计基准不重合时工序尺寸及其公差的计算

在加工中,有时会遇到某些加工表面的设计尺寸不便测量,甚至无法测量的情况,为此需要在工件上另选一个容易测量的测量基准,通过对该测量尺寸的控制来间接保证原设计尺寸的精度。这就产生了测量基准与设计基准不重合时测量尺寸及公差的计算问题。

例3.2　如图 2.27 所示零件,加工时要求保证尺寸（6 ± 0.1）mm,但该尺寸不便测量,只好通过测量尺寸 L 来间接保证,试求工序尺寸 L 及其上、下偏差。

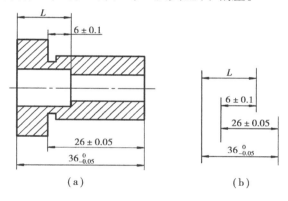

（a）　　　　　　　　　　　（b）

图 2.27　测量基准与设计基准不重合的尺寸换算

解　A. 在图 2.27(a)中,尺寸（6 ± 0.1）mm 是间接得到的,即为封闭环。

B. 工艺尺寸链如图 2.27(b)所示,其中尺寸 L,（26 ± 0.05）mm 为增环,尺寸 $36_{-0.05}^{0}$ 为减环。

由式(2.1)得

$6 = L + 26 - 36$　　　$L = 16$ mm

由式(2.4)得

$0.1 = ESL + 0.05 - (-0.05)$　　　$ESL = 0$

由式(2.5)得

$-0.1 = EIL + (-0.05) - 0$　　　$EIL = -0.05$ mm

故工序尺寸

$$L = 16_{-0.05}^{0}$$

有时当按计算的工序尺寸进行加工出现超差时,还要分析是否出现"假废品"。如图 2.28 (a)所示的零件,设计尺寸为 $10_{-0.36}^{0}$ 和 $50_{-0.17}^{0}$ 大孔深度无明显的尺寸要求。加工时,直接测量 $10_{-0.36}^{0}$ 尺寸比较困难,而常用深度游标卡尺直接测量大孔的深度,间接保证设计尺寸 $10_{-0.36}^{0}$ 这时出现了设计基准 1 和测量基准 2 不重合的问题,需要按如图 2.28(b)所示的工艺尺寸链来换算大孔深度这一工序尺寸(也是测量尺寸)。

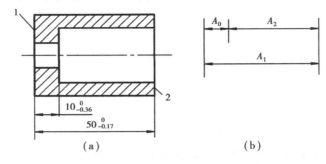

图 2.28　测量尺寸的换算

在工艺尺寸链中,$10_{-0.36}^{0}$ 是间接保证的尺寸,为封闭环;$A_1 = 50_{-0.17}^{0}$ mm 为增环;A_2 为减环,通过计算可求出工序尺寸 A_2。

计算 A_2 的基本尺寸:

由式(2.1)得

$$10 = 50 - A_2$$

故　$A_2 = 50$ mm $- 10$ mm $= 40$ mm

计算 A_2 的上、下偏差:

由式(2.4)得

$$-0.36 = -0.17 - ESA_2$$

故　$ESA_2 = -0.17$ mm $+0.36$ mm $= +0.19$ mm

由式(2.5)得

$$0 = 0 - EIA_2$$

故　$EIA_2 = 0$

最后求得

$$A_2 = 40_{0}^{+0.19} \text{ mm}$$

假废品的分析。

采用极值法换算基准不重合的工序尺寸,并按换算的工序尺寸加工或测量时,可能出现假废品。所谓假废品,就是按换算的工序尺寸进行加工、测量时,发现超出换算的尺寸要求,工件应报废。但这时可能出现要保证的设计尺寸仍然在要求的公差范围内的现象,这时,工件实际上是合格品,而不是废品。因此,对于因基准不重合而换算的工序尺寸超差,应进行分析。

仍然以如图 2.28(a)所示为例。对零件进行测量时,当 A_2 的实际尺寸在 $A_2 = 40_{0}^{+0.19}$ mm 范围内,A_1 的实际尺寸在 $50_{-0.17}^{0}$ 之内时,则 A_0 必然在设计尺寸 $10_{-0.36}^{0}$ 以内,零件为合格品。若 A_2 的实际尺寸为 39.83 mm,比换算的尺寸 $40_{0}^{+0.19}$ 的最小值 40 mm 还小 0.17 mm,则此时这个工件将被认为是废品。如果再测量一下 A_1 的实际尺寸,若 A_1 的实际尺寸恰巧也最小(为 49.83 mm),则 A_0 的实际尺寸为 $A_0 = 49.83$ mm $- 39.83$ mm $= 10$ mm 零件实际上是合格品。同样,当 A_2 的实际尺寸为 40.36 mm,比换算的尺寸 $40_{0}^{+0.19}$ 的最大值 40.19 mm 还大 0.17 mm,如果这时 A_1 尺寸也刚好最大(为 50 mm),则 A_0 的实际尺寸为 $A_0 = 50$ mm $- 40.36$ mm $= 9.64$ mm,零件实际上仍是合格品。

（2）定位基准与设计基准不重合时工序尺寸的计算

例 3.3　如图 2.29（a）所示零件以底面 N 为定位基准镗 O 孔,确定 O 孔位置的设计基准是 M 面（设计尺寸（100 ± 0.15）mm）,用镗夹具镗孔时,镗杆相对于定位基准 N 的位置（即 L_1 尺寸）预先由夹具确定。这时设计尺寸 L_0 是在 L_1,L_2 尺寸确定后间接得到的。问如何确定 L_1 尺寸及公差,才能使间接获得的 L_0 尺寸在规定的公差范围之内?

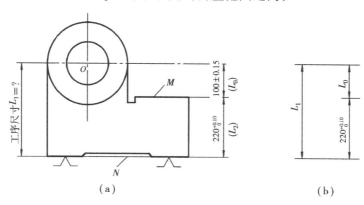

图 2.29　定位基准与设计基准不重合的尺寸换算

解　A. 根据题意可看出尺寸（100 ± 0.15）mm 是封闭环。

B. 工艺尺寸链如图 2.29（b）所示,其中尺寸 220 为减环,L_1 为增环。

按公式计算工序尺寸,由式（2.1）得

$$100 = L_1 - 220$$

故

$$L_1 = 320 \text{ mm}$$

由式（2.4）得

$$+ 0.15 = ESL - 0$$

故

$$ESL = + 0.15 \text{ mm}$$

由式（2.5）得

$$- 0.15 = EIL - 0.10$$

故

$$EIL = - 0.05 \text{ mm}$$

因而

$$L = 320_{-0.05}^{+0.15} \text{mm}$$

（3）中间工序的工序尺寸及其公差的求解计算

在工件加工过程中,有时一个基面的加工会同时影响两个设计尺寸的数值,这时,需要直接保证其中公差要求较严的一个设计尺寸,而另一设计尺寸需由该工序前面的某一中间工序的合理工序尺寸间接保证。为此,需要对中间工序尺寸进行计算。

例 3.4　如图 2.30（a）所示齿轮内孔,孔径设计尺寸为 $\phi 40_{0}^{+0.06}$,键槽设计深度为 L_1,内孔及键槽加工顺序为:

①镗内孔至 $\phi 39.6_{0}^{+0.10}$ 插槽至尺寸 L_1。

②淬火热处理。

③磨内孔至设计尺寸 $\phi 40_{0}^{+0.06}$ mm,同时要保证键槽深度为 $\phi 43.2_{0}^{+0.36}$ mm,试问:如何规定镗后的插键槽深度 L_1 值,才能最终保证得到合格产品?

解 A. 由加工过程可知,尺寸 $43.2^{+0.36}_{0}$ mm 的一个尺寸界限——键槽底面,是在插槽工序时按尺寸 L_1 确定的;另一尺寸界限——孔表面,是在磨孔工序时由尺寸 $\phi40^{+0.06}_{0}$ mm 确定的,故尺寸 $\phi43.2^{+0.36}_{0}$ mm 是一个间接得到的尺寸,为封闭环。

B. 工艺尺寸链如图 2.30(b)所示,其中,尺寸 L_1,L_3 为增环,尺寸 L_2 为减环。

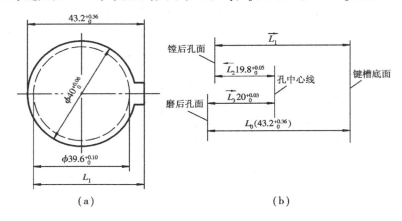

图 2.30 中间工序的尺寸换算

由式(2.1)得

$$43.2 = (L_1 + 20) - 19.8$$

故

$$L_1 = 43 \text{ mm}$$

由式(2.4)得

$$0.36 = (ESL_1 + 0.03) - 0$$

故

$$EIL_1 = 0.33 \text{ mm}$$

由式(2.5)得

$$0 = (EIL_1 + 0) - 0.05$$

故

$$EIL_1 = 0.05 \text{ mm}$$

因而

$$L_1 = 43^{+0.33}_{+0.05} \text{ mm}$$

(4)保证应有渗碳或渗氮层深度时工艺尺寸及其公差的计算

零件渗碳或渗氮后,表面一般要经磨削以保证尺寸精度,同时要求磨后保留有规定的渗层深度。这就要求渗碳或渗氮热处理时按一定渗层深度及公差进行(用控制热处理时间保证),并对这一合理渗层深度及公差进行计算。

例 3.5 一批圆轴工件如图 2.31 所示,其加工过程为:车外圆至 $\phi20.6^{0}_{-0.04}$ mm;渗碳淬火;磨外圆至 $\phi20^{0}_{-0.02}$ mm。试计算保证磨后渗碳层深度为 $0.7 \sim 1.0$ mm 时,渗碳工序的渗入深度及其公差。

解 A. 由题意可知,磨后保证的渗碳层深度 $0.7 \sim 1.0$ mm 是间接获得的尺寸,改写为 $0.7^{+0.3}_{0}$ 为封闭环。

B. 工艺尺寸链如图 2.31(c)所示,其中,尺寸 L,$10^{0}_{-0.01}$ 为增环,尺寸 $10.3^{0}_{-0.02}$ 为减环。

由式(2.1)得

$$0.7 = L + 10 - 10.3$$

故

$$L = 1 \text{ mm}$$

由式(2.4)得

$$0.3 = ESL + 0 - (-0.02)$$

故

$$ESL = 0.28 \text{ mm}$$

由式(2.5)得

$$0 = EIL + (-0.01) - 0$$

故

$$EIL = 0.01 \text{ mm}$$

因而

$$L = 1 {}^{+0.28}_{+0.01} \text{ mm}$$

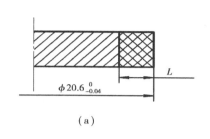 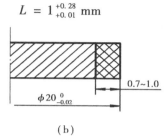 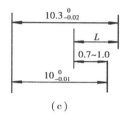

图2.31　保证渗碳层深度的尺寸换算

(a)渗碳　(b)磨外圆　(c)尺寸链

(五)时间定额及提高生产效率的工艺措施

1.机械加工时间定额的组成

(1)时间定额的概念

所谓时间定额,是指在一定生产条件下,规定生产一件产品或完成一道工序所消耗的时间。它是安排作业计划、核算生产成本、确定设备数量、人员编制以及规划生产面积的重要依据。

(2)时间定额的组成

①基本时间 T_j　基本时间是指直接改变生产对象的尺寸、形状、相对位置以及表面状态或材料性质等工艺过程所消耗的时间。对于切削加工来说,基本时间就是切除金属所消耗的时间(包括刀具的切入和切出时间在内)。

②辅助时间 T_f　辅助时间是为实现工艺过程所必须进行的各种辅助动作所消耗的时间。它包括:装、卸工件,开、停机床,引进或退出刀具,改变切削用量,试切和测量工件等所消耗的时间。

基本时间和辅助时间的总和称为作业时间。它是直接用于制造产品或零部件所消耗的时间。辅助时间的确定方法随生产类型而异。大批量生产时,为使辅助时间规定得合理,须将辅助动作分解,再分别确定各分解动作的时间,最后予以综合;中批生产则可根据以往统计资料来确定;单件小批生产常用基本时间的百分比进行估算。

③布置工作地时间 T_b　布置工作地时间是为了使加工正常进行,工人照管工作地(如更换刀具、润滑机床、清理切屑、收拾工具等)所消耗的时间。它不是直接消耗在每个工件上,而是消耗在一个工作班内,再折算到每个工件上。一般按作业时间的2%~7%估算。

④休息与生理需要时间 T_x　休息与生理需要时间是指工人在工作班内恢复体力和满足生理上的需要所消耗的时间。T_x 是按一个工作班为计算单位,再折算到每个工件上。对机床操作工人一般按作业时间的2%估算。

以上 4 部分时间的总和称为单件时间 T_d,即

$$T_d = T_j + T_f + T_b + T_x$$

⑤准备与终结时间 T_z　准备与终结时间是指工人为了生产一批产品或零部件,进行准备和结束工作所消耗的时间,即在单件或成批生产中,每当开始加工一批工件时,工人需要熟悉工艺文件,领取毛坯、材料、工艺装备,安装刀具和夹具,调整机床和其他工艺装备等所消耗的时间以及加工一批工件结束后,需拆下和归还工艺装备,送交成品等所消耗的时间。T_z 既不是直接消耗在每个工件上,也不是消耗在一个工作班内的时间,而是消耗在一批工件上的时间。因而分摊到每个工件的时间为 T_z/n,其中 n 为批量。故单件和成批生产的单件工时定额的计算公式 T_e 应为

$$T_e = T_d + \frac{T_z}{n}$$

大批大量生产时,由于 n 的数值很大,$\frac{T_z}{n} \approx 0$,故不考虑准备和终结时间,即

$$T_e = T_d$$

2. 提高生产率的工艺措施

工艺规程的制订,必须在保证产品质量的前提下,提高生产率、降低成本。提高劳动生产率的措施很多,技术性方面的措施涉及产品设计、制造工艺和组织管理等多方面。现从制造工艺方面进行简要分析。

(1)缩短时间定额

①缩短基本时间

A. 提高切削用量　随着刀具材料的迅速改进和发展,刀具的切削性能已有很大的提高,高速切削和强力切削已成为切削加工的主要发展方向,提高切削用量可以直接提高单位时间的金属切除率,缩短基本时间。

B. 减少或重合切削行程长度　利用多把刀具或复合刀具对工件的同一表面或多个表面同时进行加工,或者用宽刀做横向进给同时加工多个表面,实现复合工步,都能减少每把刀具的切削行程长度或使切削行程长度部分或全部重合,减少基本时间,如图 2.32 所示。

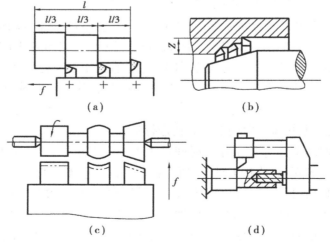

(a)　　　　　　　(b)

(c)　　　　　　　(d)

图 2.32　减少或重合切削行程长度

C. 多件加工　多件加工有 3 种形式,即顺序多件加工、平行多件加工和平行顺序加工。如图 2.33(a)所示为顺序多件加工,工件按进给方向顺序地一个接一个地加工,减少了刀具的切入和切出时间,从而减少基本时间。这种形式常见于滚齿、插齿、龙门刨、平面磨削和铣削的加工。如图 2.33(b)所示为平行多件加工,工件平行排列,一次进给可同时加工几个工件,加工多件的时间和加工一件的时间相同,这种形式常见于平面磨削和铣削。如图 2.33(c)所示为平行顺序加工,它是以上两种形式的综合,常见于工件较小、批量较大的场合,如立轴圆台平面磨和铣削加工中,缩短基本时间的效果十分显著。

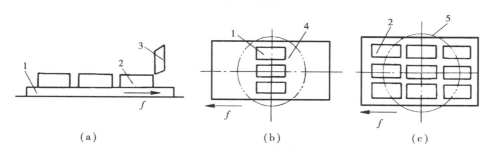

图 2.33　多件加工
1—工作台;2—工件;3—刨刀;4—铣刀;5—砂轮

②缩短辅助时间

A. 采用先进夹具　采用先进夹具不仅能保证加工质量,同时大大节省工件的装卸找正时间。在大批量生产中应采用高效夹具,如气动、液压快速夹具、转位夹具或转位工作台;单件小批生产中,应采用成组工艺,采用成组夹具或通用可调夹具。

B. 采用主动测量或数字显示自动测量装置　主动测量的自动测量装置能在加工过程中测量工件的实际尺寸,并能由测量结果操作或自动控制机床。目前,在各类机床上已逐步配置的数字显示装置,都是以光栅、感应同步器为检测元件,可以连续显示刀具在加工过程的位移量,使工人能直观地看出工件尺寸的变化情况,大大节省了停机测量的时间,不仅可以提高效率,还有利于提高加工精度。

③缩短布置工作地时间　布置工作地时间大部分消耗在更换刀具和调整刀具上,因此,必须减少换刀次数,并缩短每次换刀时间和调刀时间。可通过提高刀具或砂轮的耐用度以减少换刀次数、改进刀具的安装方法和采用装刀夹具以缩短换刀、对刀时间。如采用各种快换刀具、刀具微调机构、专用对刀样板或对刀块等。

④缩短准备终结时间。

A. 扩大零件的批量　中小批量生产中,产品经常更换,准备终结时间在单件时间中占有很大的比例,使生产率受到限制,因此,应设法使零件通用化和标准化,或采用成组技术,以增加零件的加工批量。这样,分摊到每个零件上的准备终结时间就可大大减少。

B. 减少调整机床、刀具和夹具的时间　主要措施有:采用易调整的机床,如液压仿形机床、数控机床等先进设备;充分利用夹具与机床联接用的定位元件,减少夹具在机床上的找正时间;采用机外对刀的可换刀架,以减少调整刀具的时间。

(2)采用先进工艺方法

采用先进工艺或新工艺可成倍提高效率。

①特种加工的应用　采用电火花加工、线切割加工、电解加工等特种加工技术,对于难加工材料及复杂型面的加工能大大提高生产率。

②采用毛坯制造新工艺　如冷挤压、粉末冶金、压力铸造、精锻等新工艺,能大大提高毛坯制造精度,减少切削量,不仅提高了效率,而且大量节省了金属材料。

③改进加工方法　例如,在大量生产中,用拉削取代铣削、钻削,用粗磨代铣平面;在成批生产中,以铣代刨,以精刨、精磨代替刮研等,都可以大大提高生产率。

（3）提高机械制造自动化程度

在大批量生产中,可采用高效的自动化机床、组合机床和专用生产线,使整个加工过程自动进行,提高生产率。中小批生产的自动化可采用各种数控加工、成组技术、计算机辅助工艺规程及柔性制造系统等生产方式。

任务实施

选择如图 2.34 所示的一般传动轴为例,编制其加工工艺过程。该轴材料为 40Cr 生产数量:6 件。

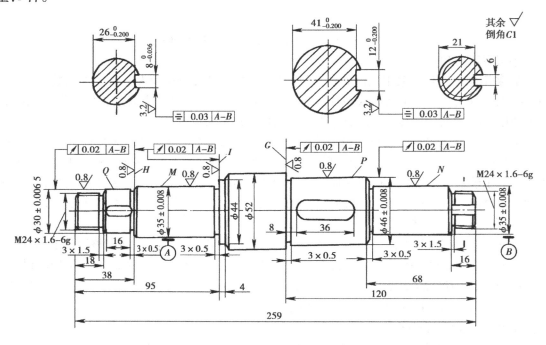

图 2.34　传动轴

1. 传动轴零件的主要表面及技术要求

由图 2.34 和图 2.35 可知,传动轴的轴颈 M,N 是安装轴承的支承轴颈,也是该轴装入箱体的安装基准。轴中间的外圆 P 装有蜗轮,运动可通过蜗杆传给蜗轮,减速后,通过装在轴左端外圆 Q 上的齿轮将运动传出。为此,轴颈 M,N,外圆 P,Q 尺寸精度高,公差等级均为 IT6,轴肩 G,H,I 的表面粗糙度 R_a 值为 0.8 μm,而且有相互两位置精度的要求。此外,为提高该轴的综合机械性能,还安排了调质处理。

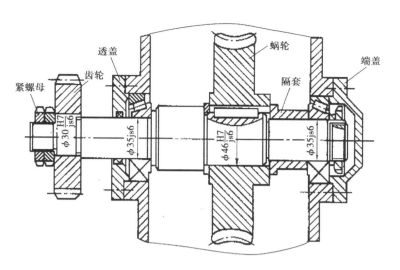

图 2.35   传动轴的装配示意图

2. 工艺分析

（1）主要表面的加工方法

由于该轴大部分为回转表面,应以车削加工为主。又因主要表面 M,N,P,Q 的尺寸公差等级较高,表面粗糙度 R_a 值较小,车削加工后还需进行磨削。为此,这些表面的加工顺序为:粗车—调质—半精车—磨削。

（2）确定定位基面

该轴的几个主要配合表面和台阶面对基准轴线 $A\text{-}B$ 均有径向圆跳动和端面圆跳动要求,应在轴的两端加工 B 型中心孔为定位精基准面,此两端中心孔要在粗车之前加工好。

（3）选择毛坯的类型

轴类零件的毛坯通常选用圆钢料或锻件。对于光滑或直径相差不大的阶梯轴,多采用热轧或冷轧钢料;对直径相差悬殊的阶梯轴,为节省材料,减少机加工工时,多采用锻件;此外,锻件的纤维组织分布合理,可提高轴的强度。如图 2.34 所示的传动轴,各外圆直径相差不大,批量为小批,材料为 40Cr,故毛坯选用 $\phi60$ 的热轧圆钢料。

（4）拟订工艺过程

在拟订该轴的工艺过程中,在考虑主要表面加工的同时,还要考虑次要表面的加工及热处理要求。要求不高的外圆在半精车时就可加工到规定尺寸,退刀槽、越程槽、倒角和螺纹应在半精车时加工,键槽在半精车后进行划线和铣削,调质处理安排在粗车之后。调质后一定要修研中心孔,以消除热处理变形和氧化皮。磨削之后,一般还要修研一次中心孔,以提高定位精度。综上所述,该零件的工艺过程见表 2.8。

表 2.8　传动轴机械加工工艺过程

工序号	工序名称	工序内容	工序简图	定位基准	设备
1	备料	Φ60 mm×265 mm			
2	车	三爪卡盘夹持工件,车端面见平,钻中心孔 用尾顶尖顶住,粗车 3 个台阶,直径、长度均留 2 mm 余量		一夹一顶	车床
		调头,三爪卡盘夹持工件另一端,车端面,保证总长 259 mm,钻中心孔。用尾顶尖顶住,粗车另外 4 个台阶,长度、直径均留 2 mm 余量			
3	热处理	调质处理	硬度 24～28HRC		
4	钳工	修研两端中心孔		中心孔	车床
5	车	双顶尖装夹半精车 3 个台阶,长度达到尺寸要求,螺纹大径车到 φ24$_{-0.2}^{-0.1}$ mm,其余两个台阶直径上留 0.5 mm 余量,切槽 3 个,倒角 3 个		中心孔	车床

工序号	工序名称	工序内容	工序简图	定位基准	设备
5	车	调头,双顶尖装夹半精车余下的5个台阶。$\phi44$ mm 及 $\phi52$ mm 台阶车到图样规定的尺寸。螺纹大径车到 $\phi24 ^{-0.1}_{-0.2}$ mm,其余两个台阶直径上留 0.5 mm 余量,切槽3个,倒角4个		中心孔	车床
6	车	双顶尖装夹,车一端螺纹 M24 × 1.6 - 6 g 调头,车另一端 M24 × 1.6 - 6 g		中心孔	车床
7	钳	划键槽及一个止动垫圈槽加工线			钳工台
8	铣	铣两个键槽及一个止动垫圈槽,键槽深度比图样规定尺寸大 0.25 mm,作为外圆磨削的余量		外圆	铣床
9	钳	修研两端中心孔		中心床	钳工台
10	磨	磨外圆 Q,M 并用砂轮端面靠磨台肩 H,I 调头,磨外圆 N,P,靠磨台肩 G		中心孔	外圆磨床
11	检	检验			

任务考评

评分标准见表2.9。

表2.9 评分标准

序号	考核内容	考核项目	配分	检测标准
1	工艺规程的概念及作用、原始资料、制订步骤	1. 工艺规程的概念及作用 2. 原始资料 3. 工艺规程的制订步骤	8分	1. 工艺规程的概念及作用(3分) 2. 原始资料(2分) 3. 工艺规程的制订步骤(3分)
2	毛坯的选择	1. 毛坯的种类 2. 毛坯的选择	8分	1. 毛坯的种类(4分) 2. 毛坯的选择(4分)
3	零件的工艺分析	1. 零件的结构分析 2. 零件的技术要求分析	12分	1. 零件的结构分析(6分) 2. 零件的技术要求分析(6分)
4	定位基准的选择	1. 基准的概念及种类 2. 粗基准的概念及选择原则 3. 精基准的概念及选择原则	20分	1. 基准的概念及种类(4分) 2. 粗基准的概念及选择原则(8分) 3. 精基准的概念及选择原则(8分)
5	工艺路线的拟订	1. 表面加工方法及设备的选择 2. 加工阶段的划分 3. 工序的集中与分散 4. 工序的安排原则	16分	1. 表面加工方法及设备的选择(2分) 2. 加工阶段的划分(4分) 3. 工序的集中与分散(4分) 4. 工序的安排原则(6分)
6	加工余量及工序尺寸的确定	1. 加工余量的概念、影响因素及确定方法 2. 尺寸链的概念、建立、组成及计算方法 3. 工序尺寸的确定及尺寸链的应用	20分	1. 加工余量的概念、影响因素及确定方法(5分) 2. 尺寸链的概念、建立、组成及计算方法(5分) 3. 工序尺寸的确定及尺寸链的应用(10分)
7	工序内容的设计	1. 各工序设备及工艺装备的选择 2. 切削用量及工时定额的确定 3. 确定各主要工序的技术要求及检验方法	10分	1. 各工序设备及工艺装备的选择(3分) 2. 切削用量及工时定额的确定(4分) 3. 确定各主要工序的技术要求及检验方法(3分)
8	工艺文件的编制	工艺文件的编制	6分	工艺文件的编制6分
总计				

思考与练习题

2.1　工艺规程的作用和制订原则各有哪些？

2.2　综合工艺过程卡和工序卡的主要区别是什么？各应用于什么场合？

2.3　如何衡量零件结构工艺性的好坏？试举例说明。

2.4　机械加工工艺过程划分加工阶段的原因是什么？

2.5　什么是粗基准和精基准？选择粗、精基准的原则是什么？

2.6　如何判断工艺尺寸链的封闭环、增环和减环？

2.7　试判断如图2.36所示的工艺尺寸链中哪些是增环？哪些是减环？

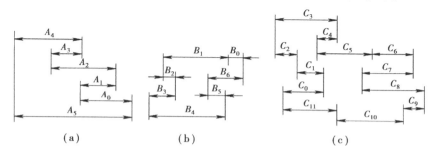

（a）　　　　　　　　　　（b）　　　　　　　　　　（c）

图 2.36

2.8　何谓工序集中？何谓工序分散？各有何特点？

2.9　机械加工工序的安排原则是什么？

2.10　何谓毛坯余量？何谓工序余量和总余量？影响加工余量的因素有哪些？

2.11　欲在某工件上加工 $\phi 72.5^{+0.03}_{0}$ mm 孔，其材料为45钢，加工工序为：扩孔、粗镗孔、半精镗、精镗孔、精磨孔。已知各工序尺寸及公差如下：

精磨——$\phi 72.5^{+0.03}_{0}$ mm；　　　　　　粗镗——$\phi 68^{+0.3}_{0}$ mm；

精镗——$\phi 71.8^{+0.046}_{0}$ mm；　　　　　　扩孔——$\phi 71.8^{+0.046}_{0}$ mm；

半精镗——$\phi 70.5^{+0.19}_{0}$ mm；　　　　　　模锻孔——$\phi 59^{+1}_{-2}$ mm；

试计算各工序加工余量及余量公差。

2.12　在大批量生产条件下，加工一批直径为 $\phi 45^{0}_{-0.005}$ mm、长度为 68 mm 的轴，$R_a < 0.16$ μm，材料为45钢，试安排其加工路线。

2.13　如图2.37所示的工件成批生产时，用端面 B 定位加工表面 A（调整法），以保证尺寸 $10^{0}_{-0.20}$ mm，试标注铣削表面 A 时的工序尺寸及上、下偏差。

2.14　如图2.38所示零件镗孔工序在 A,B,C 面加工后进行，并以 A 面定位。设计尺寸为（100 ± 0.15）mm，但加工时刀具按定位基准 A 调整。试计算工序尺寸 L 及上、下偏差。

2.15　如图2.39所示零件在车床上加工阶梯孔时，尺寸 $10^{0}_{-0.40}$ mm 不便测量，而需要测量尺寸 x 来保证设计要求。试换算该测量尺寸及上、下偏差。

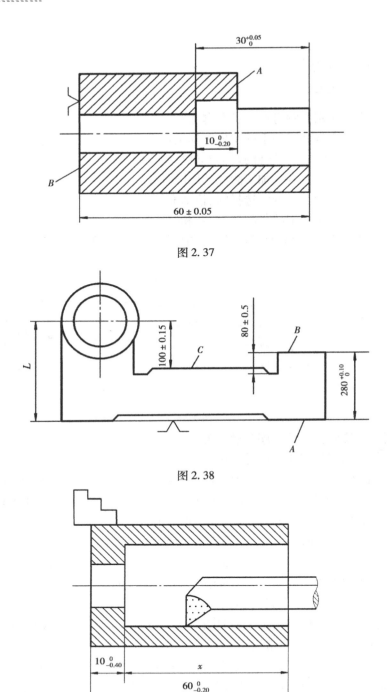

图 2.37

图 2.38

图 2.39

2.16 某零件的加工路线如图 2.40 所示。工序Ⅰ:粗车小端外圆、肩面及端面;工序Ⅱ:车大端外圆及端面;工序Ⅲ:精车小端外圆、肩面及端面。试校核工序Ⅲ精车小端端面的余量是否合适? 若余量不够,应采取什么工艺措施?

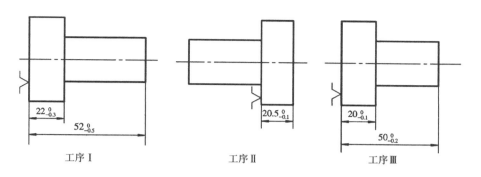

图 2.40

2.17 试编制如图 2.41 所示回转轴零件的加工工艺过程。材料 45 钢,单件小批生产。

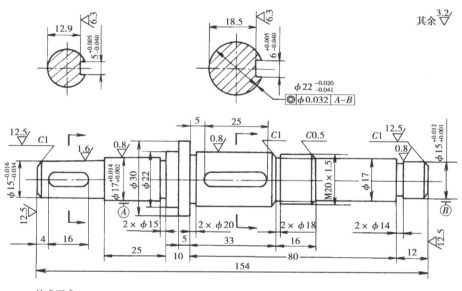

技术要求:

调质处理 HB241～269。

图 2.41

97

任务 **3**

典型零件的加工

项目 1　轴类零件的加工

知识点

◆轴类零件的材料、毛坯及热处理。

◆轴类零件外圆表面的加工。

◆外圆表面加工常用工艺装备。

技能点

◆轴类零件的加工。

任务描述

1.轴类零件的定义及分类

　　轴类零件是一种常用的典型零件,主要用于支承齿轮、带轮等传动零件,并用于传递运动和扭矩,故其结构组成中具有许多外圆、轴肩、螺纹、螺纹退刀槽、砂轮越程槽和键槽等表面。外圆用于安装轴承、齿轮、带轮等;轴肩用于轴上零件和轴本身的轴向定位;螺纹用于安装各种锁紧螺母和高速螺母;螺纹退刀槽供加工螺纹时退刀用;砂轮越程槽则是为了能完整地磨削出外圆和端面;键槽用来安装键,以传递扭矩。

　　轴类零件按其结构特点可分为简单轴(见图 3.1.1(a)、(e))、阶梯轴(见图 3.1.1(c))、空心轴(见图 3.1.1(d))和异形轴(见图 3.1.1(b)、(f)、(g)、(h)、(i))4 大类。

2.轴类零件的技术要求

　　轴通常是由其轴颈支承在机器的机架或箱体上,实现运动和动力的传递。根据其功用及工作条件,轴类零件的技术要求通常包括以下几方面:

　　(1)尺寸精度和形状精度

　　轴类零件的尺寸精度主要指轴的直径尺寸精度。轴上支承轴颈和配合轴颈(装配传动件的轴颈)的尺寸精度和形状精度是轴的主要技术要求之一,它将影响轴的回转精度和配合

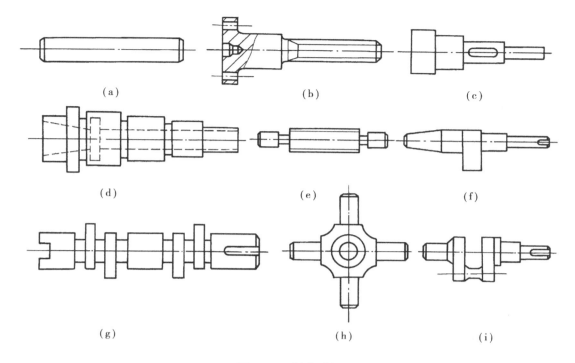

图 3.1.1　轴类零件

精度。

（2）位置精度

为保证轴上传动件的传动精度,必须规定支承轴颈与配合轴颈的位置精度。通常以配合轴颈相对于支承轴颈的径向圆跳动或同轴度来保证。

3. 轴类零件的加工

轴类零件的加工是按轴类零件的结构形状、尺寸和技术要求,采用车削、磨削等加工方法获得合格的轴类零件。

 **任务分析**

轴类零件的加工内容主要包括:掌握轴类零件的材料、毛坯及热处理;轴类零件外圆表面的加工;外圆表面加工常用工艺装备;典型轴类零件加工工艺;车床夹具的分类及其结构形式,等等。完成典型轴类零件的加工。

 **相关知识**

（一）轴类零件的材料、毛坯及热处理

一般轴类零件的材料常用价格较便宜的 45 钢,这种材料经调质或正火后,能得到较好的切削性能及较高的强度和一定的韧性,具有较好的综合力学性能。对于中等精度而转速较高的轴类零件,可选用 40Cr 等合金结构钢,经调质和表面淬火处理后同样具有较好的综合力学性能。对于较高精度的轴,可选用轴承钢 GCr15 和弹簧钢 65Mn 等材料,经调质和表面高频感应加热淬火后再回火,表面硬度可达 50~58HRC,并具有较高的耐疲劳性能和较好的耐磨性。对于高转速和重载荷轴,可选用 20CrMnTi,20Cr 等渗碳钢或 38CrMoAl 渗氮钢,经过淬火或氮化处理后获得更高的表面硬度、耐磨性和芯部强度。

(二)轴类零件外圆表面的加工

1. 车削的特点及应用

车削是零件回转表面的主要加工方法之一。其主要特征是零件回转表面的定位基准必须与车床主轴回转中心同轴,因此,无论何种工件上的回转表面加工,都可以用车削的方法经过一定的调整而完成。车削既可加工有色金属,又可加工黑色金属,尤其适用于有色金属的加工;车削既可进行粗加工,又可进行精加工。一般情况下,轴类零件回转表面由于结构原因($L \gg D$),绝大部分在卧式车床加工,因此,车削是一种最为广泛的回转表面加工方法之一。其特点如下:

(1)工艺范围广

车削可完成加工内、外圆柱面、圆锥表面、车端面、切槽、切断、车螺纹、钻中心孔、钻孔、扩孔、铰孔及盘绕弹簧等工作;如果在车床上装上一些附件及夹具,还可以进行镗削、磨削、研磨、抛光等。车削的基本加工内容如图 3.1.2 所示。

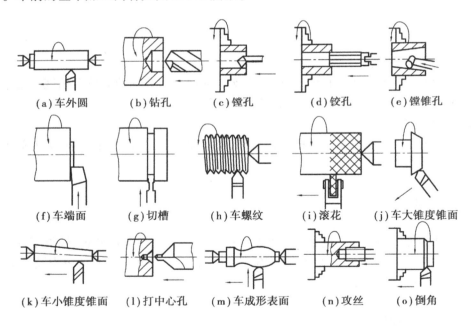

(a)车外圆　(b)钻孔　(c)镗孔　(d)铰孔　(e)镗锥孔

(f)车端面　(g)切槽　(h)车螺纹　(i)滚花　(j)车大锥度锥面

(k)车小锥度锥面　(l)打中心孔　(m)车成形表面　(n)攻丝　(o)倒角

图 3.1.2　车削的基本加工内容

(2)生产率高

车削加工时,由于加工过程为连续切削,基本上无冲击现象,刀杆的悬伸长度很短,刚性高,因此,可采用很高的切削用量,故车削的生产率很高。

(3)精度范围大

在卧式车床上,粗车铸件、锻件时可达到经济加工精度 IT13~IT11,R_a 可达到 50~

12.5 μm;精车时可达到经济加工精度 IT8 ~ IT7,R_a 可达到 1.6 ~ 0.8 μm。在高精度车床上,采用钨钛钴类硬质合金、立方氮化硼刀片,同时采用高切削速度(160 m/min 或更高),小的吃刀深度(0.03 ~ 0.05 mm)和小的进给量(0.02 ~ 0.2 mm/r)进行精细车,可以获得很高的精度和很小的表面粗糙度,大型精密外圆表面常用精细车代替磨削。

在数控车床上加工时,能够完成很多卧式车床上难以完成或者根本不能加工的复杂零件表面的加工。利用数控车床加工,可以获得很高的加工精度,而且产品质量稳定,与卧式车床相比,可提高生产率 2 ~ 3 倍,尤其对某些复杂零件的加工,生产率可提高十几倍甚至几十倍,大大减轻了工人的劳动强度。

(4)有色金属的高速精细车削

在高精度车床上,用金刚石刀具进行切削,可以获得的尺寸公差等级为 IT6 ~ IT5,表面粗糙度 R_a 可达 1.0 ~ 0.1 μm,甚至还能达到镜面的效果。

(5)生产成本低

车刀结构简单,刃磨和安装都很方便,许多车床夹具都已经作为附件进行标准化生产,它可以满足一定的加工精度要求,生产准备时间短,加工成本较低。

2. 磨削加工

(1)磨削的工艺特征

①精度高,表面粗糙度小。磨削时,砂轮表面有极多的切削刃,并且刃口圆弧半径 $\rho \approx$ 0.006 ~ 0.012 mm,而一般车刀和铣刀的 $\rho \approx$ 0.012 ~ 0.032 mm。磨粒上较锋利的切削刃,能够切下一层很薄的金属,切削厚度可以小到数微米,这是精密加工必须具备的条件之一。一般切削刀具的刃口圆弧半径虽也可磨得小些,但不耐用,不能或难以进行经济的、稳定的精密加工。

磨削所用的磨床比一般切削加工机床精度高,其刚性好,稳定性较好,并且具有控制小切削深度的微量进给机构,可以进行微量切削,从而保证了精密加工的实现。

磨削时,切削速度很高,如普通外圆磨削速度 $V_c \approx$ 30 ~ 35 m/s,高速磨削速度 $V_c >$ 50 m/s。当磨粒以很高的切削速度从工件表面切过时,同时有很多切削刃进行切削,每个磨刃仅从工件上切下极少量的金属,残留面很薄,有利于形成光洁的表面。

因此,磨削可以达到高的精度和小的表面粗糙度。一般磨削精度可达 IT7 ~ IT6。粗糙度 R_a 为 0.2 ~ 0.8 μm,当采用小粗糙度磨削时,粗糙度 R_a 可达 0.008 ~ 0.1 μm。

②砂轮有自锐作用。

③可以磨削硬度很高的材料。

④磨削温度高。

(2)磨削工艺的发展

①高精度、小粗糙度磨削　包括精密磨削(R_a0.1 ~ 0.05 μm),超精密磨削(R_a0.025 ~ 0.012 μm)和镜面磨削(R_a0.006 μm),它们可以代替研磨加工,以减轻劳动强度和提高生产率。

小粗糙度磨削时,除对磨床有要求外,砂轮需经精细修整,保证砂轮表面磨粒具有微刃性和微刃等高性。磨削时,磨粒的微刃在工件表面上切下微细的切屑,同时在适当的磨削压力下,借助半钝态的微刃与工件表面间产生的摩擦抛光作用获得高的精度和小的表面粗糙度。

②高效磨削　高效磨削包括高速磨削和强力磨削,主要目的是提高生产率。

高速磨削是采用高的磨削速度($v_c >$ 50 m/s)和相应提高进给量来提高生产率的磨削方

法,高速磨削还可提高工件的加工精度和降低表面粗糙度,砂轮使用寿命亦可提高。

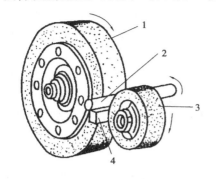

图 3.1.3　无心外圆磨削
的加工示意图

强力磨削是用大的切深(可达十几毫米)和缓慢的轴向进给(0.01～0.3 m/min)进行磨削的方法。它可以在铸、锻毛坯上直接磨出零件所要求的表面形状和尺寸,从而大大提高生产效率。

(3)在无心外圆磨床上磨削外圆表面的方法

无心外圆磨削的工作原理如图 3.1.3 所示,其工作方法与上述万能外圆磨床不同,工件不是支承在顶尖上或夹持在卡盘上,而是放在砂轮和导轮之间,由托板支承,以工件自身外圆为定位基准。砂轮和导轮的旋转方向相同,导轮是用摩擦系数较大的树脂或橡胶作黏结剂制成的刚玉砂轮,当砂轮以转速 n 旋转时,工件就有与砂轮相同的线速度回转的趋势,但是由于受到导轮摩擦力对工件的制约作用,结果使工件以接近于导轮线速度(导轮线速度远低于砂轮)回转,从而在砂轮和工件之间形成很大的速度差,由此而产生磨削作用。改变导轮的转速,便可以调整工件的圆周进给速度。

无心磨削时,工件的中心必须高于导轮和砂轮的中心连线,使工件与砂轮、导轮间的接触点不在工件同一直径上,从而使工件上某些凸起表面在多次转动中能逐次磨圆,避免磨出棱圆形工件(见图 3.1.4)。实践证明:工件中心越高,越易获得较高圆度,磨圆过程也越快。但工件中心高出的距离也不能太大,否则导轮对工件的向上垂直分力有可能引起工件跳动,从而影响加工表面质量。一般取 $h=(0.15\sim0.25)d$,d 为工件直径。

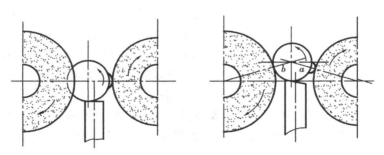

图 3.1.4　无心外圆磨削加工原理图

无心外圆磨床有两种磨削方法(见图 3.1.5):纵磨法和横磨法。纵磨法适用于磨削不带凸台的圆柱形工件,磨削表面长度可大于或小于砂轮宽度,磨削加工时,一件接一件地连续对工件进行磨削,生产率高。横磨法适用于磨削有阶梯的工件或成形回转体表面,但磨削表面长度不能大于砂轮宽度。

在无心外圆磨床上磨削外圆表面时,工件不需钻中心孔,装夹工件省时省力,可连续磨削;由于有导轮和托板沿全长支承工件,因而刚度差的工件也可用较大的切削用量进行磨削。所以无心外圆磨削生产率较高。

由于工件定位基准是被磨削的工件表面自身,而不是中心孔,因此,就消除了中心孔误差、外圆磨床工作台运动方向与前后顶尖连线的不平行引起的误差以及顶尖的径向圆跳动误差等的影响。无心外圆磨削磨出的工件尺寸精度为 IT7～IT6,圆度误差为 0.005 mm,圆柱度误差为 0.004 mm/100 mm 长度,表面粗糙度 R_a 值不高于 1.6 μm。如果配备适当的自动装卸料机构,则无心外圆磨削易于实现自动化。但由于无心磨床调整费时,故只适用于大批量生产;又因工件的支承与传动特点,因此,只能用来加工尺寸较小、形状比较简单的工件。此外,当工件外圆表面不连续(如有长的键槽)或内外圆表面同轴度要求较高时,也不适宜采用无心外圆磨床加工。

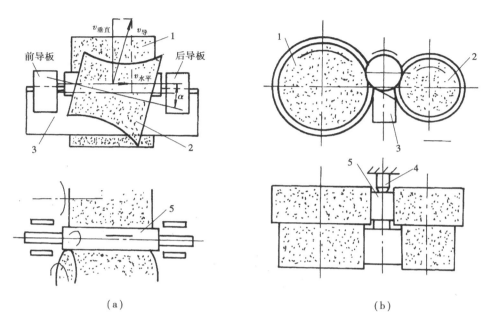

图 3.1.5　无心外圆磨削加工方法示意图

(a)纵磨法　(b)横磨法

1—磨削砂轮;2—导轮;3—托板;4—挡块;5—工件

(4)外圆磨削的质量分析

①多角形　在零件表面沿母线方向存在一条条等距的直线痕迹,其深度小于 0.5 μm,如图 3.1.6 所示。这主要是由于砂轮与工件沿径向产生周期性振动所致,如砂轮或电动机不平衡,轴承刚性差或间隙太大,工件中心孔与顶尖接触不良,砂轮磨损不均匀等。消除振动的措施是多方面的,如仔细地平衡砂轮和电动机,改善中心孔和顶尖的接触情况,及时修整砂轮,调整轴承间隙等。

图 3.1.6　多角形缺陷

②螺旋形　磨削后的工件表面呈现一条很深的螺旋痕迹,痕迹的间距等于工件每转的纵向进给量,如图 3.1.7 所示。产生原因主要是砂轮微刃的等高性破坏或砂轮与工件局部接触,如砂轮母线与工件母线不平行,头架、尾座刚性不高,砂轮主轴刚性差等。消除及预防的措施

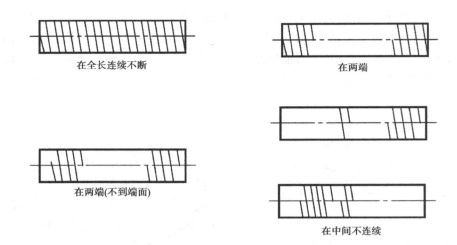

图 3.1.7　几种螺旋形缺陷

是多方面的,如修正砂轮,保持微刃等高性;调整轴承间隙;保持主轴的位置精度;砂轮两边修磨成台肩形或倒圆角,使砂轮两端不参加切削;工作台润滑油要合适,同时应有卸载装置;使导轨润滑为低压供油等。

③拉毛(划伤或划痕)　常见的工件表面拉毛现象如图 3.1.8 所示。产生的原因主要是磨粒自锐性过强,切削液不清洁,砂轮罩上磨屑落在砂轮与工件之间等。消除拉毛的措施包括:选择硬度稍高一些的砂轮,砂轮修整后用切削液和毛刷清洗,对切削液进行过滤,清理砂轮罩上的磨屑等。

图 3.1.8　拉毛(划伤或划痕)缺陷

④烧伤　可分为螺旋形烧伤和点烧伤,如图 3.1.9 所示。烧伤的原因主要是由于磨削高温的作用,使工件表层金相组织发生变化,因而使工件表面硬度发生明显变化。消除烧伤的措施有降低砂轮硬度,减小磨削深度,适当提高工件转速,减少砂轮与工件接触面积,及时修正砂轮,进行充分冷却等。

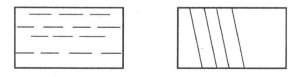

图 3.1.9　烧伤缺陷

(三)外圆表面加工常用工艺装备

1.焊接式车刀和可转位车刀

(1)硬质合金焊接式车刀

硬质合金焊接式车刀是由硬质合金刀片和普通结构钢刀杆通过焊接而成的。其优点是结构简单,制造方便,刀具刚性好,使用灵活,故应用较为广泛。图 3.1.10 所示为焊接式车刀。

图 3.1.10　焊接式车刀

①刀片型号及其选择　硬质合金刀片除正确选用材料和牌号外,还应合理选择其型号。表 3.1.1 为硬质合金焊接刀片示例。焊接式车刀刀片分为 A,B,C,D,E 5 类。刀片型号由一个字母和一个或两个数字组成。字母表示刀片形状,数字代表刀片的主要尺寸。

表 3.1.1　硬质合金焊接刀片示例(GB 5244—1985)

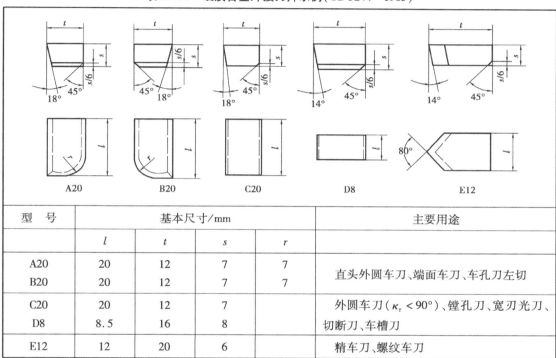

型　号	基本尺寸/mm				主要用途
	l	t	s	r	
A20	20	12	7	7	直头外圆车刀、端面车刀、车孔刀左切
B20	20	12	7	7	
C20	20	12	7		外圆车刀($\kappa_r < 90°$)、镗孔刀、宽刃光刀、切断刀、车槽刀
D8	8.5	16	8		
E12	12	20	6		精车刀、螺纹车刀

刀片尺寸中的 l 要根据背吃刀量和主偏角确定。外圆车刀一般应使参加工作的切削刃长度不超过刀片长度的 60% ~ 70%。对于切断刀、车槽刀用的刀片,其 l 应该根据槽宽或切断刀的宽度选取,切断刀可按 $l = 0.6d^{0.5}$ 估计(式中,d 为工件直径)。刀片尺寸中 t 的大小要考虑重磨次数和刀头结构尺寸的大小。刀片尺寸中的 s 要根据切削力的大小等因素确定。

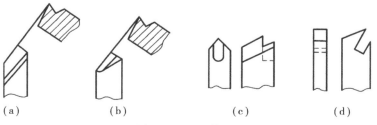

图 3.1.11　刀槽形式
(a)开口式　(b)半封闭式　(c)封闭式　(d)切口式

②刀槽的形状和尺寸 如图 3.1.11 所示为常用的刀槽形式。开口式刀槽制造简单,焊接面积小,适用于 C 型和 D 型刀片。半封闭式刀槽焊接后刀片较牢固,但刀槽加工不便,适用于 A 型和 B 型刀片。封闭式刀槽能增加焊接面积,但制造困难,适用于 E 型刀片。切口式刀槽用于车槽刀和切断刀,可使刀片焊接牢固,但制造复杂,适用于 E 型刀片。

刀槽尺寸应与刀片尺寸相适应。为便于刃磨,一般要使刀片露出刀槽 $0.5 \sim 1$ mm,刀槽后角 α_{og} 要比刀具后角 α_o 大 $2° \sim 4°$,如图 3.1.12 所示。

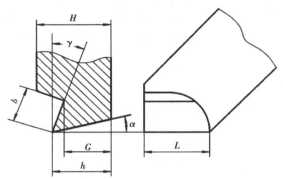

图 3.1.12 刀槽的尺寸

③刀杆及刀头的形状和尺寸 刀杆的截面尺寸一般可按机床中心高度确定。刀杆上支承部分高度 H_1 与刀片厚度 S 应有一定的比例,如图 3.1.13 所示。$\dfrac{H_1}{S} > 3$ 时,焊接后刀片表面引起的拉应力不显著,不易产生裂纹;$\dfrac{H_1}{S} < 3$ 时,刀片表面层的拉应力较大,易出现裂纹。

刀杆长度可按刀杆高度 H 的 6 倍估计,并选用标准尺寸系列,如 100,125,150,175 等。

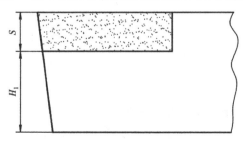

图 3.1.13 刀片厚度与刀杆支承部分高度的比例

刀头形状一般有直头和弯头两种。直头制造容易,弯头通用性好。刀头尺寸主要有刀头有效长度 L 及刀尖偏距 m,如图 3.1.14 所示。可按下式计算:

直头车刀:$m > l \cos \kappa_r$ 或 $(B - m) > t \cos \kappa'_r$

45°弯头车刀:$m > t \cos 45°$

90°外圆车刀:$m \approx B/4$;$L = 1.2l$

切断刀:$m \approx L/3$;$L > R$(工件半径)

(2)可转位车刀

①可转位车刀的特点 可转位车刀是用机械夹固的方式将可转位刀片固定在刀槽中而组成的,当刀片上一条切削刃磨钝后,松开夹紧机构,将刀片转过一个角度,调换一个新的刀刃,

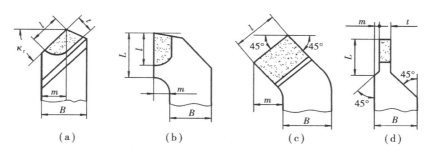

图 3.1.14 常用车刀刀头的形状尺寸

（a）直头车刀 （b）90°外圆刀 （c）45°弯头刀 （d）切断刀

夹紧后即可继续进行切削。和焊接式车刀相比,它有如下特点:

A. 刀片未经焊接,无热应力,可充分发挥刀具材料性能,耐用度高。

B. 刀片更换迅速、方便,可节省辅助时间,提高生产率。

C. 刀杆多次使用,可降低刀具费用。

D. 能使用涂层刀片、陶瓷刀片、立方氮化硼和金刚石复合刀片。

E. 结构复杂,加工要求高,一次性投资费用较大。

F. 不能由使用者随意刃磨,使用不灵活。

②可转位刀片 如图 3.1.15 所示为可转位刀片标注示例。它有 10 个代号,任何一个型

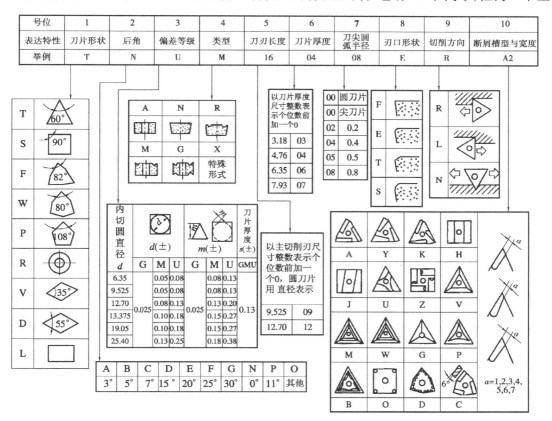

图 3.1.15 可转位车刀刀片标注示例

号必须用前 7 位代号。不管是否有第 8 或第 9 位代号,第 10 位代号必须用短划线"-"与前面代号隔开,如:

T N U M 16 04 08 —A2

号位 1 表示刀片形状。其中,正三角形刀片(T)和正方形刀片(S)最常用,菱形刀片(V 和 D)适用于仿形和数控加工。

号位 2 表示刀片后角。0°后角(N)使用最广。

号位 3 表示刀片精度。刀片精度共分 11 级,其中 U 为普通级,M 为中等级,使用较多。

号位 4 表示刀片结构。常见的有带孔和不带孔的,主要与采用的夹紧机构有关。

号位 5 ~ 号位 7 分别表示切削刃长度、刀片厚度和刀尖圆弧半径。

号位 8 表示刃口形式。如 F 表示锐刃,无特殊要求可省略。

号位 9 表示切削方向。R 表示右切刀片,L 表示左切刀片,N 表示左、右均可。

号位 10 表示断屑槽槽形与槽宽。表 3.1.2 列出了各常用可转位车刀刀片断屑槽槽形特点及适用场合。

表 3.1.2   常用可转位车刀刀片断屑槽槽形特点及适用场合

名 称	槽形代号	刀片角度			特点及适用场合
		γ_{nb}	α_{nb}	λ_{nb}	
直 槽	A				槽宽前、后相等。用于切削用量变化不大的外圆车削与镗孔
外斜槽	Y				槽前宽后窄,切屑易折断。宜用于中等背吃刀量
内斜槽	K	20°	0°	0°	槽前窄后宽,断屑范围宽。用于半精和精加工
直通槽	H				适用范围广。用于 45°弯头车刀,用于大用量切削
外斜通槽	J				具有 Y,H 型特点,断屑效果好
正刃倾角型	C			0°	加大刃倾角,背向力小。用于系统刚性差的情况

③可转位车刀的定位夹紧机构   可转位车刀的定位夹紧机构应满足定位正确、夹紧可靠、装卸转位方便、结构简单等要求。

A.杠杆式夹紧机构　如图 3.1.16 所示,拧紧压紧螺钉 5,杠杆 1 摆动,刀片压紧在两个定位面上,将刀片夹紧。刀垫 2 通过弹簧套 8 定位,调节螺钉 7 调整弹簧 6 的弹力。杠杆式夹紧机构定位精度高,夹紧可靠,使用方便,但结构复杂。

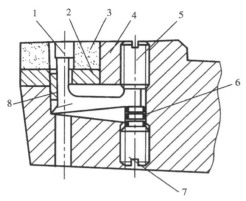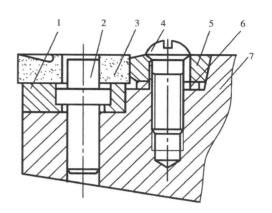

图 3.1.16　杠杆式夹紧机构

1—杠杆;2—刀垫;3—刀片;4—刀柄;5—压紧螺钉;
6—弹簧;7—调节螺钉;8—弹簧套

图 3.1.17　楔块式夹紧机构

1—刀垫;2—圆柱销;3—刀片;4—拧紧螺钉;
5—楔块;6—弹簧垫圈;7—刀柄

B.楔块式夹紧机构　如图 3.1.17 所示,拧紧螺钉 4,楔块 5 推动刀片 3 紧靠在圆柱销 2 上,将刀片夹紧。楔块式夹紧机构结构简单,更换刀片方便,但定位精度不高,夹紧力与切削力的方向相反。

C.螺纹偏心式夹紧机构　如图 3.1.18 所示,利用螺纹偏心销 1 上部的偏心轴将刀片夹紧。螺纹偏心式夹紧机构结构简单,但定位精度不高,要求刀片精度不高。

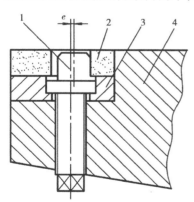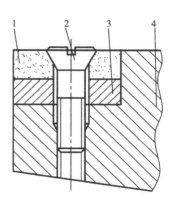

图 3.1.18　螺纹偏心式夹紧机构

1—偏心销;2—刀片;3—刀垫;4—刀柄

图 3.1.19　压孔式夹紧机构

1—刀片;2—沉头螺钉;3—刀垫;4—刀柄

D.压孔式夹紧机构　如图 3.1.19 所示,拧紧沉头螺钉 2,利用螺钉斜面将刀片夹紧。压孔式夹紧机构结构简单,刀头部分小,用于小刀具。

E.上压式夹紧机构　如图 3.1.20 所示,拧紧螺钉 5,压板 6 将刀片夹紧。上压式夹紧机构夹紧可靠,但切屑容易擦伤夹紧元件。

F.拉垫式夹紧机构　如图 3.1.21 所示,拧紧螺钉 3,使拉垫 1 移动,拉垫 1 上的圆销将刀片夹紧。拉垫式夹紧机构夹紧可靠,但刀头部分刚性较差。

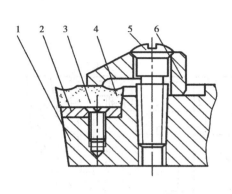 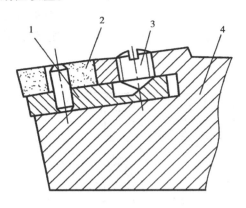

图 3.1.20　上压式夹紧机构 　　　　　　图 3.1.21　拉垫式夹紧机构
1—刀柄;2—刀垫;3,5—螺钉;4—刀片;6—压板 　　　1—拉垫;2—刀片;3—螺钉;4—刀柄

　　刀杆材料用强度较高的钢材制造,经热处理后其硬度小于等于 50HRC。刀杆与刀片之间最好加装刀垫,以提高刀杆寿命,刀杆尺寸因制造厂不同而略有差异。

2. 砂轮

(1)砂轮的组织要素

①磨料

磨料分为天然和人造两大类。一般天然磨料含杂质多,质地不均。天然金刚石虽好,但价格昂贵,故目前主要使用的是人造磨料,其性能和适用范围见表 3.1.3。

表 3.1.3　砂轮组织要素、代号、性能和适用范围

系　别	名　称	代　号	性　能	适用范围
刚玉	棕刚玉	A	棕褐色,硬度较低,韧性较好	碳钢,合金钢,铸铁
	白刚玉	WA	白色,较 A 硬度高,磨料锋利,韧性差	淬火钢,高速钢,合金钢
	络刚玉	PA	玫瑰红色,韧性较 WA 好	高速钢,不锈钢
	单晶刚玉	SA	浅黄或白色,硬度和韧性比白刚玉高	不锈钢,高钒高速钢
	黑刚玉	BA	黑色,颗粒状,抗压强度高,韧性大	重负荷磨削钢锭
	微晶刚玉	MA	棕褐色,强度高,韧性大	不锈钢,轴承钢,高速磨削
碳化物	黑碳化硅	C	黑色带光泽,比刚玉类硬度高,导热性好,韧性差	铸铁,黄铜,非金属材料
	绿碳化硅	GC	绿色带光泽	硬质合金,宝石,光学玻璃

续表

系　别	名　称	代　号	性　能	适用范围
超硬磨料	人造金刚石	MBD,RVD	白色,淡绿色或黑色,硬度最高,耐热性较差	硬质合金,宝石,陶瓷
	立方氮化硼	CBN	棕黑色,硬度仅次于 MBD,韧性较 MBD 好	高速钢,不锈钢,耐热钢

②粒度

粒度是指磨料颗粒的大小。粒度有两种表示方法:对于用筛选法来区分的较大的磨粒(制砂轮用),以每寸筛网长度上筛孔的数目来表示。如 46#粒度表示磨粒能通过 46 格/英寸(1 英寸≈2.54 cm)的筛网。对于用显微镜测量来区分的微细磨粒(称微粉,供研磨用),以其最大尺寸(单位 μm)前加 W 来表示。常用砂轮粒度号及其使用范围见表 3.1.4。

③结合剂

结合剂的性能决定了砂轮的强度、耐冲击性、耐腐蚀性和耐热性。此外,它对磨削温度、磨削表面质量也有一定的影响。结合剂的种类、代号、性能与使用范围见表 3.1.5。

表 3.1.4　砂轮粒度号及使用范围

类　别		粒度号	适用范围
磨粒	粗粒	8#、10#、12#、14#、16#、20#、22#、24#	荒磨
	中粒	30#、36#、40#、46#	一般磨削。加工表面粗糙度 R_a 可达 0.8 μm
	细粒	54#、60#、70#、80#、90#、100#	半精磨、精磨和成形磨削。工件表面粗糙度 R_a 可达 0.8 ~ 1 μm
	微粒	120#、150#、180#、220#、240#	精磨、精密磨、超精磨、成形磨、刀具刃磨、珩磨
微粉		W60,W50,W40,W28,W20,W14,W10,W7,W5,W3.5,W2.5,W1.5,W1.0,W0.5	精磨、精密磨、超精磨、珩磨、螺纹磨、超精密磨、镜面磨、精研,加工表面粗糙度 R_a 可达 0.5 ~ 0.1 μm

表 3.1.5　常用结合剂的性能及其使用范围

结合剂	代号	性　能	适用范围
陶瓷	V	耐热、耐蚀,气孔率大,易保持廓形,弹性差	最常用,适用于各类磨削加工
树脂	B	强度较 V 高,弹性好,耐热性差	适用于高速磨削、切断、开槽等
橡胶	R	强度较 B 高,弹性更好,气孔率小,耐热性差	适用于切断、开槽及作无心磨导轮
青铜	Q	强度最高,导电性好,磨耗少	适用于金刚石砂轮

④硬度

砂轮的硬度是指结合剂黏结磨粒的牢固程度,也是指磨粒在磨削力作用下从砂轮表面脱落的难易程度。砂轮硬是指磨粒黏得牢,不容易脱落;砂轮软是指磨粒黏得不牢,容易脱落。

砂轮的硬度对磨削生产率和磨削表面质量都有很大的影响。如果砂轮太硬,则磨粒磨钝后仍然不能脱落,磨削效率很低,工作表面很粗糙并可能被烧伤。如果砂轮太软,则磨粒磨钝后易从砂轮上脱落,砂轮损耗大,形状不易保持,影响工件质量。砂轮的硬度合适,磨粒磨钝后因磨削力增加而自行脱落,使新的锋利的磨粒露出,砂轮具有自锐性,则磨削效率高,工件表面质量好,砂轮的损耗也小。砂轮的硬度分级见表3.1.6。

表3.1.6　砂轮的硬度分级

等级	超 软			软			中软		中		中 硬		硬	超 硬
代号	D	E	F	G	H	J	K	L	M	N	P	Q	P	S	T	Y
选择	磨未淬硬钢选用 L ~ N,磨淬火合金钢选用 H ~ K,高表面质量磨削时选用 K ~ L,刃磨硬质合金刀具选用 H ~ L														

⑤组织

组织表示砂轮中磨料、结合剂和气孔间的体积比例。根据磨粒在砂轮中占有的体积百分数(即磨粒率),砂轮可分为0 ~ 13的组织号,见表3.1.7。组织号从小到大,磨粒率由大到小,气孔率由小到大。砂轮组织号大,组织松,砂轮不容易被磨屑堵塞,切削液和空气能带入磨削区域,可降低磨削区域的温度,减少工件因发热而引起的变形和烧伤,也可以提高磨削效率。但组织号大,不容易保持砂轮的轮廓形状,会降低成形磨削的精度,磨出的表面也比较粗糙。

表3.1.7　砂轮的组织号

组织号	0	1	2	3	4	5	6	7	8	9	10	11	12	13
磨粒率/%	62	60	58	56	54	52	50	48	46	44	42	40	38	36

(2)砂轮的形状、尺寸和标志

为了适应在不同类型的磨床上磨削各种形状和尺寸工件的需要,砂轮有许多种形状和尺寸。砂轮的标志印在砂轮的端面上。其顺序是形状、尺寸、磨料、粒度号、硬度、组织号、结合剂、最高线速度。如形状为平形,外径600 mm,厚度75 mm,孔径203 mm,白刚玉,粒度号为54,硬度为超硬,8 号组织,树脂结合剂,最高工作线速度为60 m/s的砂轮标记为砂轮1-600 × 75 × 203-WA54Y8B-60。

3.车床夹具

(1)车床夹具的分类及其结构形式

车床类夹具大致可分为心轴式、角铁式和花盘式等。

①心轴式车床夹具　这种夹具一般利用车床或圆磨床的主轴锥孔或顶尖安装在机床主轴上。按照工件的定位面具体情况,夹具定位工作面可做成圆柱面、小锥度面、花键及可胀圆柱面等形状。

②角铁式车床夹具　如图3.1.22 所示为一种典型的角铁式车床夹具,工件7 以两孔在圆

柱定位销 2 和削边定位销 1 上定位;底面直接在支承板 4 上定位。两螺旋压板分别在两定位销孔旁把工件夹紧。导向套 8 用来引导加工轴孔的刀杆。9 是平衡块,以消除夹具在回转时的不平衡现象。夹具上还设置有轴向定位基面 3,它与圆柱定位销保持确定的轴向距离,可以利用它来控制刀具的轴向行程。

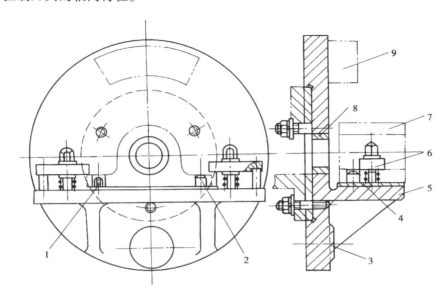

图 3.1.22   角铁式车床夹具

1—削边定位销;2—圆柱定位销;3—定位基面;4—支承板;5—夹具体;
6—压板;7—工件;8—导向套;9—平衡块

③花盘式车床夹具   前两类车床夹具一般用于加工外形较规则的零件,但相当多的零件外形较复杂,或加工工序中加工表面与其他表面有相互位置要求,此时常用花盘类夹具进行加工。对小批量生产,一般可在车床花盘附件上用螺钉压板装夹,而大批量生产则采用专用花盘类车床夹具。

如图 3.1.23 所示杠杆零件车孔车床夹具,工件以弹性筒夹和活动 V 形块定心夹紧。

(2)车床夹具设计要点

①联接元件的设计   车床和圆磨床夹具的联接元件形式主要取决于所采用机床的主轴端部结构。由于这两种夹具与各自机床主轴的联接方式很相似,因此,以车床夹具为代表来叙述其联接元件的形式。常见的联接方式有下列 4 种形式:

A.夹具以前后顶尖孔与机床主轴前顶尖和尾架后顶尖相联接,由拨盘带动。较长的定位心轴常采用这种联接方式。

B.夹具以莫氏锥柄与机床主轴的莫氏锥孔相联接,需要时可用长螺杆从主轴尾部穿过主轴孔将夹具拉紧以增大联接面的摩擦力矩。这种联接方式定心精度好,而且装卸迅速方便,但刚性较差,适用于短定位心轴和小型夹具。

C.夹具与车床主轴端部直接联接,如图 3.1.24 所示。图 3.1.24(a)是夹具体以短锥孔 K 和端面 T 与车床主轴端的短锥体和端面相联接并用螺钉紧固。这种联接方式定心精度较高,刚性也较好,但制造时除要保证锥孔锥度和严格控制锥孔直径尺寸外,还要保证锥孔对端面的垂直度,以达到锥体与端面同时接触的良好效果,因而夹具体加工较为复杂,要达到夹具能与

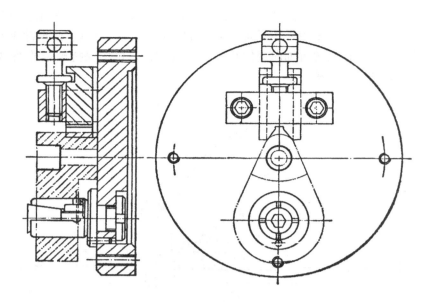

图 3.1.23　杠杆零件车孔车床夹具

各台同型号规格车床的主轴端互换联接则更为困难。但这种主轴端部结构是国家标准规定的形式,因而应用将日趋广泛。图 3.1.24(b)是夹具体以端面 T 和圆柱孔 D 与机床主轴的轴颈和端面联接,用螺纹 M 紧固,并用两个保险块 2 防止夹具在反向旋转时螺纹联接发生松动。采用这种联接方式,零件制造简单,但用圆柱体配合存在间隙,定心精度较低。夹具与 C6140,C6160 等车床主轴端部的联接采用的就是这种方式。图 3.1.24(c)是夹具体以 1∶4 锥孔与主轴锥体联接,依靠主轴上的拉紧螺母 3 把夹具拉紧,并用键 4 来传递扭矩。由于没有端面联接,这种方式的刚性较差,因此,常用于轻型夹具。夹具与 C616 等车床主轴端部的联接采用的就是这种方式。

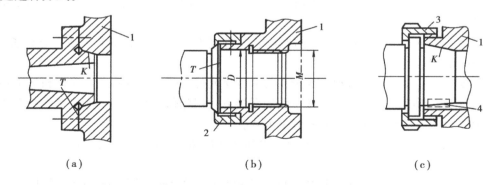

(a)　　　　　　　　　　　(b)　　　　　　　　　　　(c)

图 3.1.24　夹具与车床主轴端部直接联接的形式
1—夹具体;2—保险块;3—拉紧螺母;4—键

　　D.夹具通过过渡盘与车床主轴端部联接,如图 3.1.25 所示。过渡盘 2 与机床主轴端部的联接形式视车床主轴端部结构的不同可以有如图 3.1.25 所示的各种方式。例如,图3.1.25(a)是过渡盘以短锥孔和端面与机床主轴端部短锥体和端面联接。过渡盘另一端则与夹具相联。采用过渡盘的联接方式不但能使夹具适用于各种不同主轴端部结构的机床,而且可使机床安装各种不同夹具,增加了通用性。图3.1.25(a)中,过渡盘与夹具的联接一般采用端面和圆柱面联接方式,其直径尺寸 d,通常采用 K7/h6,M7/h6 等配合。但有了过渡盘的中间环节,会影响夹具的定心精度。为了提高夹具的定心精度,可采用如图3.1.25(b)所示的找正基面联接方式。图3.1.25(b)中 A 是找正基面,找正时,先将夹具安装在过渡盘2上预紧,用指示表按找正基面 A 找正,并调整夹具回转轴线使之与机床主轴回转轴线同轴,然后用螺栓紧固。安装套3起预定心作用,便于找正,它与过渡盘之间应有较大的配合间隙,以保证找正时调整夹具的需要。安装套还可以在找正夹具前起支承夹具的作用。为了保护找正基面不被碰伤,应将 A 面做成凹槽形。

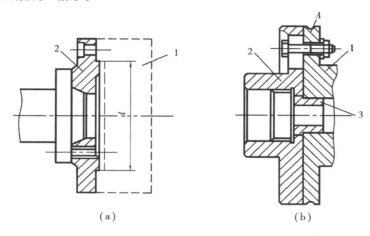

图3.1.25　采用过渡盘的联接方式

1—夹具;2—过渡盘;3—安装套;A—找正基面

②车床夹具的其他设计要点　除了联接元件设计的重要问题之外,设计车床和圆磨床夹具时还需考虑下列问题:

A. 设计卡盘类和花盘类车床夹具时,外形尺寸要尽可能紧凑些,重心要与回转轴线重合,以减小离心力和回转力矩的影响。

B. 缩短夹具的悬伸长度,使重心靠近主轴,以减少主轴的弯曲载荷,保证加工精度。

C. 若夹具(连同工件)重心偏离机床主轴回转轴线,特别是夹具的结构相对回转轴线不对称,则必须有平衡措施,如加平衡块,平衡块上开有圆弧槽(或径向槽),便于调整其位置。对高速回转的重要夹具,则应专门进行动平衡试验,以确保运转安全和加工质量。

D. 夹具和工件的整体回转外径不应大于机床允许的回转尺寸。夹具的零部件和其上装夹的工件的外形一般不允许伸出夹具体以外。同时对回转部分应尽可能做得外形光整,避免尖角,并设置防护罩壳。

E. 对于高速回转的夹具,要特别注意装夹牢靠,以防止工件飞出伤人。

F. 圆磨床夹具与车床夹具结构上相似,但圆磨床加工的工艺精度要求较高,因此,对夹具的制造精度和回转平衡应有更高的要求。

任务实施

（一）CA6140 型卧式车床主轴的加工

主运动为回转运动的各种金属切削机床的主轴,是轴类零件中最有代表性的零件。主轴上通常有内、外圆柱面和圆锥面,以及螺纹、键槽、花键、横向孔、沟槽、凸缘等不同形式的几何表面。主轴的精度要求高,加工难度大,如果对主轴加工中的一些重要问题(如基准的选择、工艺路线的拟订等)能做出正确的分析和解决,则其他轴类零件的加工就能迎刃而解。以CA6140 型卧式车床主轴为例,分析轴类零件的加工。如图 3.1.26 所示为 CA6140 车床主轴简图,其材料为 45 钢。

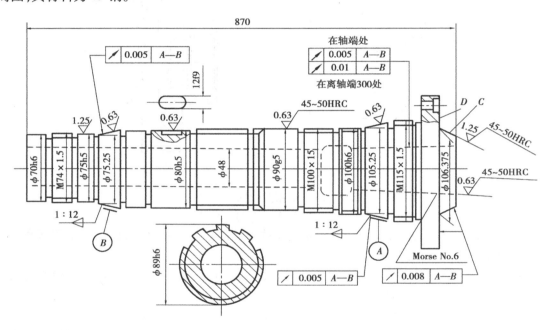

图 3.1.26 CA6140 型卧式车床主轴简图

1. 主轴的功用及技术要求分析

（1）支承轴颈

主轴的两支承轴颈 A,B 与相应轴承的内孔配合,是主轴组件的装配基准,其制造精度将直接影响到主轴组件的旋转精度。当支承轴颈不同轴时,主轴产生径向圆跳动,影响以后车床使用时工件的加工质量,因此,对支承轴颈提出了很高要求。尺寸精度按 IT5 级制造,两支承轴颈的圆度公差为 0.005 mm,径向跳动公差为 0.005 mm,表面粗糙度 R_a 值为 0.4 μm。

（2）装夹表面
主轴前端锥孔是用于安装顶尖或心轴的莫氏锥孔,其中心线必须与支承轴颈中心线严格同轴,否则会使工件产生圆度、同轴度误差,主轴锥孔锥面的接触率要大于75%;锥孔对支承轴颈 A,B 的圆跳动允差:近轴端为 0.005 mm,距轴端300 mm 处为 0.01 mm,表面粗糙度 R_a 值为 0.4 μm。

主轴前端短圆锥面是安装卡盘的定心表面。为了保证卡盘的定心精度,短圆锥面必须与支承轴颈同轴,端面必须与主轴回转中心垂直。短圆锥面对支承轴颈 A,B 的圆跳动允差为 0.008 mm,端面对支承轴颈中心的端面跳动允差为 0.008 mm,表面粗糙度 R_a 值为 0.8 μm。

（3）螺纹表面

主轴的螺纹表面用于锁紧螺母的配合。当螺纹表面中心线与支承轴颈中心线歪斜时,会引起主轴组件上锁紧螺母的端面跳动,导致滚动轴承内圈中心线倾斜,引起主轴径向跳动,因此,加工主轴上的螺纹表面时,必须控制其中心线与支承轴颈中心线的同轴度。

（4）轴向定位面

主轴轴向定位面与主轴回转轴线要保证垂直,否则会使主轴周期性轴向窜动,影响被加工工件的端面平面度,加工螺纹时则会造成螺距误差。

（5）其他技术要求

为了提高零件的综合力学性能,除以上对各表面的加工要求外,还制订了有关的材料选用、热处理等要求。

2.主轴加工工艺分析

（1）定位基准的选择

主轴主要表面的加工顺序,在很大程度上取决于定位基准的选择。轴类零件本身的结构特征和主轴上各主要表面的位置精度要求都决定了以轴线为定位基准是最理想的。这样既基准统一,又使定位基准与设计基准重合。一般多以外圆为粗基准,以轴两端的顶尖孔为精基准。具体选择时还要注意如下:

①当各加工表面间相互位置精度要求较高时,最好在一次装夹中完成各个表面的加工。

②粗加工或不能用两端顶尖孔定位（如加工主轴锥孔）时,为提高工件加工时工艺系统的刚度,可只用外圆表面定位或用外圆表面和一端中心孔作定位基准。在加工过程中,应交替使用轴的外圆和一端中心孔作定位基准,以满足相互位置精度要求。

③主轴是带通孔的零件,在通孔钻出后将使原来的顶尖孔消失。为了仍能用顶尖孔定位,一般均采用带有顶尖孔的锥堵或锥套心轴,如图 3.1.27 所示。当主轴孔的锥度较大（如铣床主轴）时,可用锥套心轴,当主轴锥孔的锥度较小（如 CA6140 机床主轴）时,可采用锥堵。必须注意,使用的锥套心轴和锥堵应具有较高的精度并尽量减少其安装次数。锥堵和锥套心轴上的中心孔既是其本身制造的定位基准,又是主轴外圆精加工的基准,因此,必须保证锥堵或锥套心轴上的锥面与中心孔有较高的同轴度。若为中小批生产,则工件在锥堵上安装后一般中途不更换。若外圆和锥孔需反复多次互为基准进行加工,则在重装锥堵或心轴时,必须按外圆找正,或重新修磨中心孔。

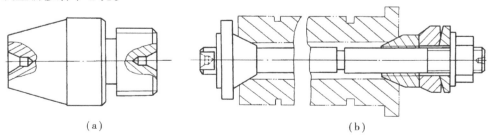

（a）　　　　　　　　　　　　　（b）

图 3.1.27　锥堵与锥套心轴

（a）锥堵　（b）锥套心轴

表 3.1.8　CA6140 型卧式车床主轴加工工艺过程

序　号	工序内容	定位基准	设　备
1	自由锻		
2	正火		
3	划两端面加工线(总长 870 mm)		
4	铣两端面(按划线找正)	外圆	端面铣床
5	划两端中心孔位置		
6	钻两端中心孔(按划线找正中心)	外圆	钻床或卧式车床
7	车外圆	中心孔	卧式车床
8	调质		
9	车大头外圆、端面及台阶,调头车小头各部外圆	中心孔顶一端夹另一端	卧式车床
10	钻 ϕ 48 mm 通孔	夹一端托另一端支承轴颈	卧式车床
11	车大头锥孔、外短锥及端面(配莫氏 6 号锥堵),调头车小头锥孔(配 1：12 锥堵)	夹一端托另一端支承轴颈	卧式车床
12	划大头端面各孔		
13	钻大头端面各孔及攻螺纹(按划线找正)		
14	表面淬火		
15	精车外圆并车槽	中心孔顶一端夹另一端	卧式车床
16	精磨 ϕ75h5, ϕ90g5, ϕ100h6 外圆	两锥堵中心孔	外圆磨床
17	磨小头内锥孔(重配 1：12 锥堵),调头磨大头锥孔(重配莫氏 6 号锥堵)	夹一端托另一端支承轴颈	内圆磨床
18	粗、精铣花键	两锥堵中心孔	卧式铣床
19	铣 12f9 键槽	ϕ85h7 处外圆	万能铣床
20	车大头内侧,车 3 处螺纹(配螺母)	两锥堵中心孔	卧式车床
21	精磨各外圆及两端面	两锥堵中心孔	外圆磨床
22	粗磨两处 1：12 外锥面	两锥堵中心孔	外圆磨床
23	粗精磨两处 1：12 外锥面、D 端面及短锥面 C	两锥堵中心孔	外圆磨床
24	精磨莫氏 6 号内锥孔	夹小头托大头支承轴颈	锥孔磨床
25	按图样要求全部检验		

从以上分析来看,如表 3.1.8 所示的主轴加工工艺过程中选择定位基准正是这样考虑安排的。工艺过程一开始就以外圆作粗基准铣端面钻中心孔,为粗车准备了定位基准,而粗车外圆则为钻深孔准备了定位基准;此后,为了给半精加工、精加工外圆准备定位基准,又先加工好前后锥孔,以便安装锥堵,即可用锥堵上的两中心孔作定位基准;最后,在磨锥孔前磨好轴颈表面,为的是将支承轴颈作定位基准。上述定位基准选择各工序兼顾,也体现了互为基准原则。

（2）加工阶段的划分

如表 3.1.8 所示的主轴加工工艺过程可知,根据粗、精加工分开原则来划分阶段极为重要。这是由于主轴毛坯余量较大且不均匀,当切除大量金属后,会引起内应力重新分布而变形。因此,主轴加工通常以主要表面加工为主线,划分为 3 个阶段:粗加工阶段,包括粗车各档外圆、钻中心通孔等;半精加工阶段,包括半精车各档外圆及两端锥孔、精车中心通孔等;精加工阶段,包括粗、精磨各档外圆或锥孔。其他次要表面适当穿插在各个阶段进行。各阶段的划分大致以热处理为界,将整个加工过程按粗、精加工划分为不同的阶段,这是制订工艺规程的一个原则,目的是为了保证加工质量和降低生产费用。一般精度的主轴,精磨为最终工序。对于精密主轴,还应有光整加工阶段。

（3）热处理工序的安排

在主轴加工的整个工艺过程中,应安排足够的热处理工序,以保证主轴力学性能及加工精度要求,并改善工件加工性能。

一般在主轴毛坯锻造后,首先安排正火处理,以消除锻造内应力,细化晶粒,改善机加工时的切削性能。

在粗加工阶段,经过粗车、钻孔等工序,主轴的大部分加工余量被切除。粗加工过程中切削力和发热都很大,在力和热的作用下,主轴产生很大内应力,通过调质处理可消除内应力,代替时效处理,同时可以得到所要求的韧性,因此,粗加工后应安排调质处理。

半精加工后,除重要表面外,其他表面均已达到设计尺寸。重要表面仅剩精加工余量,这时对支承轴颈、配合轴颈、锥孔等安排淬火处理,使之达到设计的硬度要求,保证这些表面的耐磨性。而后续的精加工工序可以消除淬火的变形。

（4）加工顺序的安排

机加工顺序的安排依据"基面先行,先粗后精,先主后次"的原则进行。对主轴零件一般是准备好中心孔后,先加工外圆,再加工内孔,并注意粗精加工分开进行。在 CA6140 型卧式车床主轴加工工艺中,以热处理为标志,调质处理前为粗加工,淬火处理前为半精加工,淬火后为精加工。这样把各阶段分开后,保证了主要表面的精加工最后进行,不致因其他表面加工时的应力影响主要表面的精度。

在安排主轴工序的顺序时,还应注意以下 4 点:

①深孔加工应安排在调质以后进行。因为调质处理变形较大,故深孔产生弯曲变形将难以纠正,不仅影响以后机床使用时棒料的通过,而且会引起主轴高速旋转的不平衡。此外,深孔加工还应安排在外圆粗车或半精车之后,以便有一个较精确的轴颈作定位基准,保证孔与外圆同心,使主轴壁厚均匀。若仅从定位基准考虑,希望始终用中心孔定位,避免使用锥堵,那么深孔加工安排到最后为好,但深孔加工是粗加工,发热量大,破坏外圆加工精度,因此,深孔加工只能在半精加工阶段进行。

②外圆表面加工时应先加工大直径外圆,然后加工小直径外圆,以免一开始就降低了工件的

刚度。

③主轴上的花键、键槽等次要表面的加工一般应安排在外圆精车或粗磨之后,精磨外圆之前进行。因为如果在精车前就铣出键槽,一方面,在精车时,由于断续切削而产生振动,既影响加工质量,又容易损坏刀具;另一方面,键槽的尺寸要求也难以保证。这些表面加工也不宜安排在主要表面精磨后进行,以免破坏主要表面的精度。

④主轴上螺纹表面加工宜安排在主轴局部淬火之后进行,以免由于淬火后的变形而影响螺纹表面和支承轴颈的同轴度。

(5)主轴锥孔的磨削

主轴的前端锥孔是安装顶尖或定位心轴的定位基准,它的质量好坏直接影响到车床的质量,因此,主轴锥孔磨削是轴加工的关键工序。

对主轴前端锥孔除对其本身精度、接触面积有较高要求外,对它的中心线与轴的支承轴颈的同轴度也有较严格的要求。为了保证同轴度的要求,轴的锥孔磨削工序一般选支承轴颈为定位基准。

单件小批生产时,可在一般磨床上进行加工。尾端夹持在四爪卡盘上,前端用中心架支承在前锥附近的精密外圆上,经过严格的校正后方可进行加工。这种方法辅助时间长,生产效率低,质量不稳定。当成批生产时,大都采用专用夹具进行加工。

3. 编制主轴的机械加工工艺过程

对车床主轴结构特点和技术要求进行分析后,根据生产批量、设备条件,结合轴类零件的加工特点,编制的车床主轴的加工工艺过程见表3.1.8。

(二)细长轴的加工

1. 细长轴车削的工艺特点

①细长轴刚性很差,车削时装夹不当,很容易因切削力及重力的作用而发生弯曲变形,产生振动,从而影响加工精度和表面粗糙度。

②细长轴的热扩散性能差,在切削热作用下,会产生相当大的线膨胀。如果轴的两端为固定支承,则工件会因伸长而顶弯。

③由于轴较长,故一次走刀时间长,刀具磨损大,从而影响零件的几何形状精度。

④车细长轴时由于使用跟刀架,若支承工件的两个支承块对零件压力不适当,则会影响加工精度。若压力过小或不接触,就不起作用,不能提高零件的刚度;若压力过大,则零件被压向车刀,切削深度增加,车出的直径就小(见图3.1.28(a)),当跟刀架继续移动后,支承块支承在小直径外圆处,支承块与工件脱离,切削力使工件向外让开,切削深度减小,车出的直径变大(见图3.1.28(b)),之后跟刀架又跟到大直径圆上,又把工件压向车刀,使车出的直径变小(见图3.1.28(c)),这样连续有规律地变化,就会把细长的工件车成"竹节"形(见图3.1.28(d))。

2. 反向走刀车削法

如图3.1.29所示为反向走刀车削法示意图,其特点如下:

①细长轴左端缠有一圈钢丝,利用三爪自定心卡盘夹紧,减小接触面积,使工件在卡盘内能自由地调节其位置,避免夹紧时形成弯曲力矩,在切削过程中发生的变形也不会因卡盘夹死而产生内应力。

②尾座顶尖改成弹性顶尖,当工件因切削热发生线膨胀伸长时,顶尖能自动后退,可避免热

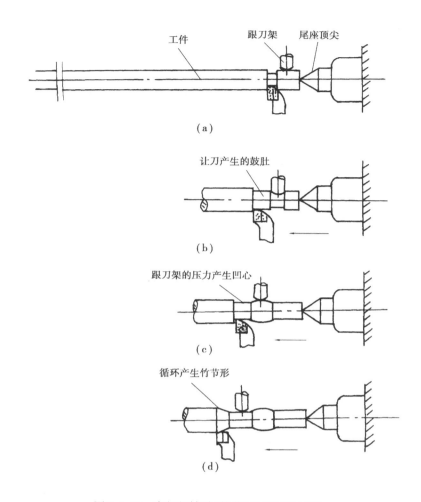

图 3.1.28　车细长轴时"竹节"形的形成过程

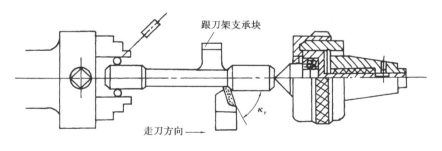

图 3.1.29　反向走刀车削法

膨胀引起的弯曲变形。

③采用 3 个支承块跟刀架,以提高工件刚性和轴线的稳定性,避免产生"竹节"形。

④改变走刀方向,使床鞍由主轴箱向尾座移动,使工件受拉,不易产生弹性弯曲变形。

任务考评

评分标准见表3.1.9。

表3.1.9 评分标准

序号	考核内容	考核项目	配分	检测标准
1	轴类零件的材料、毛坯及热处理	1. 轴类零件的材料 2. 轴类零件的毛坯及热处理	6分	1. 轴类零件的材料(3分) 2. 轴类零件的毛坯及热处理(3分)
2	轴类零件外圆表面的加工	1. 车削加工的特点及应用 2. 磨削加工的特点及应用	24分	1. 熟悉车削加工的特点及应用(12分) 2. 熟悉磨削加工的特点及应用(12分)
3	外圆表面加工常用工艺装备	1. 车刀的分类、结构形式及其选用 2. 砂轮的分类、结构形式及其选用 3. 车床夹具的分类、结构形式及其适用范围	30分	1. 熟悉车刀的分类、结构形式及其选用(10分) 2. 熟悉砂轮的分类、结构形式及其选用(10分) 3. 熟悉车床夹具的分类、结构形式及其适用范围(10分)
4	典型轴类零件的加工	1. 编制典型轴类零件的加工工艺规程 2. 选用合理的工艺装备	40分	1. 加工工艺规程正确(20分) 2. 工艺装备选用合理(20分)
总计	100分			

思考与练习题

3.1.1 对轴类零件的技术要求有哪些？在编制轴类零件的工艺过程时要考虑哪些因素？

3.1.2 外圆表面常用的加工方法有哪些？如何选用？

3.1.3 提高外圆表面车削生产率的主要措施有哪些？

3.1.4 在车床上车锥面有哪些方法？各适用于哪些场合？

3.1.5 磨削与其他切削加工相比,有什么特点？为什么磨削能获得高的尺寸精度和较小的表面粗糙度？

3.1.6 无心磨削有何特点？无心磨削时如何提高工件的圆度？

3.1.7 主轴加工时,采用哪些表面为粗基准和精基准？为什么？安排主轴加工顺序时,应注意哪些问题？

3.1.8 编制如图3.1.30所示小轴零件的机械加工工艺过程,其中,生产类型:大批生产;零件材料:45钢。

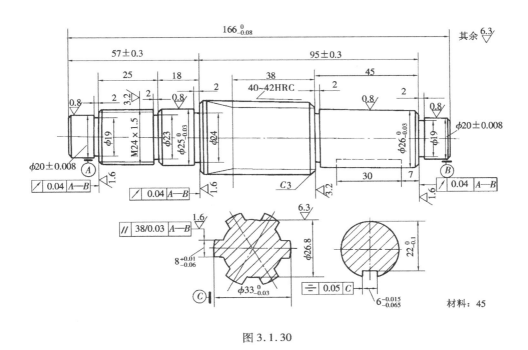

图 3.1.30

项目 2　套筒类零件的加工

知识点
◆套筒类零件的材料、毛坯及热处理。
◆套筒类零件内孔表面的加工。
◆内孔表面加工常用工艺装备。

技能点
◆套筒类零件的加工。

任务描述

1.套筒类零件的功用及结构特点

套筒类零件是指在回转体零件中的空心薄壁件,是机械加工中常见的一种零件,在各类机器中应用很广,主要起支承或导向作用。由于功用不同,套筒类零件的形状结构和尺寸有很大的差异,常见的有支承回转轴的各种形式的轴承圈、轴套;夹具上的钻套和导向套;内燃机上的汽缸套和液压系统中的液压缸、电液伺服阀的阀套等。其大致的结构形式如图 3.2.1 所示。

套筒类零件的结构与尺寸随其用途不同而异,但其结构一般都具有以下特点:外圆直径 d 一般小于其长度 L,通常 $L/d < 5$;内孔与外圆直径之差较小,故壁薄易变形;内、外圆回转面的同轴度要求较高;结构比较简单。

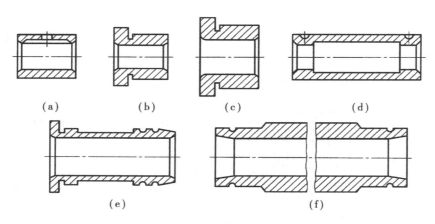

图 3.2.1　套筒类件的结构形式

(a)滑动轴承套　(b)滑动轴承套　(c)钻套

(d)轴承衬套　(e)汽缸套　(f)液压缸

2.套筒类零件技术要求

(1)内孔与外圆的精度要求

外圆直径精度通常为 IT7 ~ IT5,表面粗糙度 R_a 为 5 ~ 0.63 μm,要求较高的可达0.04 μm;内孔作为套筒类零件支承或导向的主要表面,要求其尺寸精度一般为 IT7 ~ IT6,为保证其耐磨性要求,对表面粗糙度要求较高($R_a = 2.5 ~ 0.16$ μm)。有的精密套筒及阀套的内孔尺寸精度要求为 IT5 ~ IT4,也有的套筒(如油缸、汽缸缸筒)由于与其相配的活塞上有密封圈,故对尺寸精度要求较低,一般为 IT9 ~ IT8,但对表面粗糙度要求较高,R_a 一般为 1.6 ~ 2.5 μm。

(2)几何形状精度要求

通常将外圆与内孔的几何形状精度控制在直径公差以内即可;对精密轴套,有时控制在孔径公差的 1/2 ~ 1/3,甚至更严格。对较长套筒,除圆度有要求以外,还应有孔的圆柱度要求。为提高耐磨性,有的内孔表面粗糙度要求 R_a 为 1.6 ~ 0.1 μm,有的甚至高达 0.025 μm。套筒类零件外圆形状精度一般应在外径公差内,表面粗糙度 R_a 为3.2 ~ 0.4 μm。

(3)位置精度要求

位置精度要求主要应根据套筒类零件在机器中的功用和要求而定。如果内孔的最终加工是在套筒装配之后进行,则可降低对套筒内、外圆表面的同轴度要求;如果内孔的最终加工是在套筒装配之前进行,则同轴度要求较高,通常同轴度为 0.01 ~ 0.06 mm。套筒端面(或凸缘端面)常用来定位或承受载荷,对端面与外圆和内孔轴心线的垂直度要求较高,一般为 0.05 ~ 0.02 mm。

3.套筒类零件的加工

套筒类零件的加工是按套筒类零件的结构形状、尺寸和技术要求,采用钻削、镗削等加工方法获得合格的套筒类零件。

 任务分析

套筒类零件的加工主要包括掌握套筒类零件的材料、毛坯及热处理;套筒类零件内孔表面的加工;内孔表面加工常用工艺装备;典型套筒类零件加工工艺等知识。完成典型套筒类零件的加工。

 相关知识

(一)套筒类零件的材料、毛坯及热处理

套筒类零件毛坯材料的选择主要取决于零件的功能要求、结构特点及使用时的工作条件。

套筒类零件一般用钢、铸铁、青铜或黄铜和粉末冶金等材料制成。有些特殊要求的套筒类零件可采用双层金属结构或选用优质合金钢。双层金属结构是应用离心铸造法在钢或铸铁轴套的内壁上浇注一层巴氏合金等轴承合金材料,采用这种制造方法虽增加了一些工时,但能节省有色金属,而且提高了轴承的使用寿命。

套筒类零件的毛坯制造方式的选择与毛坯结构尺寸、材料和生产批量的大小等因素有关,孔径较大(一般直径大于 20 mm)时,常采用型材(如无缝钢管)、带孔的锻件或铸件;孔径较小(一般直径小于 20 mm)时,一般多选择热轧或冷拉棒料,也可采用实心铸件;大批量生产时,可采用冷挤压、粉末冶金等先进工艺,不仅节约原材料,而且生产率及毛坯质量精度均可提高。

套筒类零件的功能要求和结构特点决定了套筒类零件的热处理方法有渗碳淬火、表面淬火、调质、高温时效及渗氮。

(二)套筒类零件内孔表面的加工

1.套筒类零件内孔表面的普通加工方法

(1)钻孔

钻孔是用钻头在实体材料上加工孔的方法,通常采用麻花钻在钻床或车床上进行钻孔,但由于钻头强度和刚性比较差,排屑较困难,切削液不易注入,因此,加工出的孔的精度和表面质量比较低,一般精度为 IT13 ~ IT11 级,表面粗糙度 R_a 为 50 ~ 12.5 μm。

在钻孔时,钻头往往容易产生偏移,其主要原因是:切削刃的刃磨角度不对称,钻削时工件端面钻头没有定位好,工件端面与机床主轴轴线不垂直等。为了防止和减少钻孔时钻头偏移,工艺上常用下列措施:

①钻孔前先加工工件端面,保证端面与钻头中心线垂直。

②先用钻头或中心钻在端面上预钻一个凹坑,以引导钻头钻削。

③刃磨钻头时,使两个主切削刃对称。

④钻小孔或深孔时选用较小的进给量,可减小钻削轴向力,钻头不易产生弯曲而引起偏移。

⑤采用工件旋转的钻削方式。

⑥采用钻套来引导钻头。

(2)扩孔

扩孔是用扩孔刀具对已钻的孔作进一步加工,以扩大孔径并提高精度和降低粗糙度。扩孔后的精度可达 IT13 ~ IT10 级,表面粗糙度 R_a 为 6.3 ~ 3.2 μm。通常采用扩孔钻扩孔,扩孔钻与麻花钻相比,没有横刃,工作平稳,容屑槽小,刀体刚性好,工作中导向性好,故对于孔的位置误差有一定的校正能力。扩孔通常作为铰孔前的预加工,也可作为孔的最终加工。扩孔方法和所使用的机床与钻孔基本相似,扩孔余量($D - d$)一般为 $D/8$。扩孔钻的形式随直径不同

而不同。锥柄扩孔钻的直径为 10 ~ 32 mm,套式扩孔钻的直径为 25 ~ 80 mm。用于铰孔前的扩孔钻,其直径偏差为负值;用于终加工的扩孔钻,其直径偏差为正值。使用高速钢扩孔钻加工钢料时,切削速度可选为 15 ~ 40 m/min,进给量可选为 0.4 ~ 2 mm/r,故扩孔生产率比较高。当孔径大于 100 mm 时,切削力矩很大,故很少应用扩孔,而应采用镗孔。

(3)铰孔

铰孔是对未淬火孔进行精加工的一种方法。铰孔时,因切削速度低,加工余量少,使用的铰刀刀齿多,结构特殊(有切削和校正部分),刚性好,精度高等因素,故铰孔后的质量比较高,一般孔径尺寸精度为 IT10 ~ IT7 级。铰孔分手铰和机铰,手铰尺寸精度可达 IT6 级,表面粗糙度 R_a 为 0.4 ~ 0.2 μm。机铰生产率高,劳动强度小,适宜于大批量生产。铰孔主要用于加工中小尺寸的孔,孔径一般在 3 ~ 150 mm 范围。铰孔时以本身孔作导向,故不能纠正位置误差,因此,孔的有关位置精度应由铰孔前的预加工工序保证。为了保证铰孔时的加工质量,应注意如下 4 点:

①合理选择铰削余量和切削规范 铰孔的余量视孔径和工件材料及精度要求等而异。对孔径为 5 ~ 80 mm,精度为 IT10 ~ IT7 级的孔,一般分粗铰和精铰。余量太小时,往往不能全部切去上一工序的加工痕迹,同时由于刀齿不能连续切削而以很大的压力沿孔壁打滑,使孔壁的质量下降。余量太大时,则会因切削力大、发热多而引起铰刀直径增大及颤动,致使孔径扩大。加工余量可参见表 3.2.1。

表 3.2.1 铰孔前孔的直径及加工余量

加工余量	孔 径			
	12 ~ 18	>18 ~ 30	>30 ~ 50	>50 ~ 75
粗 铰	0.10	0.14	0.18	0.20
精 铰	0.05	0.06	0.07	0.10
总余量	0.15	0.20	0.25	0.30

合理选用切削速度可以减少积屑瘤的产生,防止表面质量下降,铰削铸铁时可选为 8 ~ 10 m/min;铰削钢时的切削速度要比铸铁时低,粗铰为 4 ~ 10 m/min,精铰为 1.5 ~ 5 m/min。铰孔的进给量也不能太小,进给量过小会使切屑太薄,致使刀刃不易切入金属层面而打滑,甚至产生啃刮现象,破坏表面质量,还会引起铰刀振动,使孔径扩大。

②合理选择底孔 底孔(即前道工序加工的孔)的好坏,对铰孔质量影响很大。底孔精度低,就不容易得到较高的铰孔精度。例如,上一道工序造成轴线歪斜,因为铰削量小,且铰刀与机床主轴常采用浮动联接,故铰孔时就难以纠正。对于精度要求高的孔,在精铰前应先经过扩孔、镗孔或粗铰等工序,使底孔误差减小,才能保证精铰质量。

③合理使用铰刀 铰刀是定尺寸精加工刀具,使用得合理与否,将直接影响铰孔的质量。铰刀的磨损主要发生在切削部分和校准部分交接处的后刀面上。随着磨损量的增加,切削刃钝圆半径也逐渐加大,致使铰刀切削能力降低,挤压作用明显,铰孔质量下降。实践经验证明,使用过程中若经常用油石研磨该交接处,可提高铰刀的耐用度。铰削后孔径扩大的程度,与具体加工情况有关。在批量生产时,应根据现场经验或通过试验来确定,然后才能确定铰刀外径,并研磨之。为了避免铰刀轴线或进给方向与机床回转轴线不一致而出现孔径扩大或"喇

叭口"现象,铰刀和机床一般不用刚性联接,而采用浮动夹头来装夹刀具。

④正确选择切削液　铰削时切削液对表面质量有很大影响,铰孔时正确选用切削液,对降低摩擦系数,改善散热条件以及冲走细屑均有很大作用,因而选用合适的切削液除了能提高铰孔质量和铰刀耐用度外,还能消除积屑瘤,减少振动,降低孔径扩张量。浓度较高的乳化油对降低粗糙度的效果较好,硫化油对提高加工精度效果较明显。铰削一般钢材时,通常选用乳化油和硫化油。铰削铸铁时,一般不加切削液,如要进一步提高表面质量,也可选用润湿性较好、黏性较小的煤油作切削液。

（4）镗孔

镗孔是最常用的孔加工方法,可以作为粗加工,也可以作为精加工,并且加工范围很广,可以加工各种零件上不同尺寸的孔。镗孔使用镗刀对已经钻出、铸出或锻出的孔做进一步的加工。镗孔一般在镗床上进行,但也可以在车床、铣床、数控机床和加工中心上进行。镗孔的加工精度为 IT10 ~ IT8,表面粗糙度 R_a 为 6.3 ~ 0.8 μm。用于镗孔的刀具(镗杆和镗刀),其尺寸受到被加工孔径的限制,一般刚性较差,会影响孔的精度,并容易引起弯曲和扭转振动,特别是小直径离支承较远的孔,振动情况更为突出。与扩孔和铰孔相比,镗孔生产率比较低,但在单件小批生产中采用镗孔是较经济的,因刀具成本较低,而且镗孔能保证孔中心线的准确位置,并能修正毛坯或上道工序加工后所造成的孔的轴心线歪曲和偏斜。由于镗孔工艺范围广,故为孔加工的主要方法之一。对于直径很大的孔和大型零件的孔,镗孔是唯一的加工方法。

（5）拉孔

拉孔大多是在拉床上用拉刀通过已有的孔来完成孔的半精加工或精加工。拉刀是一种多齿的切削刀具。拉削过程如图 3.2.2 所示,只有主运动,没有进给运动。在拉削时,由于切削刀齿的齿高逐渐增大,因此,每个刀齿只切下一层较薄的切屑,最后由几个刀齿用来对孔进行校准。拉刀切削时,参加切削的刀刃长度长,同时参加切削的刀齿多,孔径能在一次拉削中完成,因此,拉孔是一种高效率的孔加工方法。一般拉削孔径为 10 ~ 100 mm,拉孔深度一般不宜

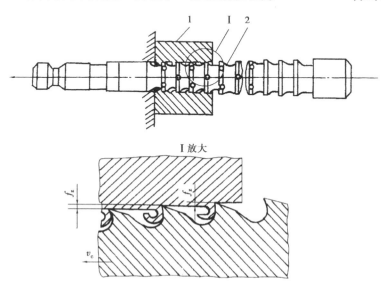

图 3.2.2　拉削过程

超过孔径的 3 ~ 4 倍。拉刀能拉削各种形状的孔,如圆孔、多边孔等。

由于拉削速度较低,一般为 2 ~ 5 m/min,因此,不易产生积屑瘤,拉削过程平稳,切削层的厚度很薄,故一般能达到 IT8 ~ IT7 级精度和表面粗糙度 $R_a1.6 ~ 0.4$ μm。

拉削过程和铰孔相似,都是以被加工孔本身作为定位基准,因此,不能纠正孔的位置误差。

(6)磨孔

对于淬硬零件中的孔加工,磨孔是主要的加工方法。内孔为断续圆周表面(如有键槽或花键的孔)、阶梯孔及盲孔时,通常采用磨孔作为精加工。磨孔时砂轮的尺寸受被加工孔径尺寸的限制,一般砂轮直径为工件孔径的 0.5 ~ 0.9 倍,磨头轴的直径和长度也取决于被加工孔的直径和深度,故磨削速度低,磨头的刚度差,磨削质量和生产率均受到影响。磨孔的方式有中心内圆磨削和无心内圆磨削两种。中心内圆磨削是在普通内圆磨床或万能磨床上进行的。无心内圆磨削是在无心内圆磨床上进行的,被加工工件多为薄壁件,不宜用夹盘夹紧,工件的内、外圆同轴度要求较高。

这种磨削方法多用于磨削轴承环类型的零件,其工艺特点是精度高,要求机床具有高的精度、高的自动化程度和高的生产率,以适应大批量生产。由于内圆磨削的工作条件比外圆磨削差,故内圆磨削有如下特点:

①磨孔用的砂轮直径受到工件孔径的限制,约为孔径的 0.5 ~ 0.9 倍。砂轮直径小则磨耗快,因此,经常需要修整和更换,增加了辅助时间。

②由于选择直径较小的砂轮,磨削时要达到砂轮圆周速度 25 ~ 30 m/s 是很困难的,因此,磨削速度比外圆磨削速度低得多,故孔的表面质量较低,生产效率也不高。近年来,已制成 100 000 r/min 的风动磨头,以便磨削 1 ~ 2 mm 直径的孔。

③砂轮轴的直径受到孔径和长度的限制,又是悬臂安装,故刚性差,容易弯曲和变形,使内圆磨削砂轮轴偏移,从而影响加工精度和表面质量。

④砂轮与孔的接触面积大,单位面积压力小,砂粒不易脱落,砂轮显得硬,工件易发生烧伤,故应选用较软的砂轮。

⑤切削液不易进入磨削区,排屑较困难,磨屑易积集在磨粒间的空隙中,容易堵塞砂轮,影响砂轮的切削性能。

⑥磨削时,砂轮与孔的接触长度经常改变。当砂轮有一部分超出孔外时,其接触长度较短,切削力较小,砂轮主轴所产生的位移量比磨削孔的中部时小,此时被磨去的金属层较多,从而形成"喇叭口"。为了减小或消除其误差,加工时应控制砂轮超出孔外的长度不大于 1/2 ~ 1/3 砂轮宽度。内圆磨削精度可达 IT7,表面粗糙度 R_a 可达 0.4 ~ 0.2 μm。

(7)深孔加工

①深孔加工的工艺特点 通常把深度与直径之比 $L/D > 5$ 的孔称为深孔。深径比不大的孔,可用麻花钻在普通钻床、车床上加工;深径比大的孔,必须采用特殊的刀具、设备及加工方法加工。深孔加工比一般的孔加工要复杂和困难得多。深孔加工工艺主要有以下特点:

A. 深孔加工的刀杆细长,强度和刚度比较差,在加工时容易引偏和振动,因此,在刀头上设置支承导向极为重要。

B. 切屑排除困难。如果切屑堵塞,则会引起刀具崩刃,甚至折断,因此需要采取强制排屑措施。

C. 刀具冷却散热条件差,切削液不易注入切削区,使刀具温度升高,刀具的耐用度降低,因此必须采用有效的冷却方式。

在深孔加工时,必须采取各种工艺措施解决以上 3 个主要方面的问题。

②深孔钻削方式　在单件小批生产中,深孔钻削常在普通车床或转塔车床上用接长的麻花钻加工。有时工件作两次安装,从两端钻成。钻削时钻头须多次退出,以排除切屑和冷却刀具。采用这种钻削方法劳动强度大且生产效率低。在成批大量生产中,普遍采用深孔钻床和使用深孔钻头进行加工。

一般深孔加工采用工件旋转或工件与钻头同时反方向旋转,钻头轴向送进。这两种加工方法都不易使深孔的轴线偏斜,尤其后者更为有利,但设备比较复杂。若工件很大,旋转有困难,则可将工件固定,使钻头旋转并轴向送进,但采用这种方法时,若刀具旋转中心线与工件的轴线有偏移或斜交,则加工后孔的轴线也将有偏移或斜交。

③冷却和排屑方式　在深孔加工中,冷却(特别是刀具切削部分的冷却)和排屑是要解决的首要问题。在切削过程中,切削热的绝大部分传入切屑,如果切屑能顺利通畅地排出,那么在排屑的同时也就达到了冷却的目的。目前,排屑方式有外排屑、内排屑和喷吸 3 种方式,普遍采用的是内排屑方式——高压切削液由钻杆与工件孔壁间的空隙处压入切削区,然后带着切屑从钻杆中的内孔排出。采用这种排屑法时,切屑不会划伤已加工的孔壁,容易保证加工质量。

2. 套筒类零件的特种加工方法

特种加工具有以下特点:

①特种加工主要不是依靠刀具和磨料来进行切削,而是利用电能、光能、声能、热能及化学能等来去除零件上的多余金属和非金属材料,因此,工件和工具之间没有明显的切削力,只有微小的作用力,在机理上有很大不同。

②特种加工不仅可以去除零件上的多余金属和非金属材料,而且还可以进行附着加工、结合加工和注入加工。附着加工可使工件被加工表面覆盖一层材料,即镀膜等;结合加工是使两个工件或两种材料结合在一起,如激光焊接、化学黏接等;注入加工是将某些金属离子注入工件表层,以改变工件表层的结构,达到要求的物理机械性能。

③特种加工中工具的硬度和强度可以低于工件的硬度和强度,因为它主要不是靠机械力来切削,有些工具甚至无损耗,如激光加工、电子束加工、离子束加工等。

3. 孔的精密加工

(1)高速精细镗

高速精细镗也称金刚镗,广泛应用于不适宜用于内圆磨削加工的各种结构零件的精密孔,如发动机的汽缸孔、连杆孔、活塞销孔及变速箱的主轴孔等。由于高速精细镗切削速度高、切屑截面小,因而切削力非常小,这就保证了加工过程中工艺系统弹性变形小,故可获得较高的加工精度和表面质量,孔径精度可达 IT7 ~ IT6 级,表面粗糙度 R_a 可达 0.8 ~ 0.1 μm。孔径在 15 ~ 100 mm 范围内时,尺寸误差可保持在 5 ~ 8 μm 以内,还能获得较高的孔轴心线的位置精度。为保证加工质量,高速精细镗常分预、终两次进给。

高速精细镗要求机床精度高、刚性好、传动平稳、能实现微量进给,一般采用硬质合金刀具,其主要特点是主偏角较大(45° ~ 90°),刀尖圆弧半径较小,故径向切削力小,有利于减小变形和振动。当要求表面粗糙度 R_a 小于 0.08 μm 时,须使用金刚石刀具。金刚石刀具主要适用于铜、铝等有色金属及其合金的精密加工。

（2）珩磨

珩磨是磨削加工的一种特殊形式，属于光整加工，需要在磨削或精镗的基础上进行。珩磨加工范围比较广，特别是大批量生产中采用专用珩磨机珩磨更为经济合理。对于某些零件，珩磨已成为典型的光整加工方法，如发动机的汽缸套、连杆孔和液压缸筒等。

①珩磨原理

在一定压力下，珩磨头上的砂条（油石）与工件加工表面之间产生复杂的相对运动，珩磨头上的磨粒起切削、刮擦和挤压作用，从加工表面上切下极薄的金属层。

②珩磨方法

珩磨所用的工具是由若干砂条（油石）组成的珩磨头，四周砂条能做径向张缩，并以一定的压力与孔表面接触。珩磨头上的砂条有3种运动（见图3.2.3（a）），即旋转运动、往复运动和加压力的径向运动。珩磨头与工件之间的旋转和往复运动，使砂条的磨粒在孔表面上的切削轨迹形成交叉而又不相重复的网纹。珩磨时磨条便从工件上切去极薄的一层材料，并在孔表面形成交叉而不重复的网纹切痕（见图3.2.3（b）），这种交叉而不重复的网纹切痕有利于存储润滑油，使零件表面之间易形成一层油膜，从而减少零件间的表面磨损。

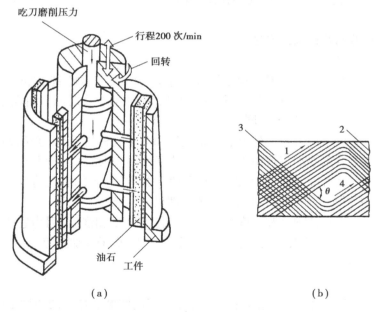

图3.2.3　珩磨的成形运动及其切削轨迹

（a）成形运动　（b）一根砂条在双行程中切削轨迹展开

1,2,3,4—纹痕形成的顺序；θ—网纹交角

③珩磨的特点

A.珩磨时砂条与工件孔壁的接触面积很大，磨粒的垂直负荷仅为磨削的 1/100～1/50。此外，珩磨的切削速度较低，一般在 100 m/min 以下，仅为普通磨削的 1/100～1/30。在珩磨时，注入的大量切削液可将脱落的磨粒及时冲走，还可使加工表面得到充分冷却，故工件发热少，不易烧伤，而且变形层很薄，从而可获得较高的表面质量。

B.珩磨可达到较高的尺寸精度、形状精度和较低的表面粗糙度，珩磨能获得的孔的精度为 IT7～IT6 级,表面粗糙度 R_a 为 0.2～0.025 μm。由于在珩磨时,表面的突出部分总是先与砂条接触而先被磨去,直至砂条与工件表面完全接触,因而珩磨能对前道工序遗留的几何形状误差进行一定程度的修正,孔的形状误差一般小于 0.005 mm。

C. 珩磨头与机床主轴采用浮动联接,珩磨头工作时,由工件孔壁作导向,沿预加工孔的中心线做往复运动,故珩磨加工不能修正孔的相对位置误差,因此,珩磨前在孔精加工工序中必须安排预加工以保证其位置精度。一般镗孔后的珩磨余量为 0.05～0.08 mm,铰孔后的珩磨余量为 0.02～0.04 mm,磨孔后珩磨余量为 0.01～0.02 mm。余量较大时可分粗、精两次珩磨。

D. 珩磨孔的生产率高,机动时间短,珩磨一个孔仅需要 2～3 min,加工质量高,加工范围大,可加工铸铁件、淬火和不淬火的钢件以及青铜件等,但不宜加工韧性大的有色金属,加工的孔径为 15～500 mm,孔的深径比可达 10 以上。

(3)研磨

研磨也是常用的一种孔光整加工方法,需在精镗、精铰或精磨后进行。研磨孔所用的研具材料、研磨剂、研磨余量等均与研磨外圆类似。套筒零件孔的研磨方法如图 3.2.4 所示。图 3.2.4 中的研具为可调式研磨棒,由锥形心棒和研套组成。拧动两端的螺母,即可在一定范围内调整直径的大小。研套上有槽和缺口,在调整时研套能均匀地张开或收缩,并可存储研磨剂。研磨前,套上工件将研磨棒安装在车床上,涂上研磨剂,调整研磨棒直径使其对工件有适当的压力,即可进行研磨。研磨时,研磨棒旋转,手握工件往复移动。固定式研磨棒多用于单件生产,其中,带槽研磨棒(见图 3.2.5(a))便于存储研磨剂,用于粗研;光滑研磨棒(见图 3.2.5(b))一般用于精研。研磨具有如下特点:

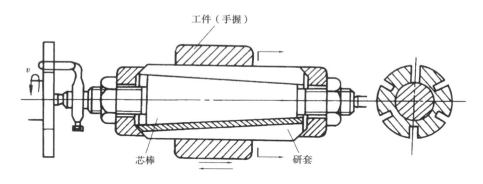

图 3.2.4　套筒零件研磨孔的方法

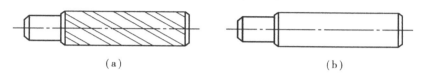

(a)　　　　　　　　　　　　　(b)

图 3.2.5　固定式研磨棒
(a)带槽研磨棒　(b)光滑研磨棒

①所有研具采用比工件软的材料制成,这些材料为铸铁、铜、青铜、巴氏合金及硬木等,有时也可用钢做研具。研磨时,部分磨粒悬浮于工件与研具之间,部分磨粒则嵌入研具的表面层,工件与研具做相对运动,磨料就在工件表面上切除很薄的一层金属(主要是上工序在工件

表面上留下的凸峰)。

②研磨不仅是用磨粒加工金属的机械加工过程,同时还有化学作用。磨料混合液(或研磨膏)使工件表面形成氧化层,使之易于被磨料所切除,因而大大加速了研磨过程的进行。

③研磨时研具和工件的相对运动是较复杂的,因此,每一磨粒不会在工件表面上重复自己的运动轨迹,这样就有可能均匀地切除工件表面的凸峰。

④因为研磨是在低速低压下进行的,故工件表面的形状精度和尺寸精度高(IT6级以上),表面粗糙度 R_a 小于 0.16 μm,孔的圆度和圆柱度也相应提高,且具有残余压应力及轻微的加工硬化,但不能提高工件表面间的位置精度。

⑤手工研磨工作量大,生产率低,对机床设备的精度条件要求不高,金属材料(钢、铸铁、铜、铝及硬质合金等)和非金属材料(半导体、陶瓷和光学玻璃等)都可加工。

⑥壳体或缸筒类零件的大孔,需要研磨时可在钻床或改装的简易设备上进行,由研磨棒同时做旋转运动和轴向移动,但研磨棒与机床主轴需成浮动联接,否则,研磨棒轴线与孔轴线发生偏斜时,将造成孔的形状误差。

(4)滚压

滚压加工生产率高,因此,常用以代替珩磨加工。内孔滚压后,精度在 0.01 mm 以内,表面粗糙度 R_a 值为 0.16 μm 或更低。滚压加工能强化表面,提高加工表面的硬度和耐磨性。如图 3.2.6 所示为滚压加工示意图。

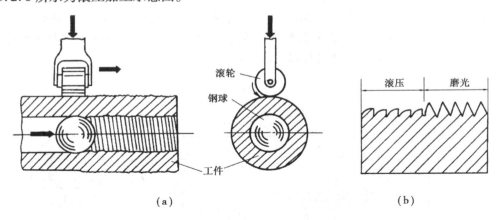

图 3.2.6　滚压加工

(a)滚压过程　(b)滚压表面

滚压可以在普通机床上利用滚压装置进行,不需专用设备,因此,在生产中应用较多,如活塞销孔的精加工,油缸孔及曲轴颈过渡圆弧的精加工等。滚压加工对材料的疏密、软硬均匀性非常敏感,材质不均会严重影响滚压质量。

如图 3.2.7 所示为一液压缸滚压头。滚压内孔表面的圆锥形滚柱 3 支承在锥套 5 上,滚压时,圆锥形滚柱与工件成 0°30′或 1°的斜角,使工件能弹性恢复,以避免工件孔壁的表面粗糙度增大。

内孔滚压前,需要先调整滚压头的径向尺寸。旋转调节螺母 11 可使其相对心轴 1 沿轴向移动,当其向左移动时,推动过渡套 10、推力球轴承 9、衬套 8 及套圈 6 经销子 4 使圆锥形滚柱 3 沿锥套 5 的表面向左移动,结果使滚压头的径向尺寸缩小;当其向右移动时,由压缩弹簧 7

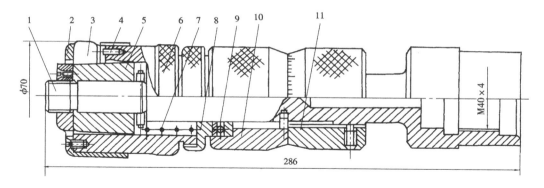

图 3.2.7　油缸滚压头
1—心轴;2—盖板;3—圆锥形滚柱;4—销子;5—锥套;6—套圈
7—压缩弹簧;8—衬套;9—推力球轴承;10—过渡套;11—调节螺母

压移衬套 8,经推力球轴承 9 使过渡套 10 始终紧贴调节螺母的左端面,同时衬套右移时,带动套圈 6 经盖板 2 使圆锥形滚柱 3 也沿轴向右移,结果使滚压头的径向尺寸增大。滚压头的径向尺寸应根据孔的滚压过盈量确定,一般钢材的滚压过盈量为 0.10 ~ 0.12 mm,滚压后孔径增大 0.02 ~ 0.03 mm。

滚压过程中,圆锥形滚柱所受的轴向力经销子、套圈、衬套作用在止推轴承上,经过过渡套、调节螺母及心轴传至与滚压头右端 M40 × 4 螺纹相联接的刀杆上。滚压完毕,滚压头从孔中反向退出时,圆锥形滚柱受到一个向左的轴向力,此力传给盖板,经套圈、衬套将压缩弹簧压缩,实现向右移动,使滚压头直径缩小,避免碰划已滚压好的孔壁。滚压头完全退出后,在压缩弹簧力的作用下复位,使径向尺寸恢复到原调整数值。

滚压用量通常选择滚压速度 $v = 60 \sim 80$ m/min,进给量 $f_a = 0.25 \sim 0.35$ mm/r;切削液采用 50%硫化油加 50%柴油或煤油。

滚压是利用经过淬硬和精细抛光过的、可自由旋转的滚柱或滚珠,对零件表面进行挤压,以提高加工表面质量的一种机械强化加工方法。滚压加工可减小表面粗糙度值 2 ~ 3 级,提高硬度 10% ~ 40%,表面层耐疲劳强度一般提高 30% ~ 50%。通常滚柱或滚珠材料用高速钢或硬质合金。

①滚柱滚压　滚柱滚压是最简单最常用的冷压强化方法。单滚柱滚压压力大且不平衡,这就要求工艺系统有足够的刚度;多滚柱滚压可对称布置滚柱以滚压内孔或外圆,减小了工艺系统的变形。利用滚柱滚压也可滚压成形表面或锥面。

②滚珠滚压　滚珠滚压接触面积小,压强大,滚压力均匀,常用于对刚度差的工件进行滚压,也可做成多滚珠滚压。

③离心转子滚压　离心转子滚压是利用离心力进行滚压的方法。滚球和滚柱的重量、转子直径及转速决定了滚压力的大小,一般成正比关系。

(三)孔加工常用的工艺装备

1. 钻削用刀具

(1)麻花钻

①麻花钻的结构　标准高速钢麻花钻由工作部分、颈部及柄部 3 部分组成,如图 3.2.8 所

示。工作部分又分为切削部分和导向部分,分别担负切削和引导工作。为增加钻头的刚度和强度,工作部分的钻芯直径朝柄部方向递增。刀柄是钻头的夹持部分,有直柄和锥柄两种,前者用于小直径钻头,后者用于大直径钻头。颈部用于磨锥柄时砂轮的退刀。麻花钻钻头切削部分可看成是由两把镗刀组成的,它有两个前刀面、两个后刀面、两个副后刀面、两个主切削刃、两个副切削刃和一个横刃,如图3.2.8(b)所示。

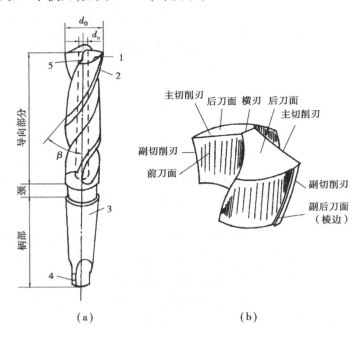

图3.2.8 麻花钻的组成
(a)除切削部分外的部分 (b)切削部分
1—刃瓣;2—棱边;3—莫氏锥柄;4—扁尾;5—螺旋槽

②麻花钻的几何角度 麻花钻的主要几何角度如图3.2.9所示。

A. 螺旋角 β 麻花钻螺旋槽上最外缘的螺旋线展开成直线后与麻花钻轴线之间的夹角。麻花钻不同直径处的螺旋角不同,外径处螺旋角最大,越接近中心螺旋角越小。螺旋角不仅影响排屑,而且影响切削刃强度,标准麻花钻的螺旋角 $\beta = 18° \sim 30°$,大直径取大值。螺旋角 β 的方向一般为右旋。

B. 顶角(锋角)2ϕ 麻花钻两主切削刃在与它们平行的面上投影的夹角称为顶角。顶角越小,主切削刃越长,单位切削刃上负荷越小,轴向力小,定心作用较好,刀尖 ε_r 增加,有利于散热和提高刀具耐用度。但顶角越小,麻花钻强度越小,变形增大,扭矩增大,容易折断麻花钻。因此,应根据工件材料的强度和硬度来刃磨合理的顶角。加工钢和铸铁的标准麻花钻取 $2\phi = 118°$。

C. 主偏角 κ_{rm} 主切削刃选定点 m 的切线在基面上的投影与进给方向的夹角称为主偏角。麻花钻的基面是过主切削刃选定点包含麻花钻轴线的平面。由于麻花钻主切削刃不通过轴线,因此,主切削刃上各点基面不同,各点主偏角也不相同。当顶角磨出后,各点主偏角也就确定了。

D. 前角 γ_{om} 是主剖面 $O—O$ 内前刀面和基面间的夹角。麻花钻主切削刃上各点前角是变化的,麻花钻外圆处前角最大,约为30°,接近麻花钻中心,靠近横刃处约为 $-30°$。

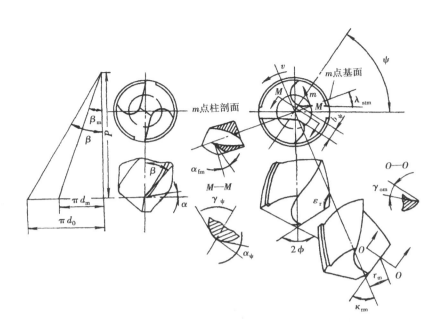

图 3.2.9　麻花钻的几何角度

E. 后角 α_{fm}　麻花钻主切削刃上选定点的后角,是通过该点柱剖面中的进给后角 α_{fm} 来表示的。柱剖面是通过在主切削刃上选定点 m,作与麻花钻轴线平行的直线,该直线绕麻花钻轴线旋转所形成的圆柱面。α_{fm} 沿主切削刃也是变化的。名义后角是指麻花钻外圆处后角 α,通常取 $8° \sim 10°$,横刃处后角取 $20° \sim 25°$。

F. 横刃角 ψ　横刃角是在端面投影中和主切削刃间的夹角。当麻花钻后刀面磨成后,ψ 自然形成。一般 $\psi = 50° \sim 55°$。

横刃前角 γ_{ψ} 是在横刃剖面中前刀面与基面间的夹角,标准顶角时,$\gamma_{\psi} = -(54° \sim 60°)$。

横刃后角 α_{ψ} 是在横刃剖面中后刀面与切削平面间的夹角,$\alpha_{\psi} \approx 90° - |\gamma_{\psi}|$。

③麻花钻的修磨　由于麻花钻的结构所限,使它存在着许多缺点,如:前角变化太大,外缘处为 $+30°$,靠近钻芯处为 $-30°$,横刃前角在 $-55°$ 左右,副后角为零,加剧了钻头和孔壁的摩擦;主切削刃太长,切屑太宽,排屑困难;横刃太长,定心困难,轴向力大,等等。为改善其切削性能,需对麻花钻进行修磨。主要修磨方法如下:

A. 修磨横刃　麻花钻上横刃的切削情况最差。为了改善钻削条件,修磨横刃极为重要。常用的横刃修磨方法有横刃磨短法、前角修磨法和综合修磨法。由于麻花钻横刃是影响钻削条件的主要因素,横刃太长,增大钻削轴向力,因此,减小其参与切削的工作长度,可以显著地降低钻削时的轴向力,尤其对大直径钻头和加大钻芯直径的大钻头更为有效。这种修磨方法简便,效果较好,直径在 12 mm 以上的钻头都采用这种横刃磨短法。由于麻花钻的特殊结构,将钻芯处的前刀面磨去一部分后,其横刃前角可以增加一些,从而使切削条件改善一些。横刃磨短法和前角修磨法同时使用称为综合修磨法。

B. 修磨双重顶角　钻头外圆处的切削速度最大,而该处又是主、副切削刃的交点,刀尖角较小,散热差,故容易磨损。为了提高钻头的耐用度,将该转角处修磨出 $2\phi = 70° \sim 75°$ 的双重顶角(见图 3.2.10)。经修磨后的钻头,在接近钻头外圆处的切削厚度减小,切削刃长度增加,

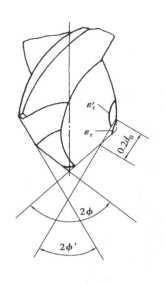

图 3.2.10　修磨双重刃

单位切削刃长度的负荷减轻;顶角减小,轴向力下降;刀尖角加大,散热条件改善,因而可提高钻头的耐用度和加工表面质量。但钻削很软的材料时,为避免切屑太薄和扭矩增大,一般不宜采用这种方法。

C.修磨前刀面　修磨前刀面的目的主要是改变前角的大小和前刀面的形状,以适应加工材料的要求。在加工脆性材料(如青铜、黄铜、铸铁及夹布胶木等)时,由于这些材料的抗拉强度较低,呈崩碎切屑,为了增加切削刃强度,避免崩刃现象,可将靠近外圆处的前刀面磨平一些以减小前角。

D.开分屑槽　当钻削韧性材料或尺寸较大时,切屑宽而长,排屑困难,为便于排屑和减轻钻头负荷,可在两个主切削刃的后刀面上交错磨出分屑槽(见图 3.2.11),将宽的切屑分割成窄的切屑。

E.修磨刃带　因钻头的侧后角为 0°,在钻削孔径超过 12 mm 无硬皮的韧性材料时,可在刃带上磨出 6°～8° 的副后角,如图 3.2.12 所示。钻头经修磨刃带后,可减少磨损和提高耐用度。

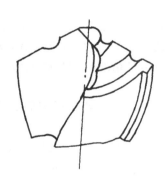

图 3.2.11　磨出分屑槽

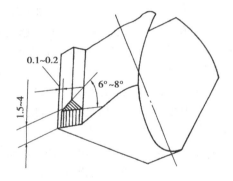

图 3.2.12　修磨刃带

从以上的修磨方法可以看出,改善麻花钻的结构,既可以根据具体工作条件对麻花钻进行修磨,也可以在设计和制造钻头时考虑如何改进钻头的切削部分形状,以提高其切削性能。群钻就是在长期的钻孔实践中,经过不断总结经验,综合运用了麻花钻的各种修磨方法而制成的一种效果较好的钻头,其形式可根据工件材料和工艺要求的不同而变化。

2.深孔钻

(1)外排屑深孔钻

以单面刃的应用较多。单面刃外排屑深孔钻最早用于加工枪管,故又名枪钻。枪钻的结构较简单,如图 3.2.13 所示,它由切削部分和钻杆部分组成。工作时,高压切削液(为 3.5～10 MPa)由钻杆后端的中心孔注入,经月牙形孔和切削部分的进油小孔到达切削区,然后迫使切屑随同切削液由 120° 的 V 形槽和工件孔壁间的空隙排出。因切屑是在深孔钻的外部排出,故称外排屑。这种排屑方法无须专门辅具,排屑空间亦较大,但钻头刚性和加工质量会受到一定的影响,因此,适合于加工孔径 2～20 mm、表面粗糙度 R_a 为 3.2～0.8 μm、公差为 IT10～

IT8 级、长径比大于 100 的深孔。

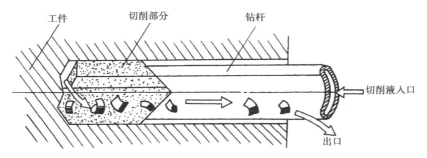

图 3.2.13　外排屑深孔钻工作原理

（2）内排屑深孔钻

内排屑深孔钻一般由钻头和钻杆用螺纹联接组成。工作时，高压切削液（2～6 MPa）由钻杆外圆和工件孔壁间的空隙注入，切屑随同切削液由钻杆的中心孔排出，故名内排屑，其工作原理如图 3.2.14（b）所示。内排屑深孔钻一般用于加工直径为 5～120 mm、长径比小于 100、

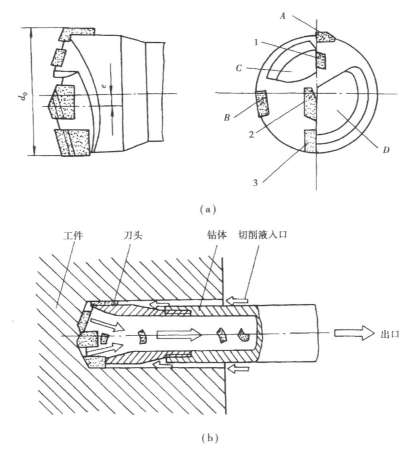

（a）

（b）

图 3.2.14　内排屑深孔钻
（a）钻头结构　（b）工作原理

表面粗糙度 R_a 为 3.2 μm、公差为 IT9 ~ IT6 级的深孔。由于钻杆为圆形,刚性较好,且切屑不与工件孔壁摩擦,故生产率和加工质量均较外排屑有所提高。

3. 扩孔钻

扩孔钻的形式如图 3.2.15 所示,其结构与麻花钻相比有以下特点:

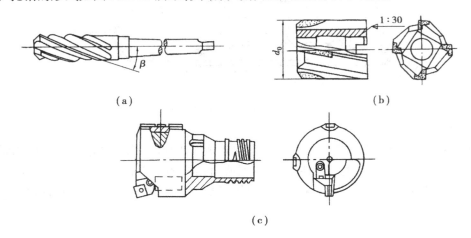

(a)　　　　　　　　　　　　　　　　(b)

(c)

图 3.2.15　扩孔钻

①刚性较好　扩孔的切深小,切屑少,扩孔钻的容屑槽浅而窄,钻芯比较粗壮,增加了工作部分的刚性。

②导向性较好　扩孔钻有 3 ~ 4 个刀齿,刀齿周边的棱边数增多,导向作用相应增强。

③切削条件较好　扩孔钻无横刃,只有切削刃的外缘部分参加切削,切削轻快,可用较大的进给量,生产率较高;又因切屑少,排屑顺利,故不易刮伤已加工表面。

4. 铰刀

铰刀是一精度较高的多刃刀具,有 6 ~ 12 条刀齿(见图 3.2.16)。其工作部分由引导锥、切削部分和校准部分组成。引导锥是铰刀开始进入孔内时的导向部分。切削部分担任主要的切削工作,其切削锥角 2ϕ 较小,一般为 3° ~ 15°,因此铰削时定心好、切屑薄。校准部分对孔壁起修光作用,校准部分的棱边 b_{a1} 起定向、修光孔壁和便于测量铰刀直径的作用。工作部分的后半段有倒锥,以减小铰刀与孔壁的摩擦。铰刀的前角一般为 0°,粗铰钢料时可取 5° ~

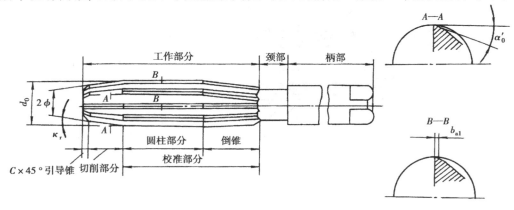

图 3.2.16　铰刀的结构

10°。常用铰刀如图3.2.17所示。

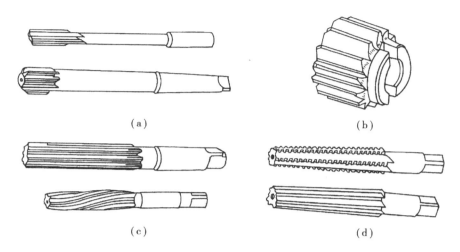

（a）

（b）

（c）

（d）

图3.2.17 铰刀
（a）机用直柄和锥柄铰刀 （b）机用套式铰刀
（c）手用直槽与螺旋槽铰刀 （d）锥孔用粗铰刀与精铰刀

5. 拉刀

拉削在工业生产中应用很广泛,可加工不同的内、外表面。其种类也很多,如按加工表面的不同,可分为内拉刀和外拉刀,内拉刀用于加工内表面。常见的有圆孔拉刀、花键拉刀、方孔拉刀及键槽拉刀等。一般内拉刀刀齿的形状都做成被加工孔的形状。外拉刀用于加工外成形表面。在我国内拉刀比外拉刀的应用更为普遍。普通圆孔拉刀的结构如图3.2.18所示。

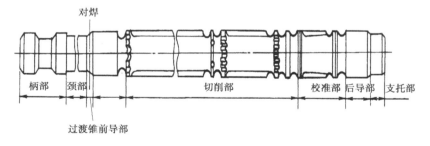

对焊

柄部 颈部 切削部 校准部 后导部 支托部

过渡锥前导部

图3.2.18 普通圆孔拉刀的结构

6. 镗刀

镗刀是由镗刀头和镗刀杆及相应的夹紧装置组成的,镗刀头是镗刀的切削部分,其结构和几何参数与车刀相似。在镗床上镗孔时,工件固定在工作台上做进给运动,镗刀夹固在镗刀杆上与机床主轴一起做回转运动。在车床上车孔时,镗刀固定在机床刀架上做进给运动,工件做回转运动。由于镗刀的尺寸以及镗刀杆的粗细和长短在很大程度上取决于被加工孔的直径、深度和该孔所处的位置,因此,不论镗刀用于何种机床上,一般来说其刚度和工作条件都比外圆车刀差。

镗刀一般可分为单刃镗刀和双刃镗刀。

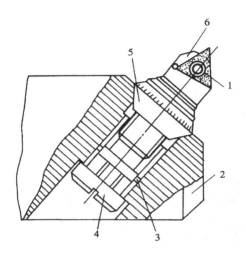

图 3.2.19　微调镗刀
1—刀片;2—镗刀杆;3—导向键;
4—紧固螺钉;5—精调螺母;6—刀块

（1）单刃镗刀

这种镗刀只有一个切削刃,结构简单,制造方便,通用性好,一般都有调节装置。

如图 3.2.19 所示为微调镗刀的结构,在镗刀杆 2 中装有刀块 6,刀块上装有刀片 1,在刀块的外螺纹上装有锥形精调螺母 5,紧固螺钉 4 将带有精调螺母的刀块拉紧在镗杆的锥孔内,导向键 3 防止刀头转动,旋转有刻度的精调螺母,可将镗刀片调到所需位置。

加工小直径孔的镗刀通常做成整体式,加工大直径孔的镗刀通常做成机夹式。

如图 3.2.20 所示为机夹式单刃镗刀。它的镗杆可长期使用,可节省制造镗杆的工时和材料。通常镗刀头做成正方形或圆形。镗杆、镗刀头尺寸与镗孔直径的关系见表 3.2.2。

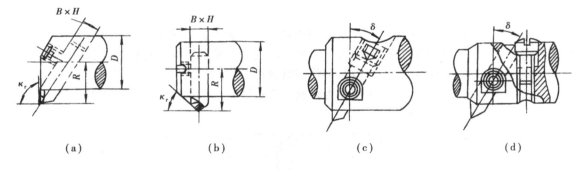

（a）　　　　　　（b）　　　　　　（c）　　　　　　（d）

图 3.2.20　机夹式单刃镗刀
（a）盲孔镗孔刀　（b）通孔镗刀　（c）阶梯孔镗刀　（d）阶梯孔镗刀

表 3.2.2　镗杆与镗刀头尺寸

工件孔径	28～32	40～50	51～70	71～85	85～100	101～140	141～200
镗杆直径	24	32	40	50	60	80	100
镗刀头直径或边长	8	10	12	16	18	20	24

（2）双刃镗刀

双刃镗刀常用的有固定式镗刀和浮动镗刀。镗刀头两端具有对称的切削刃,工作时可消除径向力对镗杆的影响,工件孔径尺寸由镗刀尺寸保证。

（四）保证表面相互位置精度的方法及防止加工中工件变形的措施

1. 保证表面相互位置精度的方法

套类零件内、外圆表面的同轴度以及端面与孔轴线的垂直度要求一般都较高，一般可用以下方法来满足：

（1）在一次装夹中完成内、外圆表面及端面的全部加工，这样可消除工件的安装误差并获得很高的相互位置精度。但由于工序比较集中，对尺寸较大的套筒零件安装不便，故多用于尺寸较小的轴套车削加工。

（2）主要表面的加工分在几次安装中进行（先加工孔），先加工孔至零件图要求的尺寸，然后以孔为精基准加工外圆。由于使用的夹具（通常为心轴）结构简单，而且制造和安装误差较小，因此，可保证较高的相互位置精度，在套筒类零件加工中应用较多。

（3）主要表面的加工分在几次安装中进行（先加工外圆），先加工外圆至零件图要求的尺寸，然后以外圆为精基准完成内孔的全部加工。用该方法加工工件装夹迅速可靠，但一般卡盘安装误差较大，使得加工后工件的相互位置精度较低。如果欲使同轴度误差较小，则须采用定心精度较高的夹具，如弹性膜片卡盘、液性塑料夹头、经过修磨的三爪自定心卡盘和软爪等。

2. 防止套类零件变形的工艺措施

套类零件的结构特点是孔壁较薄，薄壁套类零件在加工过程中常因夹紧力、切削力和热变形的影响而引起变形。为防止变形，通常采取以下工艺措施：

（1）将粗、精加工分开进行

为减少切削力和切削热的影响，使粗加工产生的变形在精加工中得以纠正。

（2）减少夹紧力的影响

在工艺上采取以下措施减少夹紧力的影响：

①采用径向夹紧时，夹紧力不应集中在工件的某一径向截面上，而应使其分布在较大的面积上，以减小工件单位面积上所承受的夹紧力。如可将工件安装在一个适当厚度的开口圆环中，再连同此环一起夹紧，也可采用增大接触面积的特殊卡爪。以孔定位时，宜采用胀开式心轴装夹。

②夹紧力的位置宜选在零件刚性较强的部位，以改善在夹紧力作用下薄壁零件的变形。

③改变夹紧力的方向，将径向夹紧改为轴向夹紧。

④在工件上制出加强刚性的工艺凸台或工艺螺纹以减少夹紧变形，加工时用特殊结构的卡爪夹紧，加工完成时将凸边切去。

（3）减小切削力对变形的影响

①增大刀具主偏角和前角，使加工时刀刃锋利，减少径向切削力。

②将粗、精加工分开，使粗加工产生的变形能在精加工中得到纠正，并采取较小的切削用量。

③内、外圆表面同时加工，使切削力抵消。

（4）热处理放在粗加工和精加工之间

这样安排可减少热处理变形的影响。套类零件热处理后一般会产生较大变形，在精加工时可得到纠正，但要注意适当加大精加工的余量。

任务实施

轴承套的加工:

如图 3.2.21 所示为一轴承套零件图,材料为 ZQSn6-6-3,每批数量为 400 件。

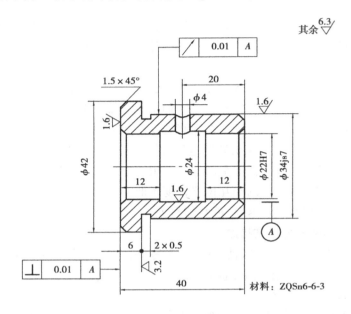

图 3.2.21 轴承套

1.轴承套加工工艺分析

加工时,应根据工件的毛坯材料、结构形状、加工余量、尺寸精度、形状精度和生产纲领,正确选择定位基准、装夹方法和加工工艺过程,以保证达到图样要求。其主要技术要求为:$\phi34js7$ 外圆对 $\phi22H7$ 孔的径向圆跳动公差为 0.01 mm;左端面对 $\phi22H7$ 孔的轴线垂直度公差为 0.01 mm。由此可见,该零件的内孔和外圆的尺寸精度和位置精度要求均较高。

2.轴承套加工工艺过程制订

对轴承套结构特点和技术要求进行分析后,根据生产批量、设备条件,结合套类零件的加工特点,编制的轴承套的加工工艺过程见表 3.2.3。

表 3.2.3 轴承套机械加工工艺过程

工序号	工序名称	工序内容	定位基准
1	备料	棒料,按6件合1加工下料	
2	钻中心孔	1. 车端面,钻中心孔	外圆
		2. 调头车另一端面,钻中心孔	
3	粗车	车外圆 $\phi42$ mm 长度为 6.5 mm,车外圆 $\phi34js7$ 为 $\phi35$ mm,车空刀槽 2×0.5 mm,取总长 40.5 mm,车分割槽 $\phi20\times3$ mm,两端倒角 $1.5\times45°$,6件同时加工,尺寸相同	中心孔

工序号	工序名称	工序内容	定位基准
4	钻	钻 ϕ22H7 孔至 ϕ20 mm 成单件	ϕ42 mm 外圆
5	车、铰	1. 车端面,取总长 40 mm 至尺寸 2. 车内孔 ϕ22H7 为 ϕ22 ± 0.02 mm 3. 车内槽 ϕ24 × 16 mm 至尺寸 4. 铰孔 ϕ22H7 至尺寸 5. 孔两端倒角	ϕ42 mm 外圆
6	精车	车外圆 ϕ34js7(±0.012)至尺寸	ϕ22H7 孔及心轴
7	钻	钻径向油孔 ϕ4 mm	ϕ34js7 外圆及端面
8	检验	检验入库	

任务考评

评分标准见表 3.2.4

表 3.2.4　评分标准

序号	考核内容	考核项目	配分	检测标准
1	套类零件的材料、毛坯及热处理	1. 套类零件的材料 2. 套类零件的毛坯及热处理	6 分	1. 套类零件的材料(3分) 2. 套类零件的毛坯及热处理(3分)
2	套类零件内孔表面的加工	1. 套筒类零件内孔表面的普通加工方法 2. 套筒类零件的特种加工方法 3. 孔的精密加工 4. 保证表面相互位置精度的方法及防止加工中工件变形的措施	32 分	1. 熟悉套筒类零件内孔表面的普通加工方法(12分) 2. 熟悉套筒类零件的特种加工方法(4分) 3. 熟悉孔的精密加工(8分) 4. 熟悉保证表面相互位置精度的方法及防止加工中工件变形的措施(8分)
3	内孔表面加工常用工艺装备	1. 钻头的结构及其选用 2. 铰刀的结构及其选用 3. 拉刀的结构及其选用 4. 镗刀的结构及其选用	32 分	1. 熟悉钻头的结构及其选用(12分) 2. 熟悉铰刀的结构及其选用(4分) 3. 熟悉拉刀的结构及其选用(4分) 4. 熟悉镗刀的结构及其选用(12分)
4	典型套类零件的加工	1. 编制典型套类零件的加工工艺规程 2. 选用合理的工艺装备	30 分	1. 加工工艺规程正确(20分) 2. 工艺装备选用合理(10分)
总计		100 分		

3.2.1 套筒类零件的毛坯常选用哪些材料？毛坯选择有什么特点？图 3.2.8 麻花钻由哪些部分组成？各有何作用？

3.2.3 麻花钻刃磨与修磨应注意哪些问题？

3.2.4 钻削与铰削一般能达到何种精度等级和表面粗糙度？

3.2.5 保证套筒类零件的相互位置精度有哪些方法？试举例说明这些方法的特点和适应性。

3.2.6 加工薄壁类套筒时，工艺上有哪些技术难点？应采用哪些措施来解决？

3.2.7 试归纳总结各种孔加工方法的工艺特点及其适应性。

3.2.8 编制如图 3.2.22 所示套筒零件在单件小批生产时的工艺规程。

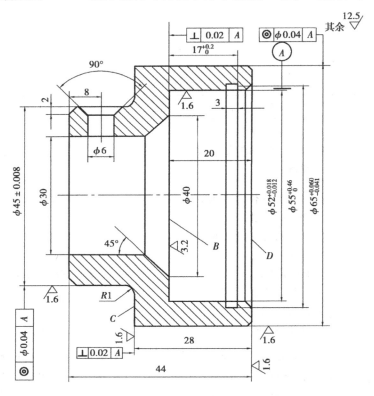

图 3.2.22

项目 3　箱体类零件的加工

知识点

◆箱体类零件的材料、毛坯及热处理。

◆箱体类零件平面的加工。

◆箱体类零件孔系的加工。

◆箱体类零件表面加工常用工艺装备。

技能点

◆箱体类零件的加工。

 任务描述

1.箱体类零件的功用和结构特点

箱体类零件是机器或部件的基础件。它将机器或部件中的轴、轴承、套和齿轮等零件按一定的相互位置关系联在一起，按一定的传动关系协调地运动。因此，箱体类零件的加工质量，不但直接影响箱体的装配精度和运动精度，而且还会影响机器的工作精度、使用性能和寿命。

如图 3.3.1 所示是几种常见箱体零件的简图。由图可知，各种箱体零件尽管形状各异、尺寸不一，但其结构均有以下的主要特点：

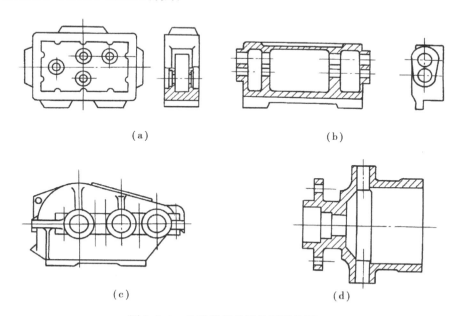

（a）　　　　　　　　　　　　（b）

（c）　　　　　　　　　　　　（d）

图 3.3.1　几种常见的箱体零件简图

（a）组合机床主轴箱　（b）车床进给箱　（c）分离式减速器　（d）泵壳

①形状复杂。

②体积较大。

③壁薄容易变形。

④有精度要求较高的孔和平面。

2. 箱体类零件的技术要求

(1)孔径精度

孔径的尺寸误差和几何形状误差会造成轴承与孔的配合不良。孔径过大,配合过松,使主轴回转轴线不稳定,并降低了支承刚度,易产生振动和噪声;孔径过小,会使配合过紧,轴承将因外圈变形而不能正常运转,缩短寿命。安装轴承的孔不圆,也将使轴承外圈变形而引起主轴径向跳动。因此,对孔的精度要求是较高的。主轴孔的尺寸公差等级为IT6,其余孔为IT7 ~ IT6。孔的几何形状精度未作规定,一般控制在尺寸公差范围内。

(2)孔与孔的位置精度

同一轴线上各孔的同轴度误差和孔端面对轴线垂直度误差,会使轴和轴承装配到箱体内出现歪斜,从而造成主轴径向跳动和轴向窜动,也加剧了轴承磨损。孔系之间的平行度误差,会影响齿轮的啮合质量。一般同轴上各孔的同轴度约为最小孔尺寸公差的1/2。

(3)孔和平面的位置精度

一般都要规定主要孔和主轴箱安装基面的平行度要求,它们决定了主轴和床身导轨的相互位置关系。这项精度是在总装通过刮研来达到的。为了减少刮研工作量,一般都要规定主轴轴线对安装基面的平行度公差。在垂直和水平两个方向上,只允许主轴前端向上和向前偏。

(4)主要平面的精度

装配基面的平面度影响主轴箱与床身联接时的接触刚度,加工过程中作为定位基面则会影响主要孔的加工精度。因此,规定底面和导向面必须平直,用涂色法检查接触面积或单位面积上的接触点数来衡量平面度的大小。顶面的平面度要求是为了保证箱盖的密封性,防止工作时润滑油泄出。当大批量生产将其顶面用作定位基面加工孔时,对它的平面度要求还要提高。

(5)表面粗糙度

重要孔和主要平面的表面粗糙度会影响联接面的配合性质或接触刚度,其具体要求一般用 R_a 值来评价。一般主轴孔 R_a 值为 0.4 μm,其他各纵向孔 R_a 值为 1.6 μm,孔的内端面 R_a 值为 3.2 μm,装配基准面和定位基准面 R_a 值为 2.5 ~ 0.63 μm,其他平面的 R_a 值为 10 ~ 2.5 μm。

3. 箱体类零件的加工

箱体类零件的加工是按箱体类零件的结构形状、尺寸和技术要求,采用铣削、刨削、磨削、钻削及镗削等加工方法获得合格的箱体类零件。

任务分析

主要包括掌握箱体类零件的材料、毛坯及热处理;箱体类零件平面的加工、箱体类零件孔系的加工;箱体类零件平面加工、箱体类零件孔系加工常用的工艺装备;典型箱体类零件加工工艺;完成典型箱体类零件的加工。

相关知识

（一）箱体类零件的材料、毛坯、热处理及加工方法

1. 箱体类零件的材料、毛坯及热处理

箱体类零件有复杂的内腔,应选用易于成形的材料和制造方法。铸铁容易成形,切削性能好,价格低廉,并且具有良好的耐磨性和减振性,因此,箱体零件的材料大都选用 HT200 ～ HT400 的各种牌号的灰铸铁。最常用的材料是 HT200,而对于较精密的箱体零件(如车床主轴箱,见图 3.3.2),则选用耐磨铸铁。铸件毛坯的精度和加工余量是根据生产批量而定的。对于单件小批量生产,一般采用木模手工造型。这种毛坯的精度低,加工余量大,其平面余量一般为 7 ～ 12 mm,孔在半径上的余量为 8 ～ 14 mm。在大批量生产时,通常采用金属模机器造型。此时毛坯的精度较高,加工余量可适当减低,则平面余量为 5 ～ 10 mm,孔(半径上)的余量为 7 ～ 12 mm。为了减少加工余量,对于单件小批生产直径大于 50 mm 的孔和成批生产直径大于 30 mm 的孔,一般都要在毛坯上铸出预孔。另外,在毛坯铸造时,应防止砂眼和气孔的产生;应使箱体零件的壁厚尽量均匀,以减少毛坯制造时产生的残余应力。

热处理是箱体零件加工过程中一个十分重要的工序,需要合理安排。由于箱体零件的结构复杂,壁厚也不均匀,因此,在铸造时会产生较大的残余应力。为了消除残余应力,减少加工后的变形和保证精度的稳定,在铸造之后必须安排人工时效处理。人工时效的工艺规范为:加热到 500 ～ 550 ℃,保温 4 ～ 6 h,冷却速度小于或等于 30 ℃/h,出炉温度小于或等于 200 ℃。

2. 箱体类零件的加工方法

箱体类零件的加工主要是一些平面和孔的加工。平面加工可用粗刨—精刨、粗刨—半精刨—磨削、粗铣—半精铣或精铣—磨削(可分粗磨和精磨)等方案。其中,刨削生产率低,多用于中小批生产。铣削生产率比刨削高,多用于中批以上生产。当生产批量较大时,可采用组合铣和组合磨的方法来对箱体零件各平面进行多刃、多面同时铣削或磨削。轴孔加工可用粗镗(扩)—精镗(铰)或粗镗(钻、扩)—半精镗(粗铰)—精镗(精铰)方案。对于精度在 IT6,表面粗糙度 R_a 值小于 1.25 μm 的高精度轴孔(如主轴孔),则还需进行精细镗或珩磨、研磨等光整加工。对于箱体零件上的孔系加工,当生产批量较大时,可在组合机床上采用多轴、多面、多工位和复合刀具等方法来提高生产率。

（二）平面加工

1. 铣削加工

铣削加工是目前应用最广泛的切削加工方法之一,适用于平面、台阶沟槽、成形表面和切断等加工。其加工表面形状及所用刀具如图 3.3.3 所示。铣削加工生产率高,加工表面粗糙度值较小,精铣表面粗糙度 R_a 值可达 3.2 ～ 1.6 μm,两平行平面之间的尺寸精度可达 IT9 ～ IT7,直线度可达 0.08 ～ 0.12 mm/m。

（1）铣削要素

①铣削用量要素

铣削用量要素包括背吃刀量 a_p,侧吃刀量 a_e,铣削速度 v_c 和进给量,如图 3.3.4 所示。

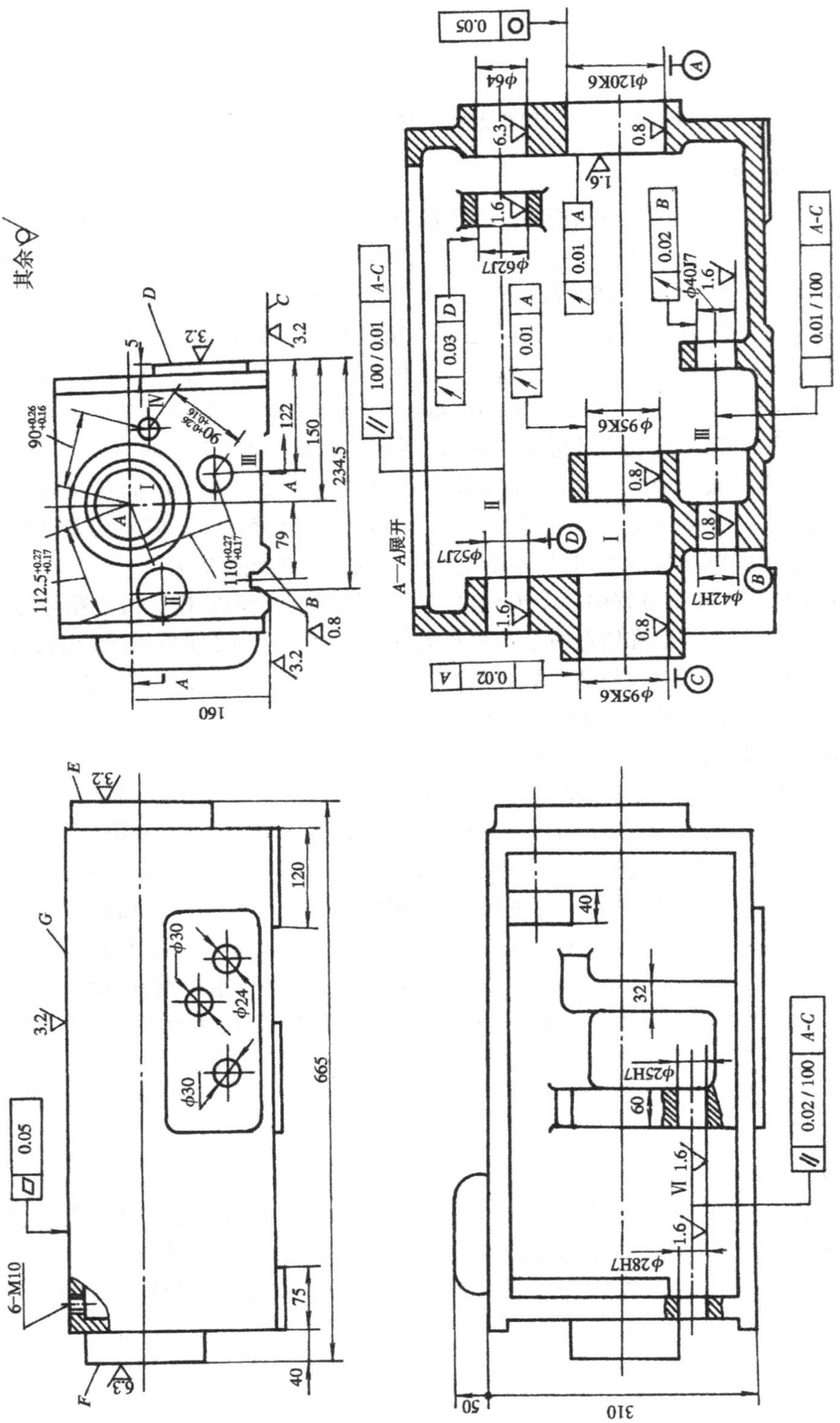

其余 ∇

图3.3.2　车床主轴箱

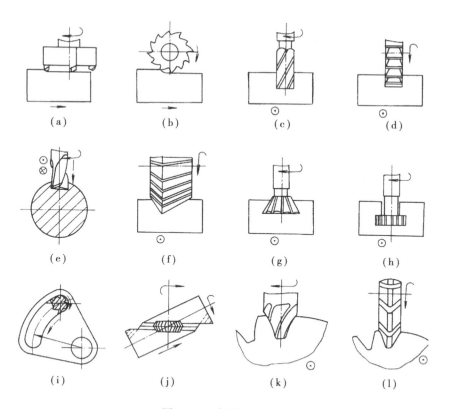

图 3.3.3 铣削加工的应用

A. 背吃刀量 a_p　平行于铣刀轴线测量的切削层尺寸为背吃刀量 a_p，单位为 mm。端铣时，背吃刀量为切削层深度，而圆周铣削时，背吃刀量为被加工表面的宽度。

B. 侧吃刀量 a_e　垂直于铣刀轴线测量的切削层尺寸为侧吃刀量 a_e，单位为 mm。端铣时，侧吃刀量为被加工表面宽度，而圆周铣削时，侧吃刀量为切削层深度。

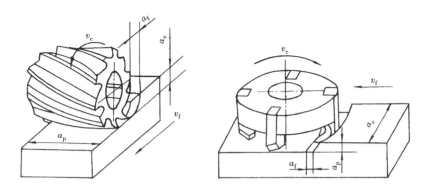

图 3.3.4 铣削用量要素

C. 铣削速度 v_c　铣削速度是铣刀主运动的线速度，其值可按下式计算：

$$v_c = \frac{\pi d n}{1\,000}$$

式中　v_c——铣削速度，m/min；

d——铣刀直径,mm;

n——铣刀转速,r/min。

D. 铣削进给量　铣削时进给运动的大小有下列 3 种表示方法:

每齿进给量 a_f:每齿进给量是铣刀每转一个刀齿时,工件与铣刀沿进给方向的相对位移,单位为 mm/z。

每转进给量 f:每转进给量是铣刀每转一转时,工件与铣刀沿进给方向的相对位移,单位为 mm/r。

进给速度 v_f:进给速度是单位时间内工件与铣刀沿进给方向的相对位移,单位为 mm/min。

其关系如下:

$$v_f = fn = a_f z n$$

式中　z——铣刀刀齿数目。

铣床铭牌上给出的是进给速度,调整机床时,首先应根据加工条件选择 a_f,然后计算出 v_f,并按 v_f 调整机床。

②铣削切削层要素

铣削时,铣刀相邻两个刀齿在工件上形成的加工表面之间的一层金属层称为切削层,切削层剖面的形状和尺寸对铣削过程有很大的影响。如图 3.3.5 所示,切削层要素有以下 3 个:

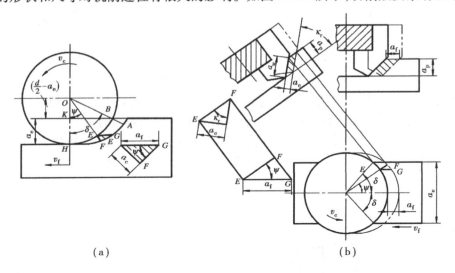

（a）　　　　　　　　　　（b）

图 3.3.5　铣削切削层要素

（a）圆柱形铣刀的切削厚度　（b）面铣刀的切削厚度

A. 切削厚度 a_c　是指相邻两个刀齿所形成的加工面间的垂直距离。由图 3.3.5 可知,铣削时,切削厚度是随时变化的。

圆柱铣刀铣削时,当铣削刃转到 F 点时,其切削厚度为

$$a_c = a_f \sin \psi$$

式中　ψ——瞬时接触角,它是刀齿所在位置与起始切入位置间的夹角。

刀齿在起始位置 H 点时,$\psi = 0$,因此 $a_c = 0$,为最小值。刀齿即将离开工件到 A 点时,$\psi = \delta$,切削厚度达到最大值,则

$$a_{c\,max} = a_f \sin \delta$$

以 $\psi = \delta/2$ 处的切削厚度作为平均切削厚度 $a_{c\,av}$。

由图可得

$$\cos\delta = 1 - \frac{2a_e}{d}$$

而

$$\sin\frac{\delta}{2} = \sqrt{1 - \frac{\cos\delta}{2}} = \sqrt{\frac{a_e}{d}}$$

因此

$$a_{c\,av} = a_f\sin\frac{\delta}{2} = a_f\sqrt{\frac{a_e}{d}}$$

螺旋齿圆柱铣刀铣削时切削刃是逐渐切入和切离工件的,切削刃上各点的瞬时接触角不同,因此,切削厚度也不相等,如图 3.3.6 所示。

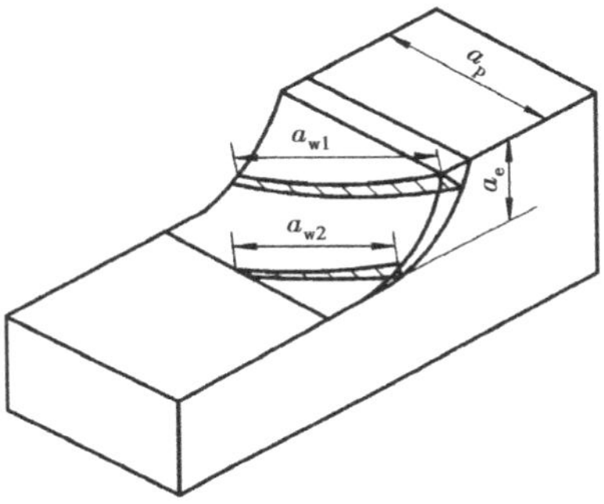

端铣时,刀齿在任意位置时的切削厚度为

$$a_c = EF\sin\kappa_r = a_f\mathrm{con}\,\psi\sin\kappa_r$$

由于刀齿接触角由最大变为零,然后由零变为最大,因此,刀齿的切削厚度在刚切入工件时为最小,然后逐渐增大,到中间位置为最大,以后又逐渐减小。故平均切削厚度应为

$$a_{c\,av} = \frac{a_f a_c\sin\kappa_r}{d\delta}$$

图 3.3.6　螺旋齿圆柱铣刀切削层要素

B. 切削宽度 a_w　切削宽度是指主切削刃参加工作时的长度,如图 3.3.5 和图 3.3.6 所示,直齿圆柱铣刀的切削宽度与铣削吃刀量 a_p 相等。而螺旋齿圆柱铣刀的切削宽度是变化的。随着刀齿切入切出工件,切削宽度逐渐增大,然后又逐渐减小,因而铣削过程较为平稳。

端铣时,切削宽度保持不变,其值为

$$a_w = \frac{a_p}{\sin\kappa_r}$$

C. 平均切削总面积 $A_{c\,a_v}$　铣刀每个刀齿的切削面积 $A_c = a_c a_w$,铣刀同时有几个刀齿参加切削,切削总面积等于各个刀齿的切削面积之和。铣削时,铣削厚度是变化的,而螺旋齿圆柱铣刀的切削宽度也是变化的,并且铣刀的同时工作齿数也在变化,因此,铣削总面积是变化的。铣刀的平均切削总面积可按下式计算:

$$A_{c\,av} = \frac{z_w}{v_c} = \frac{a_p a_c v_f}{\pi d n}$$

$$= \frac{a_p a_c a_f z n}{\pi d n} = \frac{a_p a_c a_f z}{\pi d}$$

(2)铣削力

①铣刀的铣削合力和分力

铣削时每个工作刀齿都受到切削力,铣削合力应是各刀齿所受切削力相加。由于每个工作刀齿的切削位置和切削面积随时在变化,为便于分析,假定铣削力的合力 F_r 作用在某个刀齿上,并将铣削合力分解为 3 个互相垂直的分力,如图 3.3.7 所示。

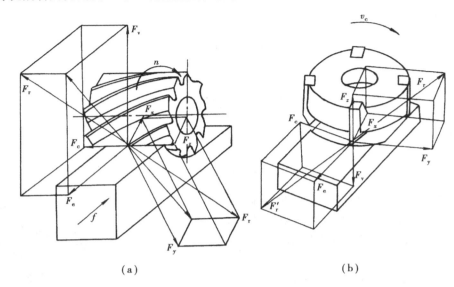

图 3.3.7　铣削力

（a）圆柱形铣刀铣削力　（b）面铣刀铣削力

A. 切向力 F_y　在铣刀圆周切线方向上的分力,消耗功率最多,是主切削力。

B. 径向力 F_x　在铣刀半径方向上的分力,一般不消耗功率,但会使刀杆弯曲变形。

C. 轴向力 F_z　在铣刀轴线方向上的分力。

圆周铣削时,F_x 和 F_y 的大小与螺旋齿圆柱铣刀的螺旋角有关,而端铣时,与面铣刀的主偏角 β 有关。

②工件所受的切削力

工件所受的切削力可按铣床工作台运动方向来分解,如图 3.3.7 所示。

A. 纵向分力 F_e　与纵向工作台运动方向一致的分力。它作用在铣床纵向进给机构上。

B. 横向分力 F_c　与横向工作台运动方向一致的分力。

C. 垂直分力 F_v　与铣床垂直进给方向一致的分力。

（3）铣削方式

①逆铣和顺铣

圆周铣削有两种铣削方式,如图 3.3.8 所示。

A. 逆铣　铣刀切削速度方向与工件进给方向相反时称为逆铣。

逆铣时,刀齿的切削厚度从零逐渐增大。铣刀刃口钝圆半径大于瞬时切削厚度时,刀具实际切削前角为负值,刀齿在加工表面上挤压、滑动,切不下切屑,使这段表面产生严重的冷硬层。下一个刀齿切入时,又在冷硬层上挤压、滑行,使刀齿容易磨损,同时使工件表面粗糙度增大。

B. 顺铣　铣刀切削速度方向与工件进给方向相同时称为顺铣。

顺铣时,刀齿的切削厚度从最大开始,避免了挤压、滑行现象,同时切削力始终压向工作台,避免了工件的上下振动,因而能提高铣刀耐用度和加工表面质量,但顺铣不适用于铣削带硬皮的工件。

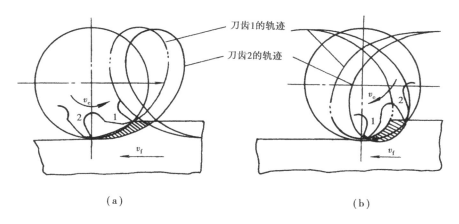

图 3.3.8　圆周铣削方式

(a)逆铣　(b)顺铣

如图 3.3.9 所示,逆铣时工件受到的纵向分力 F_e 与进给运动方向相反,铣床工作台丝杠与螺母始终接触,而顺铣时工件受到的纵向分力 F_e 与进给运动方向相同,当纵向分力大于工作台摩擦力时,本来是螺母固定丝杠转动推动工作台前进的运动形式,就会变成由铣刀带动工作台前进的运动形式。由于丝杠与螺母之间有间隙,就会造成工作台窜动,使铣削进给量不均,甚至还会打刀。因此,在没有丝杠螺母间隙消除装置的一般铣床上,宜采用逆铣加工。

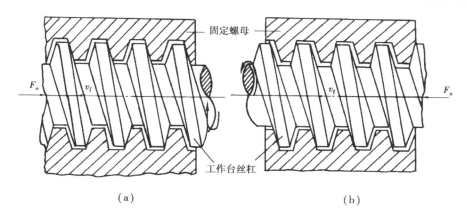

图 3.3.9　铣削时工作台丝杠与螺母的间隙

(a)逆铣　(b)顺铣

②对称铣削与不对称铣削

端铣时,根据铣刀相对于工件安装位置不同,可分为对称铣削与不对称铣削,如图 3.3.10 所示。

A. 对称铣削　铣刀轴线位于铣削弧长的对称中心位置,切入、切出的切削厚度一样,这种铣削方式具有较大的平均切削厚度,在用较小的 a_f 铣削淬硬钢时,为使刀齿超越冷硬层切入工件,应采用对称铣削。

B. 不对称逆铣　这种铣削在切入时切削厚度最小,铣削碳钢和一般合金钢时,可减小切入时的冲击。

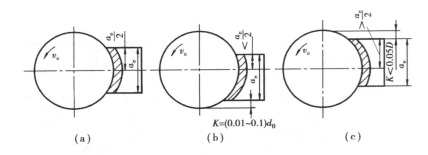

图 3.3.10 端铣的铣削方式

（a）对称铣削 （b）不对称逆铣 （c）不对称顺铣

C.不对称顺铣 这种铣削在切出时切削厚度最小,用于铣削不锈钢和耐热合金时,可减小硬质合金的剥落磨损,可提高切削速度 $40\% \sim 60\%$ 。

2.刨削加工

刨削是以刨刀相对工件的往复直线运动与工作台（或刀架）的间歇进给运动实现切削加工的。它主要用于加工平面、斜面、沟槽和成形表面（见图 3.3.11）。

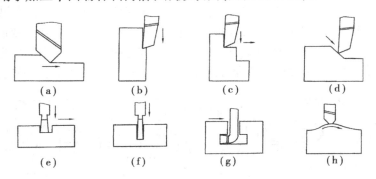

图 3.3.11 刨削加工的应用

（a）刨平面 （b）刨垂直面 （c）刨台阶面 （d）刨斜面
（e）刨直槽 （f）切断 （g）刨 T 形槽 （h）刨成形面

刨削加工应用于单件小批生产及修配工作中,其加工的精度为 IT9 ~ IT7,最高可达 IT6,表面粗糙度值 R_a 一般为 $6.3 \sim 1.6~\mu m$,最低可达 $0.8~\mu m$ 。

刨削的工艺特点如下：

（1）刨削的主运动为直线往复运动,切入和切出时有较大的冲击,惯性力大,切削速度不宜太快,因此,只适用于中、低速条件下加工。

（2）刨削后的工件表面硬化层很薄。当工件加工质量要求较高时,采用宽刃精刨可以获得理想的效果,而且可以实现以刨代刮。

（3）刨刀在返回行程中一般不进行切削,增加了辅助时间,再加上刨削都是单刀工作,因此生产率一般较低。但在刨削狭长平面（如机床导轨面）或采取多件、多刀刨削时,生产率可以提高。

（4）刨削时机床和刀具的调整均比较简单,生产前准备工作少,适应性较强。

3.平面磨削

磨削是用砂轮、砂带、油石或研磨料等对工件表面的切削加工,它可以使被加工零件得到高的加工精度和好的表面质量。

（1）平面磨削方法

如图3.3.12所示，由于砂轮的工作面不同，因此，通常有两种磨削方法：一种是用砂轮的周边进行磨削，砂轮主轴为水平位置，称为卧轴式；另一种是用砂轮的端面进行磨削，砂轮主轴为垂直布置，称为立轴式。平面磨床工作台的形状有矩形和圆形两种。因此，根据工作台的形状和砂轮主轴布置方式的不同组合，可把普通平面磨床分为以下4种：

①卧轴矩台平面磨床　如图3.3.12（a）所示，机床的主运动为砂轮的旋转运动 n，工作台做纵向往复运动 f_1，砂轮做横向进给运动 f_2 和周期垂直切入运动 f_3。

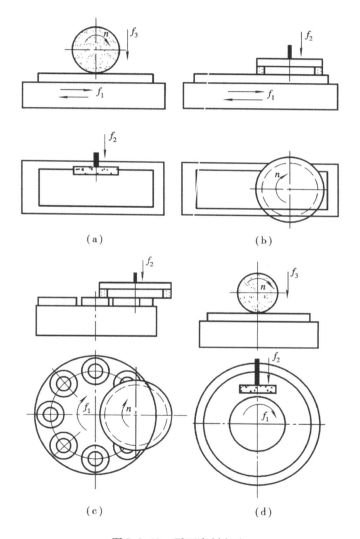

图 3.3.12　平面磨削方法

②立轴矩台平面磨床　如图3.3.12（b）所示，砂轮作旋转主运动 n，矩形工作台做纵向往复运动 f_1，砂轮做周期垂直切入运动 f_2。

③立轴圆台平面磨床　如图3.3.12（c）所示，砂轮做旋转主运动 n，圆工作台做圆周进给

运动 f_1，砂轮做周期垂直切入运动 f_2。

④卧轴圆台平面磨床　如图 3.3.12(d)所示，砂轮做旋转主运动 n，圆工作台做圆周进给运动 f_1，砂轮做连续的径向进给运动 f_2 和周期垂直切入运动 f_3。

（2）几种平面磨削的特点进行分析比较

①砂轮周边磨削和砂轮端面磨削　砂轮周边磨削时，砂轮与工件接触面积小，磨削热量较小，加工表面质量较高，但是生产效率较低，故常用于精磨和磨削较薄的工件。砂轮端面磨削时，由于主轴是立式的，刚性较好，可使用较大的磨削用量，生产效率较高，但砂轮与工件接触面积较大，磨削热量大，加工表面质量较低，故常用于粗磨。

②矩台平面磨床与圆台平面磨床　圆台平面磨床采用连续磨削方式，没有工作台的换向时间损失，故生产效率较高。但是，圆台平面磨床只适用于磨削小零件和大直径的环形零件端面，不适用于磨削长零件。矩台平面磨床能方便地磨削各种零件，加工范围很广。

③应用范围　目前，应用范围较广的是卧轴矩台平面磨床和立轴圆台平面磨床。

4. 平面的精密加工

（1）平面刮研

刮研是靠手工操作，利用刮刀对已加工的未淬硬工件表面切除一层微量金属，达到所要求的精度和表面粗糙度的一种加工方法。其加工精度可达 IT7，表面粗糙度 R_a 值达 $1.25 \sim 0.04$ μm。

用单位面积上接触点数目来评定表面刮研的质量。经过刮研的表面能形成具有润滑膜的滑动面，可减少相对运动表面之间的磨损并增强零件结合面间的接触强度。

刮研生产率低，逐渐被精刨、精铣和磨削所代替。但是，特别精密的配合表面还是要用刮研来保证其技术条件。

（2）平面研磨

①研磨机理

研具在一定的压力下与加工表面作复杂的相对运动，如图 3.3.13 所示。研具和工件之间的磨粒、研磨剂在相对运动中分别起着机械切削作用和物理化学作用，从而切去极薄的一层金属。研磨剂中所加的 2.5% 左右的油酸或硬脂酸吸附在工件表面形成一层薄膜。研磨过程中，表面上的凸峰最先研去露出新的金属表面，新的金属表面很快产生氧化膜，氧化膜很快被研掉，如此循环下去，直到凸锋被研平。表面凹处由于吸附薄膜起了保护作用，不易氧化而难以研去。研磨中，研具和工件之间起着相互对照、相互纠正、相互切削的作用，使尺寸精度和形状精度都能达到很高的级别。研磨分手工研磨和机械研磨两种。

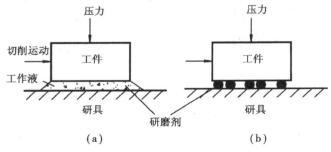

（a）　　　　　　　　　　（b）

图 3.3.13　研磨加工示意图
（a）湿式　（b）干式

②研磨的工艺参数

研磨余量在 0.01 ~ 0.03 mm 范围内,如果表面质量要求很高,则必须进行多次粗、精研磨。研磨压强越大,生产率越高,但表面粗糙度值也越大;相对速度增加则生产率高,但很容易引起发热。一般机械研磨的压强取 10 ~ 1 000 kPa,手工研磨时凭操作者的感觉而定。研磨时的相对滑动速度粗研取 40 ~ 50 m/min,精研取 6 ~ 12 m/min。常用研具材料是比工件材料软的铸铁、铜、铝、塑料或硬木。研磨液以煤油和机油为主,并注入 2.5% 的硬脂酸和油酸。

③平面研磨

平面研磨的工艺特点与外圆研磨、内孔研磨相似。研磨较小工件时,在研磨平板上涂以研磨剂,将工件放在研磨平板上,按"8"字形推磨,使每一个磨粒的运动轨迹都互不重复。研磨较大工件时,是将研磨平尺放在涂有研磨剂的工件平面上进行研磨,其运动形式与上述相同。大批生产中采用机械研磨,小批生产中采用手工研磨。

(3)平面抛光

抛光是利用机械、化学或电化学的作用,使工件获得光亮、平整表面的加工手段。当对零件表面只有粗糙度要求而无严格的精度要求时,抛光是较常用的光整加工手段。对各种工件的平面进行抛光的光整加工称为平面抛光。

抛光所用的工具是在圆周上黏着涂有细磨料层的弹性轮或砂布,弹性轮材料用得最多的是毛毡轮,也可用帆布轮、棉花轮等。可以在轮上黏结几层磨料(氧化铬或氧化铁)作为抛光材料,黏结剂一般为动物皮胶、干酪素胶和水玻璃等,也可用按一定化学成分配制的抛光膏。

抛光一般可分为两个阶段:首先是"抛磨",用黏有硬质磨料的弹性轮进行加工,然后是"抛光",用含有软质磨料的弹性轮进行加工。

抛光剂中含有活性物质,故抛光不仅有机械作用,还有化学作用。在机械作用中除了用磨料切削外,还有使工件表面凸峰在力的作用下产生塑性流动而压光表面的作用。

弹性轮抛光不容易保证均匀地从工件上切下切屑,但切削效率并不低,每分钟可以切下十分之几毫米的金属层。

抛光经常被用来去掉前工序留下的痕迹,或是打光已精加工的表面,或者是作为装饰镀铬前的准备工序。

(三)铣削加工常用的工艺装备

1. 铣刀的种类规格及标记

(1)铣刀的种类

①按铣刀切削部分的材料分类

A. 高速钢铣刀　这类铣刀是目前广泛应用的铣刀,尤其是形状比较复杂的铣刀,大都用高速钢制造。高速钢铣刀大都做成整体的,直径较大而不太薄的铣刀,则大都做成镶齿的。

B. 硬质合金铣刀　端铣刀很多采用硬质合金做刀齿或刀齿的切削部分,其他铣刀也有采用硬质合金来制造的,但比较少。目前,可转换硬质合金刀片的广泛应用,使硬质合金在铣刀上的使用日益增多。硬质合金铣刀大都不是整体的。

②按铣刀的用途分类

A. 加工平面用铣刀　加工平面用的铣刀主要有面铣刀和圆柱铣刀,如图 3.3.14 所示。加工较小的平面,也可用立铣刀和三面刃铣刀。

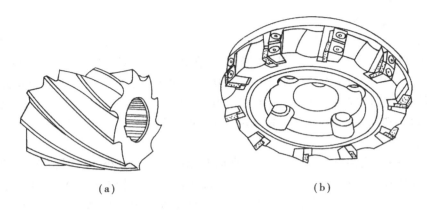

（a）   （b）

图 3.3.14　加工平面用铣刀

（a）圆柱铣刀　（b）面铣刀

B.加工沟槽用铣刀　常见的有立铣刀、三面刃铣刀、盘形槽铣刀和锯片铣刀等。加工特形槽的有 T 形槽铣刀、燕尾槽铣刀和角度铣刀等,如图 3.3.15 所示。

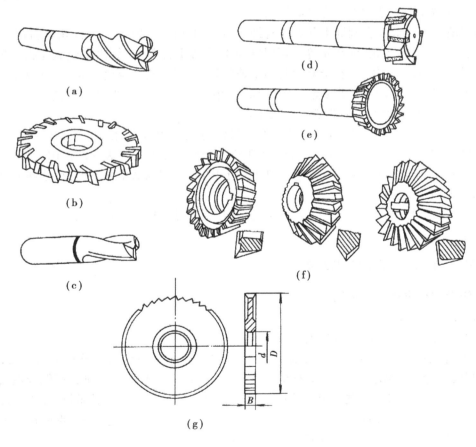

图 3.3.15　加工沟槽用铣刀

（a）立铣刀　（b）三面刃铣刀　（c）、（d）键槽铣刀

（e）T 形槽铣刀　（f）燕尾槽铣刀　（g）角度铣刀

（2）铣刀的标记

为了便于辨别铣刀的规格、材料和制造单位等，在铣刀上都刻有标记。铣刀标记的内容主要包括下列 3 个方面：

①制造厂的商标 我国制造铣刀的工具厂很多，主要有上海工具厂、哈尔滨量具刃具厂和成都量具刃具厂等，各厂都有自己的标记。

②制造铣刀的材料 一般均用材料的牌号表示，如 W18Cr4V。

③铣刀尺寸规格的标记 铣刀尺寸规格的标注方法，随铣刀的形状不同而略有区别。

圆柱铣刀、三面刃铣刀和锯片铣刀等均以外圆直径×宽度×内孔直径来表示。如在圆柱铣刀上标有 80×100×32，则表示此铣刀的外圆直径为 80 mm，宽度为 100 mm，内孔直径为 32 mm。立铣刀和键槽铣刀等一般只标注外圆直径。角度铣刀和半圆铣刀等一般以外圆直径×宽度×内孔直径×角度（或圆弧半径）表示。如在角度铣刀上标有 75×20×27×60°，则表示此铣刀为外径 75 mm、宽度（或称厚度）20 mm、孔径 27 mm 的 60°角度铣刀。同样，在半圆铣刀的标记末尾有 8R 等，则表示圆弧半径为 8 mm。铣刀上所标的尺寸均为基本尺寸，在使用和刃磨后，往往会产生变化，使用时应加以注意。其他各种铣刀的尺寸规格标记方法大致相同，都以表示出铣刀的主要规格为目的。

2. 铣刀的安装

（1）带孔圆柱形铣刀和圆盘形铣刀的安装

这类铣刀一般利用刀杆将铣刀安装到铣床主轴上，如图 3.3.16 所示。常用的刀杆直径有：22 mm，27 mm，32 mm 和 40 mm 4 种，用得较少的还有 16 mm 和 50 mm 两种。刀杆和铣刀的安装步骤如下：

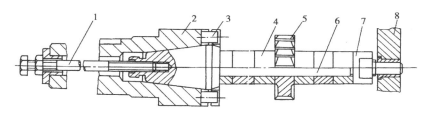

图 3.3.16 带孔圆柱铣刀和圆盘铣刀的安装
1—拉杆；2—主轴；3—端面键；4—套筒；5—铣刀；
6—刀杆；7—螺母；8—刀杆支承

①安装刀杆 用干净棉纱擦拭干净刀杆的锥柄和铣床主轴的锥孔，把刀杆的锥柄插入主轴锥孔中，使刀杆凸缘盘上的槽和主轴前端的传动块（或称键）配合，并用拉紧螺杆把刀轴拉紧使其紧固在铣床主轴上。拉紧螺杆旋入刀杆后端的螺孔中时，最好旋入 4 圈以上，若太少，则会使螺纹损坏。

②安装铣刀 将铣刀、垫圈和刀轴全部擦拭干净，套上几个垫圈，使铣刀处在适当位置，再装上铣刀，并在铣刀与刀杆之间装上键。然后在铣刀外面套上适当数量的垫圈和与挂架轴承相配的轴套。最后装上挂架和旋紧螺母。

当铣削用量不太大，受力较小时，可利用轻便刀杆来安装铣刀。这种刀杆安装时不需用横梁和挂架来支承，因此，在卧式和立式铣床中均可使用。

（2）端铣刀的安装 端铣刀的安装是通过短刀杆安装到铣床主轴上的。如图 3.3.17（a）

所示是圆柱面上带有键槽的刀杆,用来安装内孔具有键槽的铣刀或刀体。安装时,先把端铣刀套在刀杆上,再旋紧螺钉,把铣刀紧固。如图 3.3.17(b)所示的刀杆由 3 部分组成。刀杆体主要对铣刀起定中心作用,并通过拉紧螺杆固定在铣床主轴上;凸缘盘的两个键槽(缺口)与铣床主轴端上的键配合,端面上的两个凸块与主轴的端面键槽相配,是传递扭矩的主要零件,损坏后只要更换此零件即可;压紧螺钉是用来压紧铣刀的。目前,生产的端铣刀大都是端面上有键槽的,因此,安装端铣刀的刀杆也大都做成如图 3.3.17(b)所示的形式。套装式铣刀盘的直径较大,故也应把孔径做得大一些。安装时,可不需通过刀轴,直接套在铣床主轴的端部,再用4 个螺钉紧固。

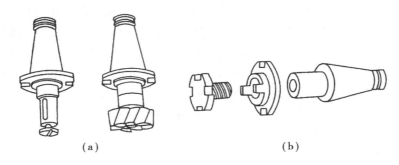

图 3.3.17　端铣刀安装及刀杆
(a)安装　(b)刀杆组成

(3)直柄铣刀的安装

如图 3.3.18(a)所示,将铣刀柄插入弹簧套中,接着用螺母压弹簧套端面,并使之被挤紧在夹头体锥孔中,达到夹紧刀柄的目的。更换相应规格的弹簧套,可安装 20 mm 以内的直柄铣刀。夹头体在主轴锥孔中用螺杆拉紧。

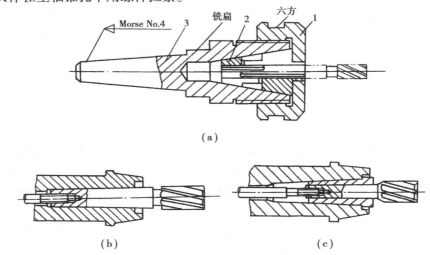

图 3.3.18　带柄铣刀的安装
(a)直柄铣刀的安装　(b)锥柄铣刀直接装入主轴孔
(c)锥柄铣刀在中间套里安装
1—螺母;2—弹簧套;3—夹头体

（4）锥柄铣刀的安装

铣刀和键槽铣刀的柄部锥度,大部分是采用"莫氏"锥度的。目前,也有一部分采用"公制"锥度。安装方法根据机床主轴锥孔的锥度不同可分为以下两种:

①若铣床主轴锥孔的锥度与铣刀柄部的锥度相同,则可把铣刀直接安装在铣床主轴孔上,并用螺杆拉紧即可。在拆卸铣刀时,最好利用主轴尾部带有台阶孔的螺母(在立铣上有)旋松拉紧螺杆,把铣刀推出卸下(见图3.3.18(b))。

②当铣刀柄部的锥度与铣床主轴锥孔的锥度不相同时,则要利用中间套筒来进行安装。安装时,先把铣刀放入套筒内,再连同套筒一起安装到铣床上。当中间套筒的内孔锥度与立铣刀的锥柄锥度不同时,中间可再放一只小的中间套筒(见图3.3.18(c))。

（5）圆柱柄铣刀的安装   圆柱柄铣刀又称直柄铣刀,一般都是利用弹簧夹头来安装的。

3. 铣床夹具

（1）铣削加工的常用装夹方法

在铣床上加工工件时,一般采用以下5种装夹方法:

①直接装夹在铣床工作台上   大型工件常直接装夹在工作台上,用螺柱、压板压紧。这种方法须用百分表、划针等工具找正加工面和铣刀的相对位置,如图3.3.19(a)所示。

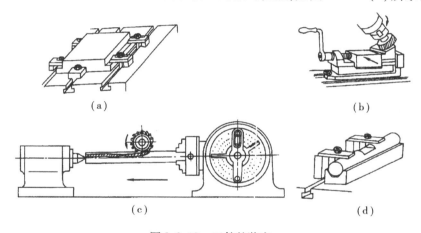

图 3.3.19   工件的装夹
（a）铣床工作台   （b）平口虎钳   （c）分度头   （d）V形架

②机床用平口虎钳装夹工件   对于形状简单的中、小型工件,一般可装夹在机床用平口虎钳中,如图3.3.19(b)所示,使用时应保证虎钳在机床中的正确位置。

③用分度头装夹工件   如图3.3.19(c)所示,对于需要分度的工件,一般可直接装夹在分度头上。另外,不需分度的工件用分度头装夹加工也很方便。

④用V形架装夹工件   这种方法一般适用于轴类零件,除了具有较好的对中性以外,还可承受较大的切削力,如图3.3.19(d)所示。

⑤用专用夹具装夹工件   专用夹具定位准确,夹紧方便,效率高,一般适用于成批大量生产。

（2）铣床夹具的类型

铣床夹具可分为3类:

①直线进给铣床夹具(见图3.3.20)   这类夹具安装在铣床工作台上,加工中工作台是按

直线进给方式运动的。为了降低辅助时间,提高铣削工序的生产率,对于直线进给式的铣床夹具来说,可以采取下面两种措施:

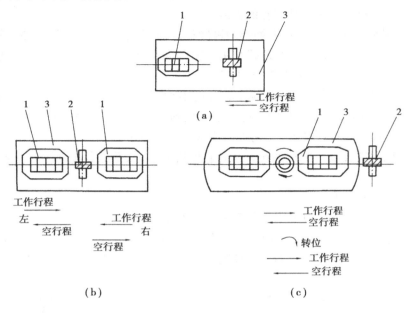

图 3.3.20　直线进给式铣床夹具应用

1—工位;2—铣刀;3—夹具体

A. 采用多件或多工位加工。与单件分别装夹加工相比,该方法可以节省每次进刀的引进和越程时间,故能提高铣削效率。

B. 使装卸工件等的辅助时间与机动时间重合。

②圆周进给式铣床夹具　圆周进给式铣床夹具的结构形式也很多,此处着重介绍转盘铣床上的圆周进给式铣床夹具的工作原理。转盘铣床通常有一个很大的转台或转鼓(前者为立轴,后者为卧轴),在转台上可以沿圆周依次布置若干工作夹具,依靠转台旋转而将其上的工作夹具依次送入转盘铣床的切削区域,从而进行连续铣削。

如图 3.3.21 所示是圆周进给式铣床夹具的工作原理示意图。

(3)铣床夹具设计要点

①对刀元件　对刀元件是铣床夹具的重要组成部分。有了对刀元件,则可以准确而迅速地调整好夹具与刀具的相对位置。如图 3.3.22 所示为标准的对刀块使用情况。关于标准对刀块的结构尺寸,可参阅相关国家标准。

采用对刀塞尺的目的是为了不使刀具与对刀块直接接触,以免损坏刀刃或造成对刀块过早磨损。使用时,将塞尺放在刀具与对刀块之间,凭抽动的松紧感觉来判断,以适度为宜。

②铣床夹具的定位键　定位键安装在夹具底面的纵向槽中(见图 3.3.23),一般采用两个,其距离越远,定位精度就越高。定位键不仅可以确定夹具在机床上的位置,还可以承受切削扭矩,减轻螺栓负荷,增加夹具的稳定性,因此,铣平面夹具有时也装定位键。除了铣床夹具使用定位键外,钻床、镗床等夹具也常使用。

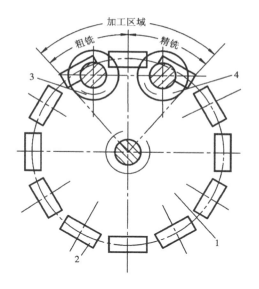

图 3.3.21　圆周进给式铣床夹具应用

1—工作台;2—夹具;3—粗铣头;4—精铣头

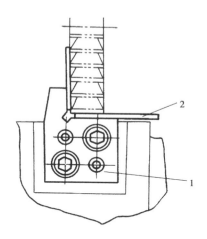

图 3.3.22　对刀块

1—对刀块;2—塞尺

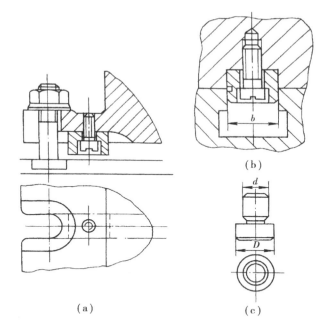

（a）

（b）

（c）

图 3.3.23　定位键

（四）箱体类零件的孔系加工

有相互位置精度要求的一系列孔称为"孔系"。孔系可分为平行孔系、同轴孔系和交叉孔系,如图 3.3.24 所示。

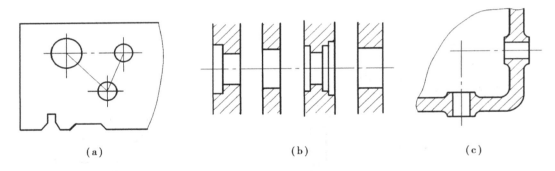

图 3.3.24　孔系分类

(a)平行孔系　　(b)同轴孔系　　(c)交叉孔系

1. 平行孔系的加工

(1)找正法

①划线找正法　根据图样要求在毛坯或半成品上划出界线作为加工依据,然后按划线找正加工。划线和找正误差较大,故加工精度低,一般在 ±0.3 ~ ±0.5 mm。为了提高加工精度,可将划线找正法与试切法相结合,即先镗出一个孔(达到图样要求),然后将机床主轴调整到第 2 个孔的中心,镗出一段比图样要求直径尺寸小的孔,测量两孔的实际中心距,根据与图样要求中心距的差值调整主轴位置,再试切、调整。经过几次试切达到图样要求的孔距后即可将第 2 个孔镗到规定尺寸。采用这种方法孔距精度可达到 ±0.08 ~ ±0.25 mm。虽然比单纯按划线找正加工精确些,但孔距尺寸精度仍然很低,且操作费时,生产率低,只适于单件小批生产。

②用心轴和块规找正　如图 3.3.25 所示,将精密心轴插入镗床主轴孔内(或直接利用镗床主轴),然后根据孔和定位基面的距离用块规、塞尺校正主轴位置,镗第 1 排孔。镗第 2 排孔时,分别在第 1 排孔和主轴中插入心轴,然后采用同样方法确定镗第 2 排孔时的主轴位置。采用这种方法孔距精度可达到 ±0.03 ~ ±0.05 mm。

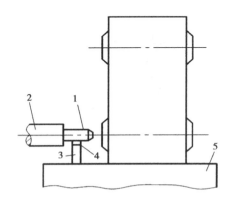
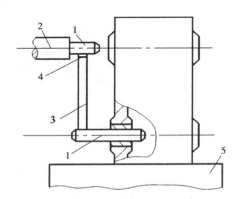

图 3.3.25　心轴和块规找正

1—心轴;2—镗床主轴;3—块规;4—塞尺;5—工作台

③用样本找正　如图 3.3.26 所示,按工件孔距尺寸的平均值在 10 ~ 20 mm 厚的钢板样

板上加工出位置精度很高（±0.01 ~ ±0.03 mm）的相应孔系,其孔径比被加工孔径大,以便镗杆通过。样板上的孔有较高的形状精度和较小的表面粗糙度。找正时,将样板装在垂直于各孔的端面上（或固定在机床工作台上）,在机床主轴上装一千分表,按样板找正主轴,找正后即可换上镗刀加工。此方法找正方便,工艺装备不太复杂。一般样板的成本仅为镗模成本的1/7 ~ 1/9,孔距精度可达 ±0.05 mm。在单件小批生产加工较大箱体使用镗模不经济时,常用此法。

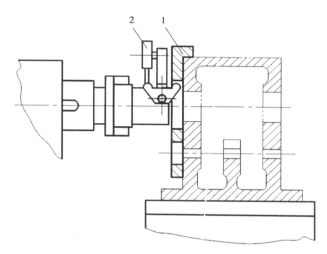

图 3.3.26　样本找正
1—样板;2—千分表

（2）镗模法

镗模法是用镗模板上的孔系保证工件上孔系位置精度的一种方法。工件装在带有镗模板的夹具内,并通过定位与夹紧装置使工件上待加工孔与镗模板上的孔同轴。镗杆支承在镗模板的支架导向套里,这样,镗刀便通过模板上的孔将工件上相应的孔加工出来。当用两个或两个以上的支架来引导镗杆时,镗杆与机床主轴浮动联接。这时机床精度对加工精度影响很小,因而可以在精度较低的机床上加工出精度较高的孔系。孔距精度主要取决于镗模,一般可达±0.05 mm。镗模可以应用于普通机床、专业机床和组合机床,用镗模法加工孔系,可以大大提高工艺系统的刚性和抗振性,因此,可用带有几把镗刀的长镗杆同时加工箱体上几个孔。镗模法加工可节省调整、找正的辅助时间,并可采用高效的定位、夹紧装置,生产率高,广泛地应用于大批量生产中。

由于镗模自身存在制造误差,导套与镗杆之间存在间隙与磨损,因此,孔系的加工精度不可能很高。用镗模法能加工公差等级 IT7 的孔,同轴度和平行度从一端加工精度可达 0.02 ~ 0.03 mm,从两端加工精度可达 0.04 ~ 0.05 mm。

2. 同轴孔系加工

在成批以上生产中,箱体的同轴孔系的同轴度几乎都由镗模保证。在单件小批生产中,其同轴度用下面 3 种方法来保证:

（1）用已加工孔作支承导向

如图3.3.27所示，当箱体前壁上的孔加工好后，在孔内装一导向套，通过导向套支承镗杆加工后壁的孔。此法对于加工箱壁距离较近的同轴孔比较适合，但需配制一些专用的导向套。

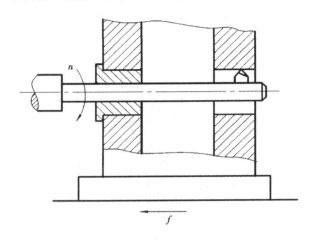

图3.3.27　利用已加工孔作支承导向

（2）利用镗床后立柱上的导向支承镗孔

这种方法其镗杆系两端支承，刚性好。但此法调整麻烦，镗杆较长，很笨重，故只适用于大型箱体的加工。

（3）采用调头镗

当箱体箱壁相距较远时，可采用调头镗。工件在一次装夹下，镗好一端的孔后，将镗床工作台回转180°，镗另一端的孔。由于普通镗床工作台回转精度较低，故此法加工精度不高。

当箱体上有一较长并与所镗孔轴线有平行度要求的平面时，镗孔前应先用装在镗杆上的百分表对此平面进行校正，如图3.3.28所示，使其和镗杆轴线平行，校正后加工孔。B孔加工后，再回转工作台，并用镗杆上装的百分表沿此平面重新校正，这样就可保证工作台准确地回转180°，然后再加工A孔，就可以保证A，B孔同轴。若箱体上无长的加工好的工艺基面，也可

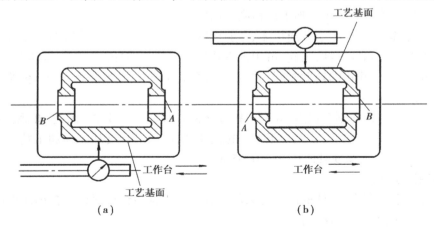

图3.3.28　调头镗对工件的校正

（a）第1工位　（b）第2工位

用平行长铁置于工作台上,使其表面与要加工的孔轴线平行后再固定。其调整方法同上,也可达到两孔同轴的目的。

3.垂直孔系加工

箱体上垂直孔系的加工主要是控制有关孔的垂直误差。在多面加工的组合机床上加工垂直孔系,其垂直度主要由机床和模板保证;在普通镗床上,其垂直度主要靠机床的挡块保证,但定位精度较低。为了提高定位精度,可用心轴与百分表找正。如图 3.3.29 所示,在加工好的孔中插入心轴,然后将工作台旋转 90°,移动工作台,用百分表找正。

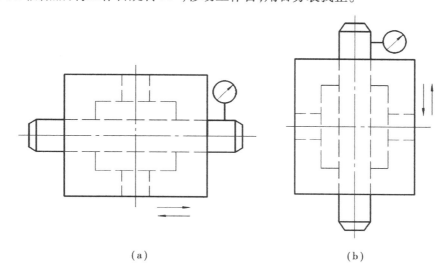

（a）第 1 工位　　（b）第 2 工位

图 3.3.29　找正法加工垂直孔系
（a）第 1 工位　（b）第 2 工位

4.镗床夹具(镗模)

(1)镗模的组成

如图 3.3.30 所示是加工车床尾架孔用的镗模。镗模的两个支承分别设置在刀具的前方和后方,镗刀杆 9 和主轴浮动联接。工件以底面槽及侧面在定位板 3,4 及可调支承钉 7 上定位,采用联动夹紧机构,拧紧夹紧螺钉 6,压板 5,8 同时将工件夹紧。镗模支架 1 上用回转镗套 2 来支承和引导镗杆。镗模以底面 A 安装在机床工作台上,其位置用 B 面找正。可见,一般镗模是由定位元件、夹紧装置、引导元件(镗套)和夹具体(镗模支架和镗模底座)4 部分组成。

(2)镗套

镗套的结构和精度直接影响到加工孔的尺寸精度、几何形状和表面粗糙度。设计镗套时,可按加工要求和情况选用标准镗套,特殊情况则可自行设计。

①镗套的分类及结构

一般镗孔用的镗套,主要有固定式和回转式两类,都已标准化。

A.固定式镗套　固定式镗套的结构,和前面介绍的一般钻套的结构基本相似。它是固定在镗模支架上面的,不能随镗杆一起转动,因此,镗杆与镗套之间有相对运动,存在摩擦。

固定式镗套具有下列优点:外形尺寸小,结构紧凑,制造简单,容易保证镗套中心位置的准确。

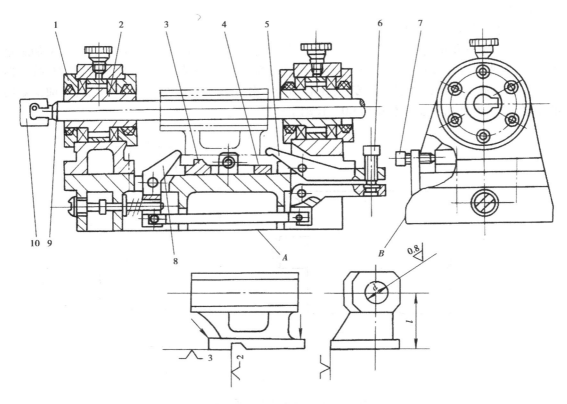

图 3.3.30　镗车床尾架孔镗模
1—支架;2—镗套;3,4—定位板;5,8—压板;6—夹紧螺钉;
7—可调支承钉;9—镗刀杆;10—浮动接头

但是固定式镗套只适用于低速加工,否则镗杆与镗套间容易因相对运动发热温升过高而咬死,或者造成镗杆迅速磨损。

如图 3.3.31 所示是标准式固定镗套。图 3.3.31 中 A 型无润滑装置,须在镗杆上滴润滑油;B 型则自带润滑油杯,只须定时在油杯中注油,就可保持润滑,因而使用方便,润滑性能好。固定式镗套结构已标准化,设计时可参阅国家标准 GB 2266—1991。

B. 回转式镗套　回转式镗套在镗孔过程中是随镗杆一起转动的,因此,镗杆与镗套之间无相对转动,只有相对移动。这样,在高速镗孔时,便能避免镗杆与镗套发热温升咬死,而且也改善了镗杆磨损情况。特别是在立式镗模中,若采用上、下镗套双面导向,为了避免因切屑落入下镗套内而使镗杆卡住,则下镗套应该采用回转式镗套。

由于回转式镗套要随镗杆一起转动,故镗套必须另用轴承支承。按所用轴承形式的不同,回转式镗套可分为滑动镗套和滚动镗套。

a. 滑动镗套　回转式镗套是由滑动轴承来支承的,称为滑动镗套,其结构如图 3.3.32(a)。镗套 2 支承在滑动轴承套 1 上,其支承的结构和一般滑动轴承相似。支承上有油杯(图中未画出),经油孔而将润滑油送到回转部分的支承面间。镗套中开有键槽,镗杆上的键通过键槽带动镗套回转。它有时也可让镗杆上的固定刀头通过(若尺寸允许,否则要另外开专用引刀槽)。

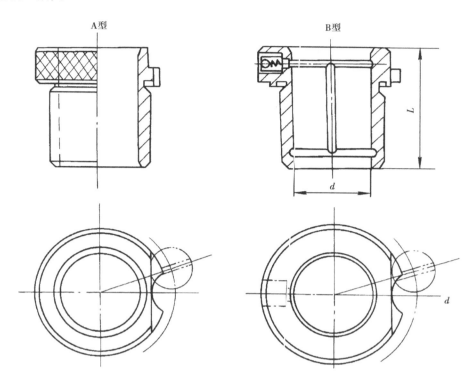

图3.3.31　固定镗套

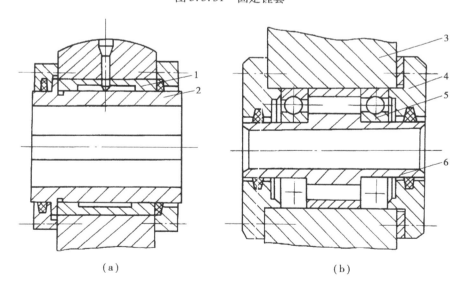

(a)　　　　　　　　　　　　　　　(b)

图3.3.32　回转式镗套
(a)滑动镗套　(b)滚动镗套
1—轴承套;2,6—镗套;3—支架;4—轴承端盖;5—滚动轴承

169

滑动镗套的特点是：与下面即将介绍的滚动镗套相比，它的径向尺寸较小，因而适用于孔心距较小而孔径却很大的孔系加工；减振性较好，有利于降低被镗孔的表面粗糙度；承载能力比滚动镗套大；若润滑不够充分，或镗杆的径向切削负荷不均衡，则易使镗套和轴承咬死；工作速度不能过高。

b. 滚动镗套　随着高速镗孔工艺的发展，镗杆的转速越来越高。因此，滑动镗套已不能满足需要，于是便出现了用滚动轴承作为支承的滚动镗套，其典型结构如图 3.3.32(b) 所示。镗套 1 由两个向心推力球轴承 2 所支承，向心推力球轴承安装在镗模支架 4 的轴承孔中，镗模支承孔的两端分别用轴承盖 3 密封。根据需要，镗套内孔上也可相应地开出键槽或引刀槽。

滚动镗套的特点：采用滚动轴承(标准件)，使设计、制造、维修都简化方便；采用滚动轴承结构，润滑要求比滑动镗套低，可在润滑不充分时，取代滑动镗套；采用向心推力球轴承的结构，可按需要调整径向和轴向间隙，还可用使轴承预加载荷的方法来提高轴承刚度，因而可以在镗杆径向切削负荷不平衡的情况下使用；结构尺寸较大，不适用于孔心距很小的镗模；镗杆转速可以很高，但其回转精度受滚动轴承本身精度的限制，一般比滑动镗套要略低一些。

②镗套的材料与主要技术条件

标准镗套的材料与主要技术条件可参阅有关设计资料。当需要设计非标准固定式镗套时，可考虑下列内容：

A. 镗套的材料　镗套的材料用渗碳钢(20 钢、20Cr 钢)，渗碳深度 0.8 ~ 1.2 mm，淬火硬度 55 ~ 60HRC。一般情况下，镗套的硬度应比镗杆低。用磷青铜做固定式镗套，因为减摩性好而不易与镗杆咬住，可用于高速镗孔，但成本较高；对大直径镗套，或单件小批生产时用的镗套，也可采用铸铁镗套，目前也有用粉末冶金制造的耐磨镗套。镗套的衬套也用 20 钢做成，渗碳深度 0.8 ~ 1.2 mm，淬火硬度 58 ~ 64HRC。

B. 镗套的主要技术条件　镗套内径的公差带为 H6 或 H7；镗套外径的公差带，对粗镗用 g6，对精镗用 g5；镗套内孔与外圆的同轴度，当内径公差带为 H7 时为 $\phi0.01$ mm，当内径公差带为 H6 时为 $\phi0.005$ mm(外径小于 85 mm 时)或 $\phi0.01$ mm(外径大于或等于 85 mm 时)。镗套内孔表面的粗糙度 R_a 为 0.2 μm(内孔公差带为 H6 时)或 R_a 为 0.4 μm(内孔公差带为 H7 时)，外圆表面粗糙度 R_a 为 0.4 μm；镗套用衬套的内径公差带，粗镗选用 H7，精镗选用 H6；衬套的外径公差带为 n6；衬套的内孔与外圆的同轴度，当内径公差带为 H7 时为 $\phi0.01$ mm，当内径公差带为 H6 时为 $\phi0.005$ mm(外径小于 52 mm 时)或 $\phi0.01$ mm(外径大于或等于 52 mm 时)。

③镗套的布置形式

A. 单支承后引导　当 $D < 60$ mm 时，常将镗套布置在刀具加工部位的后方(即机床主轴和工件之间)。当加工 $L < D$ 的通孔或小型箱体的盲孔时，应采用如图 3.3.33(b) 所示的布置方式($d > D$)，这种方式刀杆刚性很大，加工精度高，且用于立镗时无切屑落入镗套；当加工 $L > (1 ~ 1.25)D$ 的通孔和盲孔时，应采用如图 3.3.33(c) 所示的布置方式($d < D$)，这种方式使刀具与镗套的垂直距离 h 大大减少，提高了刀具的刚度。镗套的长度(相当于钻套高度) H 宜根据镗杆导向部分的直径 d 来选取，一般取 $H = (2 ~ 3)d$。镗套距工件孔的距离 h 要根据更换刀具及排屑要求等而定。如果在立式镗床上则与钻模相似，h 值可参考钻模的情况确定。在卧式镗床、组合机床上使用时，常取 $h = 60 ~ 100$ mm。

B. 单支承前引导　当镗削直径 $D > 60$ mm，且 $L/D < 1$ 的通孔或小型箱体上单向排列的同

轴线通孔时,常将镗套(及其支架)布置在刀具加工部位的前方,如图 3.3.33(a)所示。

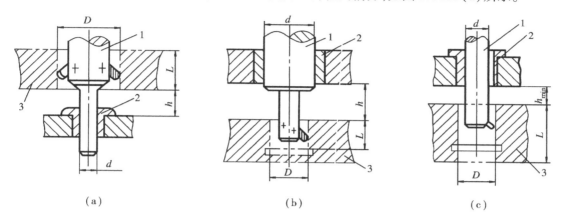

图 3.3.33　单支承引导
(a)单支承前引导　(b)单支承后引导($d>D$)　(c)单支承后引导($d<D$)
1—镗杆;2—镗套;3—工件

这种方式便于在加工中进行观察和测量,特别适合镗平面或攻螺纹的工序,其缺点是切屑易带入镗套中。为了便于排屑,一般取 $h=(0.5\sim1)D$,但 h 不应小于 20 mm。镗套长度 H 的选取与单支承后引导相同。

C. 双支承前、后引导　如图 3.3.34(a)所示,导向支架分别装在工件两侧。当镗长度 $L>1.5D$ 的通孔且加工孔径较大,或排列在同一轴线上的几个孔,并且其位置精度要求较高时,宜采用双支承前、后引导。这种方式的缺点是镗杆较长,刚性差,更换刀具不方便。图 3.3.34 中的后引导采用的是内滚式镗套,前引导采用的是外滚式镗套。这两种滚动轴承所构成的回转式镗套的长度,可按 $H=0.75d$ 的关系和结构情况选取。当采用固定式镗套时,可按 $H=(1.5\sim2)d$ 来选取。

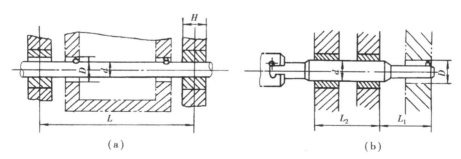

图 3.3.34　双支承引导
(a)双支承前、后引导　(b)双支承后引导

D. 双支承后引导　当在某些情况下,因条件限制不能使用前、后双引导时,可在刀具后方布置两个镗套,如图 3.3.34(b)所示。这种布置方式装卸工件方便,更换镗杆容易,便于观察和测量,一般应用于大批量生产中。由于镗杆在受切削力时呈悬臂状,为了提高刀具的刚度,一般镗杆外伸端应满足 $L_1<5d$。

不论单面双支承还是双面单支承,布置的两镗套一定要同轴,且镗杆与机床主轴之间应采用浮动联接。

镗模与机床浮动联接的类型很多,如图 3.3.35 所示为常用的一种类型。浮动联接应能自动调节以补偿角度偏差和位移量,否则失去浮动的效果,影响加工精度。轴向切削力由镗杆端部和镗套内部的支承钉来支承,圆周力由镗杆联接销和镗套横槽来传递。

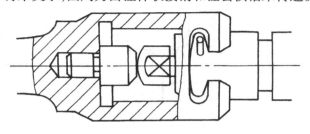

图 3.3.35　镗杆浮动联接

(3)镗杆

如图 3.3.36 所示为用于固定式镗套的镗杆导向部分的结构。当镗杆导向部分直径 $d < 50$ mm 时,镗杆常采用整体式。当直径 $d > 50$ mm 时,常采用如图 3.3.36(d)所示的镶条式结构,镶条应采用摩擦系数小而耐磨的材料,如铜或钢。镶条磨损后,可在底部加垫片,重新修磨使用。

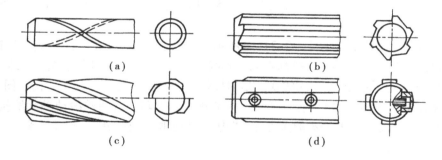

(a)　　　　　　　　　　　　(b)

(c)　　　　　　　　　　　　(d)

图 3.3.36　镗杆导向部分结构

如图 3.3.37 所示为用于外滚式回转镗套的镗杆引进结构。其中图 3.3.37(a)为镗杆前端设置平键,键下装有压缩弹簧,键的前部有斜面,适用于开有键槽的镗套。无论镗杆以何位置进入导套,平键均能自动进入键槽,带动镗套回转。图 3.3.37(b)的镗杆上开有键槽,其头部做成螺旋引导结构,其螺旋角应小于 45°,以便镗杆引进后使键顺利进入槽内。

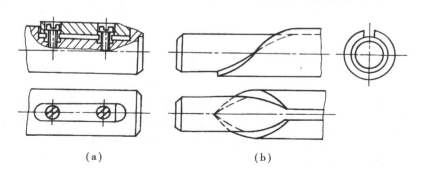

(a)　　　　　　　　　　　　(b)

图 3.3.37　镗杆引进结构

确定镗杆直径时,应考虑镗杆的刚度和镗孔时应有的容屑空间。一般可取

$$d = (0.6 \sim 0.8)D$$

式中　d——镗杆直径

　　　　D——被镗孔直径。

设计镗杆时,镗孔直径 D、镗杆直径 d、镗刀截面 $B \times B$ 之间的关系一般按

$$\frac{D - d}{2} = (1 \sim 1.5)B$$

考虑,或参照表 3.3.1 选取。

表 3.3.1　镗杆直径 d、镗刀截面 $B \times B$ 与被镗孔直径 D 的关系

D/mm	30 ~ 40	40 ~ 50	50 ~ 70	70 ~ 90	90 ~ 110
d/mm	20 ~ 30	30 ~ 40	40 ~ 50	50 ~ 65	65 ~ 90
$B \times B/\mathrm{mm} \times \mathrm{mm}$	10 × 10	10 × 10	12 × 12	16 × 16	20 × 20

注:表中所列镗杆直径的范围,在加工小孔时取大值;在加工大孔时,若导向好,切削负荷小则可取小值。

镗杆的轴向尺寸,应按镗孔系统图上的有关尺寸确定。

镗杆要求表面硬度高而心部有较好的韧性,因此,材料采用 20 钢、20Cr 钢,渗碳淬火硬度为 61 ~ 63HRC,也可用氮化钢 38CrMoAlA;对于大直径的镗杆,还可采用 45 钢、40Cr 钢或 65Mn 钢。

镗杆的主要技术条件一般规定如下:

①镗杆导向部分的圆度与锥度允差控制在直径公差的 1/2 以内。

②镗杆导向部分公差带粗镗为 g6,精镗为 g5,表面粗糙度 R_a 值为 0.8 ~ 0.4 μm。

③镗杆在 500 mm 长度内的直线度允差为 0.01 ~ 0.1 mm。刀孔表面粗糙度 R_a 值一般为 1.6 μm,装刀孔不淬火。

(4)镗模支架和镗模底座的设计

镗模支架是组成镗模的重要零件,它的作用是安装镗套并承受切削力,因此,它必须有足够的刚度和稳定性,有较大的安装基面和必要的加强筋,以防止加工中受力时产生振动和变形。为了保持支架上镗套的位置精度,设计中不允许在支架上设置夹紧机构或承受夹紧反作用力。

镗模支架与底座的联接,一般采用螺钉紧固的结构。在镗模装配中,调整好支架正确位置后,用两个对定销对定。支架一般用 HT200 灰铸铁铸造,铸造和粗加工后,须经退火和时效处理。

镗模底座是安装镗模其他所有零件的基础件,并承受加工中的切削力和夹紧的反作用力,因此,底座要有足够的强度和刚度。底座一般用 HT200 灰铸铁铸造,铸造和粗加工后须经退火和时效处理。

任务实施

典型箱体零件加工:编制某车床主轴箱(见图 3.3.2)小批生产和大批生产的工艺过程。

1. 制订箱体工艺过程的共同性原则

(1)加工顺序为先面后孔

箱体类零件的加工顺序均为先加工面,以加工好的平面定位,再来加工孔。因为箱体孔的精度要求高,加工难度大,故先以孔为粗基准加工平面,再以平面为精基准加工孔,这样不仅为孔的加工提供了稳定可靠的精基准,同时还可以使孔的加工余量较为均匀。箱体上的孔分布在箱体各平面上,先加工好平面,再钻孔时,钻头不易引偏,扩孔或铰孔时,刀具也不易崩刃。

(2)加工阶段粗、精分开

箱体的结构复杂,壁厚不均,刚性不好,而加工精度要求又高,故箱体重要加工表面都要划分粗、精加工两个阶段,这样可以避免粗加工造成的内应力、切削力、夹紧力和切削热对加工精度的影响,有利于保证箱体的加工精度。粗、精分开也可及时发现毛坯缺陷,避免更大的浪费,同时还能根据粗、精加工的不同要求来合理选择设备,有利于提高生产率。

(3)工序间合理安排热处理

箱体零件的结构复杂,壁厚也不均匀,因此,在铸造时会产生较大的残余应力。为了消除残余应力,减少加工后的变形和保证精度的稳定,在铸造之后必须安排人工时效处理。人工时效的工艺规范为:加热到500~550 ℃,保温4~6 h,冷却速度小于或等于30 ℃/h,出炉温度小于或等于200 ℃。

普通精度的箱体零件,一般在铸造之后安排一次人工时效处理。对一些高精度或形状特别复杂的箱体零件,在粗加工之后还要安排一次人工时效处理,以消除粗加工所造成的残余应力。有些精度要求不高的箱体零件毛坯,有时不安排时效处理,而是利用粗、精加工工序间的停放和运输时间,使之得到自然时效。箱体零件人工时效的方法,除了加热保温法外,也可采用振动时效来达到消除残余应力的目的。

(4)用箱体上的重要孔作粗基准

箱体类零件的粗基准一般都用它上面的重要孔,这样不仅可以较好地保证重要孔及其他各轴孔的加工余量均匀,还能较好地保证各轴孔轴心线与箱体不加工表面的相互位置。

2.定位基准的选择

(1)粗基准的选择

虽然箱体类零件一般都选择重要孔(如主轴孔)为粗基准,但随着生产类型的不同,实现以主轴孔为粗基准的工件装夹方式是不同的。

①中小批生产时,由于毛坯精度较低,一般采用划线装夹,其方法如下:首先将箱体用千斤顶安放在平台上(见图3.3.38(a)),调整千斤顶,使主轴孔Ⅰ和A面与台面基本平行,D面与台面基本垂直,根据毛坯的主轴孔划出主轴孔的水平线Ⅰ—Ⅰ,在4个面上均要划出,作为第1校正线。划此线时,应根据图样要求,检查所有加工部位在水平方向是否均有加工余量,若有的加工部位无加工余量,则需要重新调整Ⅰ—Ⅰ线的位置,作必要的修正,直到所有的加工部位均有加工余量,才将Ⅰ—Ⅰ线最终确定下来。Ⅰ—Ⅰ线确定之后,即划出A面和C面的加工线。然后将箱体翻转90°,D面一端置于3个千斤顶上,调整千斤顶,使Ⅰ—Ⅰ线与台面垂直(用大角尺在两个方向上校正),根据毛坯的主轴孔并考虑各加工部位在垂直方向的加工余量,按照上述同样的方法划出主轴孔的垂直轴线Ⅱ—Ⅱ作为第2校正线(见图3.3.38(b)),也在4个面上均划出。依据Ⅱ—Ⅱ线划出D面加工线。再将箱体翻转90°(见图3.3.38(c)),将E面一端置于3个千斤顶上,使Ⅰ—Ⅰ线和Ⅱ—Ⅱ线与台面垂直。根据凸台高度尺寸,先划出F面加工线,然后再划出E面加工线。

②大批量生产时,毛坯精度较高,可直接以主轴孔在夹具上定位,采用如图3.3.39所示的

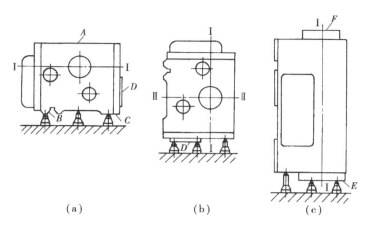

图 3.3.38 主轴箱的划线

夹具装夹。先将工件放在 1,3,5 预支承上,并使箱体侧面紧靠支架 4,端面紧靠挡销 6,进行工件预定位,然后操纵手柄 9,将液压控制的两个短轴 7 伸入主轴孔中。每个短轴上有 3 个活动支柱 8,分别顶住主轴孔的毛面,将工件抬起,离开 1,3,5 各支承面。这时,主轴孔轴心线与两短轴轴心线重合,实现了以主轴孔为粗基准定位。为了限制工件绕两短轴的回转自由度,在工件抬起后,调节两可调支承 12,辅以简单找正,使顶面基本成水平,再用螺杆 11 调整辅助支承 2,使其与箱体底面接触。最后操纵手柄 10,将液压控制的两个夹紧块 13 插入箱体两端相应的孔内夹紧,即可加工。

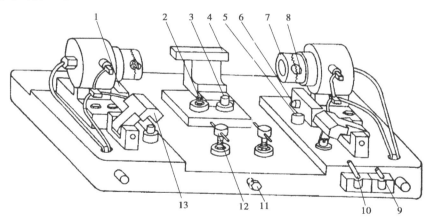

图 3.3.39 以主轴孔为粗基准铣顶面的夹具

1,3,5—支承;2—辅助支承;4—支架;6—挡销;7—短轴;8—活动支柱;

9,10—操纵手柄;11—螺杆;12—可调支承;13—夹紧块

(2)精基准的选择

箱体加工精基准的选择也与生产批量大小有关。

①单件小批生产用装配基面作定位基准。如图 3.3.2 所示车床主轴箱单件小批加工孔系时,选择箱体底面导轨 B,C 面作定位基准,B,C 面既是床头箱的装配基准,又是主轴孔的设计基准,并与箱体的两端面、侧面及各主要纵向轴承孔在相互位置上有直接联系,故选择 B,C 面作定位基准,不仅消除了主轴孔加工时的基准不重合误差,而且定位稳定可靠,装夹误差较小。

加工各孔时,由于箱口朝上,因此更换导向套、安装调整刀具、测量孔径尺寸、观察加工情况等都很方便。这种定位方式也有它的不足之处。加工箱体中间壁上的孔时,为了提高刀具系统的刚度,应当在箱体内部相应的部位设置刀杆的导向支承。由于箱体底部是封闭的,中间支承只能用如图 3.3.40 所示的吊架从箱体顶面的开口处伸入箱体内,每加工一件须装卸一次;吊架与镗模之间虽有定位销定位,但吊架刚性差,制造安装精度较低,经常装卸也容易产生误差,且使加工的辅助时间增加,因此,这种定位方式只适用于单件小批生产。

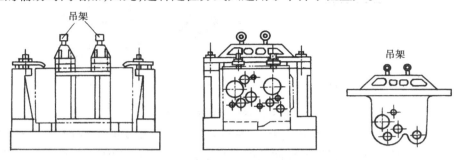

图 3.3.40　吊架式镗模夹具

②量大时采用一面两孔作定位基准　大批量生产的主轴箱常以顶面和两定位销孔为精基准,如图 3.3.41 所示。

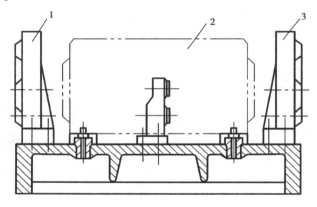

图 3.3.41　箱体以一面两孔定位

3. 制订车床主轴箱加工工艺过程

考虑车床主轴箱加工的主要工艺问题后,制订的某车床主轴箱(见图 3.3.2)小批生产和大批生产的工艺过程见表 3.3.2、表 3.3.3。

表3.3.2 某主轴箱小批生产工艺过程

序号	工序内容	定位基准
1	铸造	
2	时效	
3	漆底漆	
4	划线:考虑主轴孔有足够均匀的加工余量 划 C,A 及 E,D 面加工线	
5	粗精加工顶面 A	按线找正
6	粗精加工 B,C 面及侧面 D	顶面 A 并校正主轴线
7	粗精加工两端面 E,F	导轨面 B,C
8	粗镗各纵向孔	导轨面 B,C
9	精镗各纵向孔	导轨面 B,C
10	粗精加工横向孔	导轨面 B,C
11	加工螺孔及各面上的次要孔	顶面 A 及两工艺孔
12	清洗、去毛刺、倒角	
13	检验	

表3.3.3 某主轴箱大批生产工艺过程

序号	工序内容	定位基准
1	铸造	
2	时效	
3	漆底漆	
4	铣顶面 A	I 孔与 II 孔
5	钻、扩、铰 2-ϕ8H7 工艺孔(将 6-M10mm 孔先钻至 ϕ7.8 mm,铰 2-ϕ8H7 工艺孔	顶面 A 及外形
6	铣两端面 E,F 及前面 D	顶面 A 及两工艺孔
7	铣导轨面 B,C	顶面 A 及两工艺孔
8	磨顶面 A	导轨面 B,C
9	粗镗各纵向孔	顶面 A 及两工艺孔
10	精镗各纵向孔	顶面 A 及两工艺孔
11	精镗主轴孔 I	顶面 A 及两工艺孔
12	加工横向孔及各面上的次要孔	
13	磨 B、C 导轨面及侧面 D	

续表

序号	工序内容	定位基准
14	将 2-ϕ8H7 及 4-ϕ7.8 mm 孔均扩钻至 ϕ8.5 mm 攻 6-M10 mm 孔	顶面 A 及两工艺孔
15	清洗、去毛刺、倒角	
16	检验	

 任务考评

评分标准见表 3.3.4。

表 3.3.4　评分标准

序号	考核内容	考核项目	配分	检测标准
1	箱体类零件的材料、毛坯及热处理	1. 箱体类零件的材料 2. 箱体类零件的毛坯及热处理	6 分	1. 熟悉箱体类零件的材料（3分） 2. 熟悉箱体类零件的毛坯及热处理（3分）
2	箱体类零件平面和孔系的加工	1. 箱体类零件平面的普通加工方法 2. 箱体类零件平面的精密加工方法 3. 平行孔系、同轴孔系、垂直孔系的加工 4. 保证表面相互位置精度的方法	32 分	1. 熟悉箱体类零件平面的普通加工方法（8分） 2. 熟悉箱体类零件平面的精密加工方法（8分） 3. 熟悉平行孔系、同轴孔系、垂直孔系的加工（8分） 4. 熟悉保证表面相互位置精度的方法（8分）
3	箱体类零件平面和孔系的加工常用工艺装备	1. 铣刀的结构、选用及其安装 2. 铣床夹具的结构及零件的装夹 3. 镗床夹具的结构及零件的装夹	32 分	1. 熟悉铣刀的结构、能正确选用和安装铣刀（12分） 2. 熟悉铣床夹具的结构、能正确的装夹零件（10分） 3. 熟悉镗床夹具的结构、能正确的装夹零件（10分）
4	典型箱体类零件的加工	1. 编制典型箱体类零件的加工工艺规程 2. 选用合理的工艺装备	30 分	1. 加工工艺规程正确（20分） 2. 工艺装备选用合理（10分）
总计　　100 分					

3.3.1 说明箱体类零件的功用和主要工作表面。

3.3.2 箱体类零件的加工顺序应怎样安排?

3.3.3 箱体类零件的热处理工序应怎样安排?

3.3.4 铣削加工可完成哪些工作?铣削加工有何特点?

3.3.5 什么是顺铣?什么是逆铣?试比较其优缺点并说明适用场合。

3.3.6 刨削加工有何特点?刨削应用范围如何?

3.3.7 编制如图 3.3.42 所示箱体零件的机械加工工艺规程,并设计其加工 80H7 和 60H7 孔系的专用夹具。生产批量为中批生产,材料为 HT200。

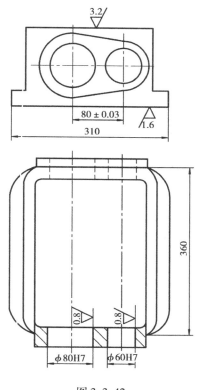

图 3.3.42

项目 4 圆柱齿轮类零件的加工

知识点

◆圆柱齿轮类零件的材料、毛坯及热处理。

◆圆柱齿轮类零件平面的加工。

◆圆柱齿轮类零件孔系的加工。

◆圆柱齿轮类零件表面加工常用工艺装备。

技能点

◆圆柱齿轮类零件的加工。

任务描述

1. 圆柱齿轮的功用与结构特点

齿轮是机械传动中应用极为广泛的传动零件之一,其功用是按照一定的速比传递运动和动力。

齿轮因其使用要求不同而具有各种不同的形状和尺寸,但从工艺观点大体上可以把它们分为齿圈和轮体两部分。按照齿圈上轮齿的分布形式,可分为直齿齿轮、斜齿齿轮和人字齿齿轮等;按照轮体的结构特点,齿轮可大致分为盘形齿轮、套筒齿轮、轴齿轮和齿条(见图3.4.1)。其中,盘类齿轮应用最广。

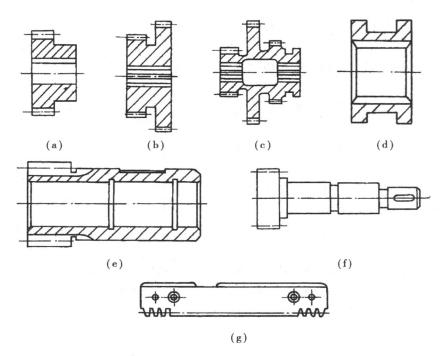

图 3.4.1　圆柱齿轮的结构形式
(a),(b),(c)单联、双联、三联盘形齿轮　(d)内齿轮
(e)套筒齿轮　(f)轴齿轮　(g)齿条

2. 齿轮传动的精度要求

齿轮本身的制造精度,对整个机器的工作性能、承载能力及使用寿命都有很大影响。根据其使用条件,齿轮传动应满足以下要求:

(1)传动的准确性

当主动齿轮转过一个角度时,从动齿轮应按给定的速比转过相应的角度。要求齿轮在一转中,转角误差的最大值不能超过一定的限度。

(2)工作平稳性

要求齿轮传动平稳,无冲击,振动和噪声小,这就需要限制齿轮传动时瞬时传动比的变化,即限制齿轮在转过一个齿形角时的转角误差。

(3)载荷均匀性

要求齿轮工作时,齿面接触要均匀,以使齿轮在传递动力时不致因载荷分布不均而使接触应力集中,引起齿面过早磨损。

(4)齿侧间隙

一对相互啮合的齿轮,其齿面间必须留有一定的间隙,即为齿侧间隙,其作用是存储润滑油,使齿面工作时减少磨损;同时可以补偿热变形、弹性变形、加工误差和安装误差等因素引起的齿侧间隙减小,防止卡死。应当根据齿轮副的工作条件来确定合理的齿侧间隙。

以上 4 项要求应根据齿轮传动装置的用途和工作条件等予以合理地确定。例如,滚齿机分度蜗杆副,读数仪表所用的齿轮传动副,对传动准确性要求高,工作平稳性也有一定要求,而对载荷的均匀性要求一般不严格。

GB 10095—1988 中对齿轮及齿轮副规定了 12 个精度等级,从 1 ~ 12 依次降低。其中 1 ~ 2 级是有待发展的精度等级,3 ~ 5 级为高精度等级,6 ~ 8 级为中等精度等级,9 级以下为低级精度等级。每个精度等级都有 3 个公差组,分别规定出各项公差和偏差项目。

3. 圆柱齿轮零件的加工

圆柱齿轮类零件的加工是按圆柱齿轮零件的结构形状、尺寸和技术要求,采用车削、滚齿、插齿、磨齿及拉削等加工方法获得合格的圆柱齿轮零件。

任务分析

圆柱齿轮类零件的加工主要包括掌握圆柱齿轮零件的材料、毛坯及热处理,齿形加工方法,圆柱齿轮齿坯加工方法,圆柱齿轮类零件加工方法,完成圆柱齿轮类零件的加工。

相关知识

(一)常用齿轮的材料和毛坯

1. 齿轮材料及热处理

齿轮的材料及热处理对齿轮的加工质量和使用性能都有很大的影响,选择时主要应考虑齿轮的工作条件(如速度与载荷)和失效形式(如点蚀、剥落或折断等)。

(1)中碳结构钢(如 45 钢)进行调质或表面淬火

这种钢经热处理后,综合力学性能较好,主要适用于低速、轻载或中载的一般用途的齿轮。

(2)中碳合金结构钢(如 40Cr)进行调质或表面淬火

这种钢经热处理后综合力学性能较 45 钢好,且热处理变形小,适用于速度较高、载荷大及精度较高的齿轮。某些高速齿轮,为提高齿面的耐磨性,减少热处理后的变形,不再进行磨齿,可选用氮化钢(如 38CrMoAlA)进行氮化处理。

(3)渗碳钢(如 20Cr 和 20CrMnTi 等)进行渗碳或碳氮共渗

这种钢经渗碳淬火后,齿面硬度可达 58 ~ 63HRC,而芯部又有较高的韧性,既耐磨又能承受冲击载荷,适用于高速、中载或有冲击载荷的齿轮。

(4)铸铁及其他非金属材料(如夹布胶木与尼龙等)

这些材料强度低,容易加工,适用于一些较轻载荷下的齿轮传动。

2. 齿轮毛坯

齿轮毛坯的选择决定于齿轮的材料、结构形状、尺寸大小、使用条件以及生产批量等多种因素。

对于钢质齿轮,除了尺寸较小且不太重要的齿轮直接采用轧制棒料外,一般均采用锻造毛坯。生产批量较小或尺寸较大的采用自由锻造,生产批量较大的中小齿轮采用模锻。

对于直径很大且结构比较复杂、不便锻造的齿轮,可采用铸钢毛坯。铸钢齿轮的晶粒较粗,力学性能较差,且加工性能不好,故加工前应先经过正火处理,消除内应力和硬度的不均匀性,以改善加工性能。

3.齿形加工方法

（1）成形法

成形法是利用与被加工齿轮的齿槽形状一致的刀具,在齿坯上加工出齿面的方法。成形铣齿一般在普通铣床上进行,如图3.4.2所示。铣齿时,工件安装在分度头上,铣刀旋转对工件进行切削加工,工作台做直线进给运动,加工完一个齿槽,分度头将工件转过一个齿,再加工另一个齿槽,依次加工出所有齿槽。铣削斜齿圆柱齿轮必须在万能铣床上进行。铣削时工作台偏转一个角度 β,使其等于齿轮的螺旋角,工件在随工作台进给的同时,由分度头带动作附加旋转以形成螺旋齿槽。

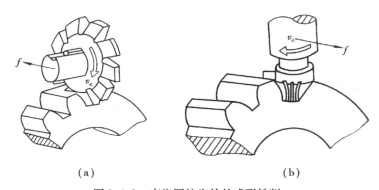

（a） （b）

图3.4.2 直齿圆柱齿轮的成形铣削

（a）盘形齿轮铣刀铣削 （b）指状齿轮铣刀铣削

标准齿轮铣刀的模数、压力角和加工的齿数范围都标记在铣刀的端面上。由于每种编号的刀齿形状均按加工齿数范围中最小齿数设计,因此,加工该范围内其他齿数的齿轮时,就会产生一定的齿廓误差。盘状齿轮铣刀适用于加工 $m \leqslant 8$ mm 的齿轮。

成形法一般用于单件小批量生产和机修工作中,加工精度为 IT12 ~ IT9 级,齿面粗糙度值 R_a 为 $6.3 \sim 3.2$ μm 的直齿、斜齿和人字齿圆柱齿轮。

（2）展成法

展成法是利用一对齿轮啮合或齿轮与齿条啮合原理,使其中一个作为刀具,在啮合过程中加工齿面的方法。它在生产实际中应用广泛。

4.圆柱齿轮齿坯加工方法

（1）齿坯精度

齿坯加工中,主要要求保证的是基准孔（或轴颈）的尺寸精度和形状精度以及基准端面相对于基准孔（或轴颈）的位置精度。不同精度的孔（或轴颈）的齿坯公差及表面粗糙度要求见表3.4.1和表3.4.2。

表3.4.1 齿坯公差

齿轮精度等级	5	6	7	8
孔的尺寸公差	IT5	IT6	IT7	IT7
轴的尺寸公差	IT5	IT5	IT6	IT6
顶圆直径	IT7	IT7	IT8	IT8

表 3.4.2　齿坯基准面的表面粗糙度参考值

精度等级	3	4	5	6	7	8	9	10
孔	≤0.2	≤0.2	0.4~0.2	≤0.8	1.6~0.8	≤1.6	≤3.2	3.2
颈端	≤0.1	0.2~0.1	≤0.2	≤0.4	≤0.8	≤1.6	≤1.6	1.6
端面和顶圆	0.2~0.1	0.4~0.2	0.6~0.4	0.8~0.6	1.6~0.8	3.2~1.6	≤3.2	3.2

（2）齿坯加工方案的选择

①大批量生产的齿坯加工

大批量加工中等尺寸的齿坯时,多采用"钻—拉—多刀车"的工艺方案:

A. 以毛坯外圆及端面定位进行钻孔或扩孔。

B. 拉孔。

C. 以孔定位在多刀半自动车床上粗、精车外圆、端面、切槽及倒角等。这种工艺方案由于采用高效机床,可以组成流水线或自动线,因此,生产率高。

②成批生产的齿坯加工

成批生产齿坯时,常采用"车—拉—车"的工艺方案:

A. 以齿坯外圆或轮毂定位,精车外圆、端面和内孔。

B. 以端面支承拉孔(或花键孔)。

C. 以孔定位精车外圆及端面等。

这种方案可由卧式车床或转塔车床及拉床实现。它的特点是加工质量稳定,生产效率较高。当齿坯孔有台阶或面槽时,可以充分利用转塔车床上的多刀来进行多工位加工,在转塔车床上一次完成齿坯的加工。

（二）滚齿

1. 滚齿加工的工艺特点

滚齿是齿形加工中生产率较高、应用较广的一种加工方法。滚齿的通用性较好,用一把滚刀即可加工模数相同而齿数不同的直齿轮或斜齿轮(但不能加工内齿轮和相距很近的多联齿轮),滚齿还可以用于加工蜗轮。滚齿的加工尺寸范围也较大,从仪器仪表中的小模数齿轮到矿山和化工机械中的大型齿轮都广泛采用滚齿加工。

滚齿既可用于齿形的粗加工和半精加工,也可用于精加工。当采用 AA 级齿轮滚刀和高精度滚齿机时,可直接加工出 7 级精度以上(最高可达 4 级)的齿轮。当滚齿加工时,齿面是由滚刀的刀齿包络而成的,由于参加切削的刀齿数有限,因此,工件齿面的表面质量不高。为提高加工精度和齿面质量,宜将粗、精滚齿分开。精滚的加工余量一般为 0.5~1 mm,且应取较高的切削速度和较小的进给量。

2. 滚齿原理及滚刀的安装

（1）滚齿原理

如图 3.4.3 所示是用齿轮滚刀加工齿轮的原理示意图,齿轮滚刀相当于一个经过开槽和铲齿的蜗杆,具有许多切削刃并磨出后角。由于蜗杆的法向截面近似于齿条形,因此当滚刀旋转时,就相当于一根齿条在移动,如果被切齿轮与移动的齿条互相啮合转动,那么滚刀切削刃的一系列连续位置的包络线就形成被切齿轮的齿廓曲线。滚齿的成形运动是由滚刀的旋转运动和工件的旋转运动组成的复合运动($B_{11} + B_{12}$),为了滚切出全齿宽,滚刀还应有沿工件轴向的进给运动 A_2。

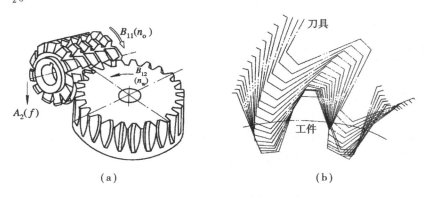

（a）　　　　　　　　　　　　（b）

图 3.4.3　滚齿原理示意图

（2）齿轮滚刀

在齿面的切削加工中,齿轮滚刀的应用范围很广,可以用来加工外啮合的直齿轮、斜齿轮、标准及变位齿轮。其加工的范围大,模数为 0.1 ~ 40 mm 的齿轮,均可用齿轮滚刀加工。用一把滚刀就可以加工同一模数任意齿数的齿轮。

从滚齿加工原理可知,齿轮滚刀是一个蜗杆形刀具。滚刀的基本蜗杆有渐开线、阿基米德和法向直廓 3 种。理论上讲,加工渐开线齿轮应用渐开线蜗杆,但其制造困难,而阿基米德蜗杆轴向剖面的齿形为直线,容易制造,生产中常用阿基米德蜗杆代替渐开线蜗杆。为了形成切削刃的前角和后角,在蜗杆上开出了容屑槽,并经铲背形成滚刀。

标准齿轮滚刀精度分为 4 级:AA,A,B,C。在加工时,应按齿轮要求的精度,选用相应的齿轮滚刀。一般,AA 级滚刀可加工 6 ~ 7 级精度齿轮;A 级可加工 7 ~ 8 级精度齿轮;B 级可加工 8 ~ 9 级精度齿轮;C 级可加工 9 ~ 10 级精度齿轮。

（3）滚刀的安装

在滚齿时,为了切出准确的齿廓,应当使滚刀的螺旋线方向与被加工齿轮的齿面线方向一致,滚刀和工件处于正确的啮合位置。这一点无论对直齿圆柱齿轮还是对斜齿圆柱齿轮都是一样的。因此,须将滚刀轴线与被切齿轮端面安装成一定的角度,称为安装角 δ。当加工直齿圆柱齿轮时,滚刀安装角 δ 等于滚刀的螺旋升角 γ。如图 3.4.4（a）所示是用右旋滚刀加工直齿圆柱齿轮的安装角,如图 3.4.4（b）所示是用左旋滚刀加工直齿圆柱齿轮的安装角,图中虚线表示滚刀与齿坯接触一侧的滚刀螺旋线方向。当加工斜齿圆柱齿轮时,滚刀的安装角不仅与滚刀螺旋线方向及螺旋升角 γ 有关,而且还与被加工齿轮的螺旋方向及螺旋角 β 有关。当滚刀与被加工齿轮的螺旋线方向相同（即二者都是左旋,或都是右旋）时,滚刀的安装角 $\delta = \beta - \gamma$,当滚刀与被加工齿轮的螺旋线方向相反时,滚刀的安装角 $\delta = \beta + \gamma$。

（4）工件的安装

滚齿加工中,工件的安装形式很多,它不仅与工件的形状、大小、精度要求等有关,而且还受到生产批量和装备条件的限制。常用的安装形式主要是如图 3.4.5 所示的夹具安装。在铸铁底座 5 上装有钢套 4,心轴 2 可随工件基准孔的大小而更换。使用这种夹具滚齿时,由于安

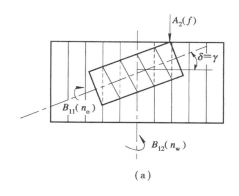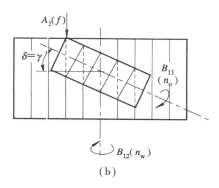

（a）　　　　　　　　　　　　　（b）

图 3.4.4　滚切直齿圆柱齿轮时滚刀的安装角

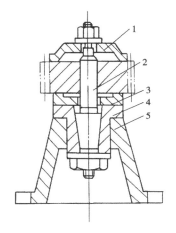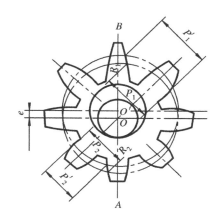

图 3.4.5　滚齿夹具　　　　　　图 3.4.6　几何偏心引起的径向误差

1—压盖；2—心轴；3—垫圈；4—钢套；5—底座

装调整夹具时心轴与机床工作台回转中心不重合，或齿坯内孔与心轴间有间隙，安装时偏向一边，或基准端面定位不好，夹紧后内孔相对工作台中心产生偏斜，从而使切齿时产生齿轮的径向误差。为提高定心精度，可采用精密可胀心轴以消除配合间隙。

3.滚齿加工质量分析

（1）影响传动精度的加工误差分析

①齿轮的径向误差　齿轮径向误差是指滚齿时，由于齿坯的实际回转中心与其基准孔中心不重合，使所切齿轮的轮齿发生径向位移而引起的周节累积公差，如图 3.4.6 所示。齿轮的径向误差一般可通过测量齿圈径向跳动 ΔF_r 反映出来。切齿时产生齿轮径向误差的主要原因如下：

A.调整夹具时，心轴和机床工作台回转中心不重合。

B.齿坯基准孔与心轴间有间隙，装夹时偏向一边。

C.基准端面定位不好，夹紧后内孔相对工作台回转中心产生偏心。

②齿轮的切向误差　齿轮的切向误差是指滚齿时，实际齿廓相对理论位置沿圆周方向（切向）发生位移，如图 3.4.7 所示。当齿轮出现切向位移时，可通过测量公法线长度变动公差 ΔF_w 来反映。切齿时产生齿轮切向误差的主要原因是传动链的传动误差。在分齿传动链

185

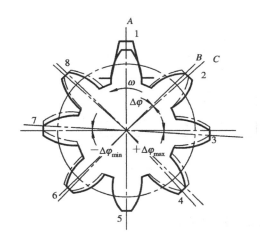

图 3.4.7　齿轮的切向误差

的各传动元件中,对传动误差影响最大的是工作台下的分度蜗轮。分度蜗轮在制造和安装中与工作台回转中心不重合(运动偏心),使工作台回转中发生转角误差,并复映给齿轮。影响传动误差的另一重要因素是分齿挂轮的制造和安装误差,这些误差也以较大的比例传递到工作台上。

(2)影响齿轮工作平稳性的加工误差分析

①齿形误差　齿形误差主要是由于齿轮滚刀的制造刃磨误差及滚刀的安装误差等原因造成的,因此,在滚刀的每一转中都会反映到齿面上。常见的齿形误差有如图 3.4.8 所示的各种形式。其中,图 3.4.8(a)为齿面出棱,图 3.4.8(b)为齿形不对称,图 3.4.8(c)为齿形角误差,图 3.4.8(d)为齿面上的周期性误差,图 3.4.8(e)为齿轮根切。

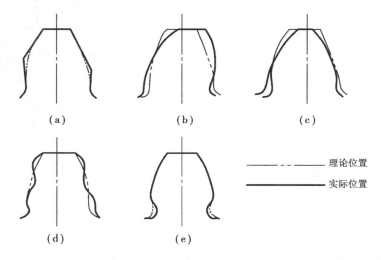

图 3.4.8　常见的齿形误差

由于齿轮的齿面偏离了正确的渐开线,使齿轮传动中瞬时传动比不稳定,因而影响齿轮的工作平稳性。

②基节偏差　滚齿时,齿轮的基节偏差主要受滚刀基节偏差的影响。滚刀基节的计算式为

$$p_{b0} = p_{n0} \cos \alpha_0 = p_{t0} \cos \lambda_0 \cos \alpha_0$$
$$\approx p_{t0} \cos \alpha_0$$

式中　P_{b0}——滚刀基节;

P_{n0}——滚刀法向齿距;

P_{t0}——滚刀轴向齿距;

α_0——滚刀法向齿形角;

λ_0——滚刀分度圆螺旋升角,一般很小,故 $\cos \lambda_0 \approx 1$。

（3）影响齿轮接触精度的加工误差分析

齿轮齿面的接触状况直接影响齿轮传动中载荷分布的均匀性。在滚齿时,影响齿高方向接触精度的主要原因是齿形误差 Δf_f 和基节偏差 Δf_{pb}。影响齿宽方向接触精度的主要原因是齿向误差 ΔF_β,产生齿向误差的主要原因如下:

①滚齿机刀架导轨相对于工作台回转轴线存在平行度误差,如图 3.4.9 所示。

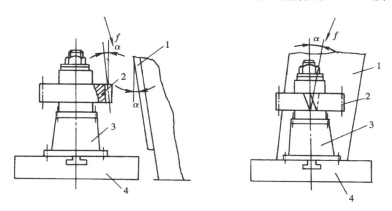

图 3.4.9　刀架导轨误差对齿向误差的影响

1—刀架导轨;2—齿坯;3—夹具底座;4—机床工作台

②齿坯装夹歪斜。由于心轴、齿坯基准端面跳动及垫圈两端面不平行等引起的齿坯安装歪斜,会产生齿向误差,如图 3.4.10 所示。

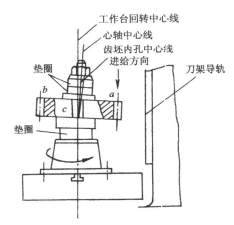

图 3.4.10　齿坯安装歪斜对齿向误差的影响

③滚切斜齿轮时,除上述影响因素外,机床差动挂轮计算的误差,也会影响齿轮的齿向误差。

4.提高滚齿生产率的途径

（1）高速滚齿

增加滚齿的切削速度,不仅能提高生产率,还能提高滚齿的加工精度,减小齿面的粗糙度值。但由于受机床刚度和刀具耐用度的限制,滚齿的速度比较低,加工中等模数钢质齿轮的切削速度一般只有 25 ~ 50 m/min。现在滚齿加工朝着以下两个方向发展:

①采用高速滚齿机　实践证明,只要机床具备足够的刚度和良好的抗振性,使用现有的高速钢滚刀就可能在 80～90 m/min 的切削速度的条件下正常工作。目前,国内外都相应研制出一系列高速滚齿机,如果采用硬质合金滚齿刀,则切削速度可达 300 m/min 以上,轴向进给量达 6～8 mm/r,加工效率大大提高。

②在滚齿机上进行硬齿加工　采用硬质合金滚刀对齿面进行加工,使传统的硬齿面加工工艺有了很大的改变,从而大大降低了加工成本,缩短了生产周期,而且滚齿加工精度提高,齿面粗糙度值减小。

（2）采用多头和大直径滚刀

采用多头滚刀可提高工件圆周方向的进给量,从而提高生产率,但由于多头滚刀各头之间的分度误差,螺旋升角增大,切齿的包络刀刃数减少,故加工误差和齿面的粗糙度值较大,多用于粗加工。

采用大直径滚刀,圆周齿数增加,刀杆刚度增大,允许采用较大的切削用量,且加工齿面粗糙度较小。

（3）改进滚齿加工方法

①多件加工　同时加工几个工件,可减少滚刀对每个齿坯的切入/切出时间。

②径向切入　滚齿时滚刀径向切入齿坯比轴向切入齿坯行程短,可节省切入时间,对大直径滚刀更为突出。

③轴向窜刀和对角滚齿　滚刀参与切削的刀齿负荷不等,磨损不均。当负荷最重的刀齿磨损到一定极限时,应将滚刀沿其轴向移动一段距离（即轴向窜刀）后继续切削,可提高滚刀的使用寿命。

（三）插　齿

1. 插齿原理及所需的运动

插齿和滚齿一样,是利用展成法原理来加工齿轮的。插齿刀实质上是一个端面磨有前角,齿顶及齿侧均磨有后角的齿轮。插齿时,刀具沿工件轴线方向做高速的往复直线运动,形成切削加工的主运动,同时还与工件做无间隙的啮合运动,在工件上加工出全部轮齿齿廓。在加工过程中,刀具每往复一次仅切出工件齿槽的很小一部分,工件齿槽的齿面曲线是由插齿刀切削刃多次切削的包络线所形成的,如图 3.4.11 所示。

插齿加工时,机床必须具备以下运动（见图 3.4.11）：

（1）切削加工的主运动

插齿刀做上、下往复运动,向下为切削运动,向上为返回的退刀运动,可按下式计算：

$$n_{\mathrm{d}} = \frac{1\ 000v}{L}$$

式中　v——平均切削速度,m/min;

L——插齿刀的行程长度,mm;

n_{d}——插齿刀的往复行程数,次/min。

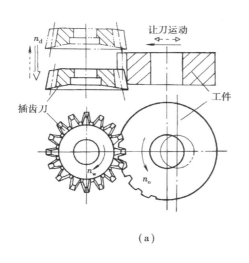

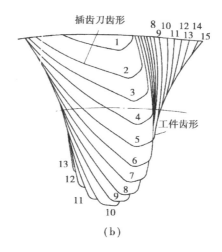

（a）　　　　　　　　　　　　　　　（b）

图3.4.11　插齿原理

（2）展成运动

在加工过程中,必须使插齿刀和工件保持一对齿轮的啮合关系,即在刀具转过一个齿时,工件也应准确地转过一个齿。其传动链的两端件及运动关系分别是:插齿刀转（$1/zd$）转,工件也转（$1/zg$）转。

（3）径向进给运动

为了逐渐切至工件的全齿深,插齿刀必须要有径向进给,径向进给量是插齿刀每往复一次径向移动的距离,当达到全齿深后,机床便自动停止径向进给运动,然后工件再旋转一整转,才能加工出全部完整的齿面。

（4）圆周进给运动

圆周进给运动是插齿刀的回转运动,插齿刀每往复行程一次,回转一个角度,其转动的快慢直接影响生产率、刀具负荷和切削过程所形成的包络线密度。圆周进给量越小,包络线密度越大,渐开线齿形的精度越高,刀具负荷也越小,但是生产率也就越低。圆周进给量用插齿刀每往复行程中刀具在分度圆上转过的弧长表示,其单位为 mm/往复行程。

（5）让刀运动

为了避免插齿刀在回程时擦伤已加工表面和减少刀具磨损,刀具和工件之间应让开一段距离,而在插齿刀重新开始向下工作行程时,应立即恢复到原位,以便刀具向下切削工件。这种让开和恢复原位的运动称为让刀运动。由于工作台的惯量大,让刀的往复频度较高,容易引起振动,不利于切削速度的提高,而主轴的惯量小,因此,大尺寸和一般新型号的插齿机都是通过刀具主轴座的摆动来实现让刀运动的,这样可以减小让刀产生的振动。

2.插齿刀

标准插齿刀分为3种类型,如图3.4.12所示。其中,盘形插齿刀（见图3.4.12（a））主要用于加工模数为 1~12 mm 的直齿外齿轮及大直径内齿轮,碗形直齿插齿刀（见图3.4.12（b））主要用于加工模数为 1~8 mm 的多联齿轮和带有凸肩的齿轮,锥柄插齿刀（见图3.4.12（c））主要用于加工模数为 1~3.75 mm 的内齿轮。

插齿刀有3个精度等级:AA级适用于加工6级精度的齿轮,A级适用于加工7级精度的齿轮,B级适用于加工8级精度的齿轮,应根据被加工齿轮的传动平稳性精度等级选用。

189

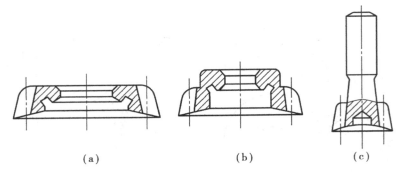

图 3.4.12　插齿刀的类型

3. 插齿的工艺特点及应用范围

（1）插齿的加工质量

①插齿的齿形精度比滚齿高　滚齿时,形成齿形包络线的切线数量只与滚刀容屑槽的数目和基本蜗杆的头数有关,它不能通过改变加工条件而增减;但插齿时,形成齿形包络线的切线数量由圆周进给量的大小决定,并可以选择。此外,制造齿轮滚刀时是用近似造型的蜗杆来替代渐开线基本蜗杆的,这就有造型误差,而插齿刀的齿形比较简单,可通过高精度磨齿获得精确的渐开线齿形,因此,插齿可以得到较高的齿形精度。

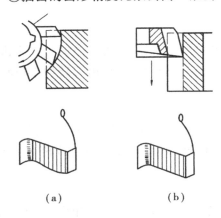

图 3.4.13　滚齿和插齿齿面的比较

②插齿后齿面的粗糙度值比滚齿小　滚齿时,滚刀沿齿向做间断切削,形成如图 3.4.13（a）所示的鱼鳞状波纹;而插齿时插齿刀沿齿向的切削是连续的,如图 3.4.13（b）所示,故插齿时齿面粗糙度值较小。

③插齿的运动精度比滚齿差　插齿机的传动链比滚齿机多了一个刀具蜗轮副,即多了一部分传动误差。另外,插齿刀的一个刀齿相应切削工件的一个齿槽,因此,插齿刀本身的周节累积误差必然会反映到工件上;而滚齿时,因为工件的每一个齿槽都是由滚刀相同的 2～3 圈刀齿加工出来的,故滚刀的齿距累积误差不影响被加工齿轮的齿距精度,因此,滚齿的运动精度比插齿高。

④插齿的齿向误差比滚齿大　插齿时的齿向误差主要决定于插齿机主轴回转轴线与工作台回转轴线的平行度。由于插齿刀工作时往复运动的频率高,使得主轴与套筒之间的磨损大,因此,插齿的齿向误差比滚齿大。

就加工精度来说,对运动精度要求不高的齿轮,可直接用插齿来进行齿形精加工,而对于运动精度要求较高的齿轮和剃前齿轮（剃齿不能提高运动精度）,则用滚齿较为有利。

（2）插齿的生产率

切制模数较大的齿轮时,插齿速度要受到插齿刀主轴往复运动惯性和机床刚性的制约;切削过程又有空程的时间损失,故生产率不如滚齿高。只有在加工小模数、多齿数并且齿宽较窄的齿轮时,插齿的生产率才比滚齿高。

（3）应用范围

①加工带有台肩的齿轮以及空刀槽很窄的双联或多联齿轮,只能用插齿。这是因为插齿刀"切出"时只需要很小的空间,而滚齿时滚刀会与大直径部位发生干涉。

②加工无空刀槽的人字齿齿轮,只能用插齿。

③加工内齿轮,只能用插齿。

④加工蜗轮,只能用滚齿。

⑤加工斜齿圆柱齿轮,两者都可用,但滚齿比较方便。插斜齿齿轮时,插齿机的刀具主轴上须设有螺旋导轨,来提供插齿刀的螺旋运动,并且要使用专门的斜齿插齿刀,故很不方便。

插齿既可用于齿形的粗加工,也可用于精加工。插齿通常能加工 7~9 级精度齿轮,最高可达 6 级。

插齿过程为往复运动,有空行程;插齿系统刚性较差,切削用量不能太大,因此,一般插齿的生产率比滚齿低。只有在加工模数较小和宽度窄的齿轮时,插齿的生产率才不低于滚齿。因此,插齿多用于中、小模数齿轮的加工。

4. 提高插齿加工的工艺措施

（1）高速插齿

增加插齿刀每分钟的往复次数进行高速插齿,可缩短机动时间。现有高速插齿机的往复运动可达 1 000 次/min,甚至高达 1 800 次/min。

（2）提高圆周进给量

提高圆周进给量可缩短机动时间,但齿面粗糙度变大,且插齿回程的让刀量增大,易引起振动,因此,宜将粗、精插齿分开。

（3）提高插齿刀耐用度

在改进刀具材料的同时,改进刀具几何参数能提高刀具耐用度。采用硬质合金插齿刀可加工淬硬（45~62HRC）的齿面,精度可达 6~7 级,齿面粗糙度 R_a 为 0.4~0.8 μm,其工艺过程简单,操作容易,加工成本低,适用于大批量生产。

（四）圆柱齿轮齿面的精加工

1. 剃齿

（1）剃齿原理

剃齿加工是根据一对螺旋角不等的螺旋齿轮的啮合原理,加工时剃齿刀与被切齿轮的轴线空间交叉一个角度。如图 3.4.14（a）所示,剃齿刀 1 实质上是一个高精度的螺旋齿轮,并且在齿面上沿齿向开了很多刀刃槽,如图 3.4.14（b）所示。剃齿刀 1 为主动轮,而被切齿轮为从动轮 2,其加工过程就是剃齿刀带动工件做双面无侧隙的对滚,并对剃齿刀和工件施加一定压力。在对滚过程中,二者沿齿向和齿形方向均产生相对滑移,利用剃齿刀沿齿向开出的锯齿刀槽沿工件齿向切去一层很薄的金属,如图 3.4.14（c）所示。在工件的齿面方向因剃齿刀无刃槽,虽有相对滑动,但却不起切削作用。

剃齿应具备以下运动（见图 3.4.14（a））：

①剃齿刀的正、反转运动 n_1。

②工件沿轴向的往复运动 f_z。

③工件每往复一次后的径向进给运动 f_j。

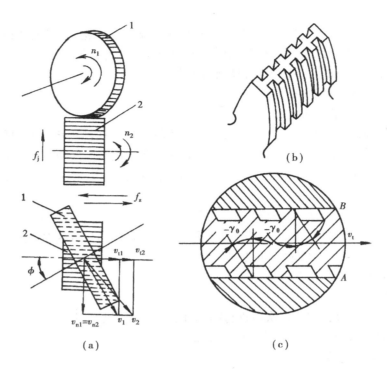

图 3.4.14　剃齿原理及剃齿运动示意图
1—剃齿刀;2—从动轮

(2)剃齿的工艺特点及应用

剃齿机床结构简单,调整方便,但是由于剃齿刀与被加工齿轮没有强制啮合运动,因此,对齿轮切向误差的修正能力差。

剃齿加工精度主要取决于剃齿刀。只要剃齿刀本身的精度高,刃磨好,就能剃出表面粗糙度 R_a 值为 1.5~0.32 μm,精度为 6~8 级的齿轮。

剃齿加工效率高,剃齿刀寿命长,因此,加工成本低。然而,剃齿刀的制造比较困难,而且剃齿工件齿面容易产生畸变。

(3)保证剃齿质量应注意的问题

①齿轮材料　要求材料密度均匀,无局部缺陷和韧性不得过大,以免出现滑刀和啃刀现象,影响表面粗糙度。剃齿前齿轮硬度在 22~32HRC 范围内。

②剃齿前齿轮精度　剃齿精度受剃齿前齿轮精度的影响。一般剃齿只能使齿轮精度提高一个等级。从保证加工精度考虑,剃齿前的工序采用滚齿比插齿好,因为滚齿的一转精度比插齿好,滚齿后的一齿精度虽比插齿低,但这在剃齿工序中都是不难纠正的。

③剃齿余量　剃齿余量的大小,对加工质量及生产率有一定影响。余量不足时,剃前误差和齿面缺陷不能全部除去,会出现剃不光现象;余量过大,刀具磨损快,剃齿质量反而变差。选择余量时可参考表 3.4.3。

表3.4.3 剃齿余量

模数	1~1.75	2~3	3.25~4	4~5	5.5~6
剃齿余量	0.07	0.08	0.09	0.10	0.11

④剃齿刀的选用 剃齿刀的精度分为 A,B,C 3 级,分别加工 6,7,8 级精度的齿轮。剃齿刀分度圆直径随模数大小有 3 种:85 mm,180 mm 和 240 mm。其中,240 mm 应用普遍。分度圆螺旋角有 5°,10°,15° 3 种,直齿轮加工多选用 15°,斜齿轮及多联齿轮中的小齿加工多选用5°。剃齿刀螺旋角方向有左、右旋两种,选用时应与被加工齿轮的旋向相反。

⑤剃齿后的齿形误差与剃齿刀齿廓修研 剃齿后的齿轮齿形有时出现节圆附近凹入现象,一般在 0.03 mm 左右。被剃齿轮齿数越少,中凹现象越严重。为消除剃后齿面中凹现象,可将剃齿刀齿廓修研,使剃齿刀的齿形在节圆附近凹入一些。由于影响齿形误差的因素较难确定,因此,剃齿刀的修研需要通过大量实验才能最终确定。

2.珩齿

(1)珩齿原理

珩齿的加工原理与剃齿类同,也是一对交错轴齿轮的啮合传动,所不同的只是珩磨是利用珩磨轮面上的磨料,通过压力和相对滑动速度来切除金属的。

根据珩齿加工原理,珩磨轮可以做成齿轮式的,直接加工直齿和斜齿圆柱齿轮,如图3.4.15所示。珩磨轮的轮坯采用钢坯,其轮齿部分是用磨料与环氧树脂等经浇铸或热压而成的斜齿,具有较高的精度。

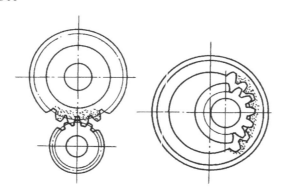

图 3.4.15 齿轮式珩齿法

(2)珩磨加工的工艺特点及应用

与剃齿相比,由于珩磨轮表面有磨料,因此,珩齿可以精加工淬硬齿轮,可得到较小的表面粗糙度和较高的齿面精度。

由于珩齿与剃齿同属齿轮自由啮合,因而修正齿轮的切向误差能力有限。因此,应当在珩前的齿面加工中尽可能采用滚齿来提高齿轮的一转精度(即运动精度)。

蜗杆形珩磨轮的齿面比剃齿刀简单,且易于修磨,珩磨轮精度可高于剃齿刀的精度。采用这种珩磨方式对齿轮的各项误差能够较好地修正,因此,可以省去珩齿前的剃齿工序,缩短生产周期,节约费用。

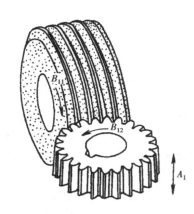

图 3.4.16 蜗杆砂轮磨齿加工原理

3.磨齿

（1）磨齿加工原理

一般磨齿机都采用展成法来磨削齿面，常见的有大平面砂轮磨齿机、碟形双砂轮磨齿机、锥面砂轮磨齿机和蜗杆砂轮磨齿机。其中，大平面砂轮磨齿机的精度最高，可达 3 级精度，但效率较低，而蜗杆砂轮磨齿机的效率最高，被加工齿轮的精度为 6 级。

蜗杆砂轮磨齿法的加工原理和滚齿相似，如图3.4.16所示。砂轮为蜗杆状，磨齿时，砂轮与工件两者保持严格的速比关系，为磨出全齿宽，砂轮还须沿轴线方向进给。由于砂轮的转速很高（约 2 000 r/min），工件相应的转速也较高，因此磨削效率高。被磨削齿轮的精度主要取决于机床传动链的精度和蜗杆砂轮的形状精度。

（2）磨齿加工的特点及应用

磨齿加工的主要特点是：加工精度高，一般条件下加工精度可达 4 ~ 6 级，表面粗糙度 R_a 为 0.8 ~ 0.2 μm；由于采用强制啮合的方式，因此，不仅修正误差的能力强，而且可以加工表面硬度很高的齿轮。但是，磨齿加工的效率低，机床复杂，调整困难，故加工成本较高，主要应用于齿轮精度要求很高的场合。

4.挤齿

（1）挤齿原理

挤齿加工如图 3.4.17 所示，它是按展成原理进行的无屑加工。挤齿加工所用的工具是高精度、高硬度的齿轮，称为挤轮。挤齿加工过程是挤轮与工件在一定压力下无间隙啮合的自由对滚过程。挤轮与齿轮轴线平行旋转，挤轮宽度大于齿轮宽度，因此，在挤齿过程中，只需要径向进给而无须轴向进给。

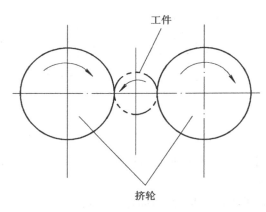

图 3.4.17 挤齿原理

（2）挤齿特点

①精度为 6 ~ 7 级，齿面粗糙度较小，一般 R_a 为 0.04 ~ 0.1 μm。通常作为未淬火齿轮齿形的精加工。

②挤齿对齿轮误差的修正能力与剃齿类同,对第1公差组的误差修正能力弱,要求挤齿前保证,对其他各项误差的修正能力较强。

③挤齿生产率高。一般只需20~30 s,便可完成一个中等尺寸齿轮的加工,为剃齿加工生产率的7~8倍。

④挤轮寿命长,成本低。通常剃齿刀刃磨一次只能剃削几百个齿轮,而挤轮可以加工上万个齿轮。

⑤挤多联齿轮时不受轴向限制,原因是挤齿加工轴线平行,无轴向进给。

⑥挤齿机床结构简单,刚性好,成本低。

任务实施

圆柱齿轮的加工:编制圆柱齿轮(见图3.4.18)的加工工艺过程。

如图3.4.18所示为一双联齿轮,材料为40Cr,精度等级为7级,中批生产。

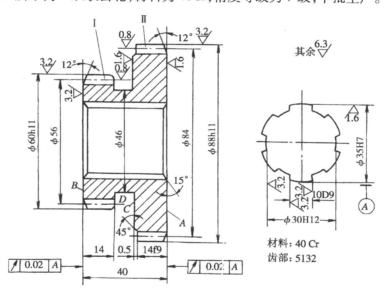

图3.4.18　双联齿轮

(一)圆柱齿轮加工的主要工艺问题

1.圆柱齿轮加工过程分析

加工的第1阶段是齿坯最初进入机械加工的阶段。由于齿轮的传动精度主要决定于齿形精度和齿距分布的均匀性,而这与切齿时采用的定位基准(孔和端面)的精度有着直接的关系,因此,这个阶段主要是为下一阶段加工齿形准备精基准,使齿轮的内孔和端面的精度基本达到规定的技术要求。除了加工出基准外,对于齿形以外的次要表面的加工,也应尽量在这一阶段的后期加以完成。

加工的第2阶段是齿形的加工。对于不需要淬火的齿轮,一般来说这个阶段也就是齿轮的最后加工阶段,经过这个阶段就应当加工出完全符合图样要求的齿轮来。对于需要淬硬的齿轮,必须在这个阶段中加工出能满足齿形的最后精加工所要求的齿形精度,因此,这个阶段的加工是保证齿轮加工精度的关键阶段,应予以特别注意。

加工的第3阶段是热处理阶段。在这个阶段中主要是对齿面的淬火处理,使齿面达到规定的硬度要求。加工的最后阶段是齿形的精加工阶段。这个阶段的目的,在于修正齿轮经过淬火后所引起的齿形变形,进一步提高齿形精度和降低表面粗糙度,使之达到最终的精度要求。在这个阶段中首先应对定位基准面(孔和端面)进行修整,因为淬火以后齿轮的内孔和端面均会产生变形,如直接采用这样的孔和端面作为基准进行齿形精加工,是很难达到齿轮精度要求的。以修整过的基准面定位进行齿形精加工,可以使定位准确可靠,余量分布也比较均匀,以便达到精加工的目的。

2. 齿轮热处理

齿轮加工中根据不同要求,通常安排两种热处理工序:

(1)齿坯热处理

在齿坯粗加工前、后常安排预备热处理——正火或调质。正火安排在齿坯加工前,目的是为了消除锻造内应力,改善材料的加工性能,使拉孔和切齿加工中刀具磨损较慢,表面粗糙度较小,生产中应用较多。调质一般安排在齿坯粗加工之后,可消除锻造内应力和粗加工引起的残余应力,提高材料的综合力学性能,但齿坯硬度稍高,不易切削,故生产中应用较少。

(2)齿面热处理

齿形加工后,为提高齿面的硬度及耐磨性,根据材料与技术要求,常选用渗碳淬火、高频感应加热淬火及液体碳氮共渗等热处理工序。经渗碳淬火的齿轮变形较大,对高精度齿轮尚需进行磨齿加工。经高频感应加热淬火的齿轮变形小,但内孔直径一般会缩小 $0.01 \sim 0.05$ mm,淬火后应予以修正。有键槽的齿轮,淬火后内孔常出现椭圆形现象,为此键槽加工应安排在齿轮淬火之后。

3. 定位基准选择

齿轮定位基准的选择常因齿轮的结构形状不同而有所差异。但一般情况下,为保证齿轮的加工精度,应根据"基准重合"原则,选择齿轮的设计基准、装配基准和测量基准为定位基准,且尽可能在整个加工过程中保持"基准统一"。

齿轮的齿形加工一般选择中心孔定位,某些大模数的轴类齿轮多选择轴颈和一端面定位。

(1)内孔和端面定位,符合"基准重合"原则

采用专用心轴,定位精度较高,生产率高,故广泛用于成批生产中。为保证内孔的尺寸精度和基准端面的跳动要求,应尽量在一次安装中同时加工内孔和基准端面。

(2)外圆和端面定位,不符合"基准重合"原则

用端面作轴向定位,以外圆为找正基准,不需专用心轴,生产率较低,故适用于单件小批生产。为保证齿轮的加工质量,必须严格控制齿坯外圆对内孔的径向圆跳动。

4. 齿坯加工

据前所述,齿坯加工工艺主要取决于齿轮的轮体结构、技术要求和生产类型。轴类、套类齿轮的齿坯加工工艺和一般轴类、套类零件基本相同。对于盘类齿轮的齿坯,若是中小批生产,则尽量在通用机床上进行加工。

对于圆柱孔齿坯,可采用粗车—精车的加工方案:一是在卧式车床上粗车齿坯各部分;二是在一次安装中精车内孔和基准端面,以保证基准端面对内孔的跳动要求;三是以内孔在心轴

上定位,精车外圆、端面及其他部分。

对于花键孔齿坯,采用粗车—拉—精车的加工方案:一是在卧式车床上粗车外圆、端面和花键底孔;二是以花键底孔定位,端面支承,拉花键底孔;三是以花键孔在心轴上定位,精车外圆,端面及其他部分。若是大批量生产,则应采用高生产率的机床和专用高效夹具加工。

无论是圆柱孔还是花键孔齿坯,均采用多刀车—拉--多刀车的加工方案:一是在多刀半自动车床上粗车外圆、端面和内孔;二是以端面支承、内孔定位拉花键孔或圆柱孔;三是以孔在可胀心轴或精密心轴上定位,在多刀半自动车床上精车外圆、端面及其他部分,为车出全部外形表面,常分为两个工序,在两台机床上进行。

在齿轮的技术要求中,如果规定以分度圆弦齿厚或固定弦齿厚的减薄量来测定齿侧间隙,则应注意齿顶圆的尺寸精度要求,因为齿厚的检测是以齿顶圆为测量基准的,齿顶圆精度太低,必然使所测量出的齿厚值无法正确反映齿侧间隙的大小。因此,在这一加工过程中应注意下列问题:

①当以齿顶圆直径作为测量基准时,应严格控制齿顶圆的尺寸精度。

②定位端面和定位孔或外圆相互的垂直度。

③高齿轮内孔的制造精度,减小与夹具心轴的配合间隙。

5. 齿形加工方案选择

齿形加工方案的选择,主要取决于齿轮的精度等级、生产批量和齿轮的热处理方法等。

(1)8 级或 8 级以下精度的齿轮加工方案

对于不淬硬的齿轮,用滚齿或插齿即可满足加工要求;对于淬硬齿轮,可采用滚(或插)齿—齿端加工—齿面热处理—修正内孔的加工方案。但热处理前的齿形加工精度应比图样要求提高一级。

(2)6~7 级精度的齿轮加工方案

①剃—珩齿方案:滚(或插)齿—齿端加工—剃齿--齿面热处理—修正基准—珩齿。

②磨齿方案:滚(或插)齿—齿端加工—齿面热处理(渗碳淬火)—修正基准—磨齿。

剃—珩齿方案生产率高,广泛用于 7 级精度齿轮的成批生产中。磨齿方案生产率低,一般用于 6 级精度以上或虽低于 6 级但淬火后变形较大的齿轮。

随着刀具材料的不断发展,用硬滚、硬插、硬剃代替磨齿,用珩齿代替剃齿,可取得很好的经济效益。

5 级精度以上的齿轮一般应选磨齿方案。

6. 齿端加工

齿轮的齿端加工有倒圆、倒尖、倒棱(见图 3.4.19)和去毛刺等,一般在齿轮倒角机上进行。倒圆、倒尖后的齿轮,沿轴向滑动时容易进入啮合,因此,滑移齿轮常进行齿端倒圆。倒棱可去除齿端的锐边,这些锐边经渗碳淬火后很脆,在齿轮传动中易崩裂。

7. 基准修正

齿轮淬火后基准孔常产生变形,为保证齿形精加工质量,对基准孔必须进行修正。对大径定心的花键孔齿轮,通常用花键推刀修正。推孔时要防止推刀歪斜,有的工厂采用加长推刀前引导来防止推刀歪斜,取得了较好效果。

对圆柱孔齿轮的修正,可采用推孔或磨孔,推孔生产率高,常用于内孔未淬硬的齿轮;磨孔精度高,但生产率低,对整体淬火齿轮和内孔较大、齿厚较薄的齿轮,均以磨孔为宜。

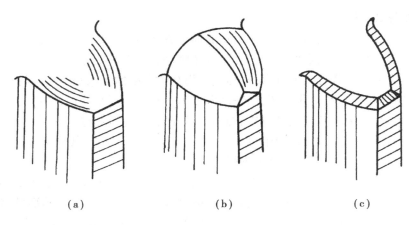

(a)　　　　　　　　　(b)　　　　　　　　　(c)

图 3.4.19　齿端加工方式
(a)倒圆　(b)倒尖　(c)倒棱

（二）制订双联齿轮加工工艺过程

考虑圆柱齿轮加工的主要工艺问题后,制订的双联齿轮加工工艺过程见表3.4.4。

表 3.4.4　双联齿轮加工工艺过程

序号	工序内容	定位基准
1	毛坯锻造	
2	正火	
3	粗车外圆及端面,留余量 1.5～2 mm,钻镗底孔至尺寸 ϕ30H12	外圆及端面
4	拉花键孔	ϕ30H12 及 A 面
5	钳工去毛刺	
6	上心轴,精车外圆、端面及槽至要求尺寸	花键孔及 A 面
7	检验	
8	滚齿（$Z=42$）,留剃齿余量 0.07～0.10 mm	花键孔及 A 面
9	插齿（$Z=28$）,留剃齿余量 0.04～0.06 mm	花键孔及 A 面
10	倒角（Ⅰ,Ⅱ齿圆 12°牙角）	花键孔及端面
11	钳工去毛刺	
12	剃齿（$Z=42$）,公法线长度至尺寸上限	花键孔及 A 面
13	剃齿（$Z=28$）,公法线长度至尺寸上限	花键孔及 A 面
14	齿部高频感应加热淬火:5132	
15	推孔	花键孔及 A 面
16	珩齿（Ⅰ,Ⅱ）至要求尺寸	花键孔及 A 面
17	总检入库	

任务考评

评分标准见表3.4.5。

表3.4.5 评分标准

序号	考核内容	考核项目	配分	检测标准
1	圆柱齿轮的材料、毛坯及热处理	1. 圆柱齿轮的材料 2. 圆柱齿轮的毛坯及热处理 3. 圆柱齿轮齿坯加工方法	12分	1. 熟悉圆柱齿轮的材料(3分) 2. 熟悉圆柱齿轮毛坯及热处理(3分) 3. 熟悉圆柱齿轮齿坯加工方法(6分)
2	滚齿	1. 滚齿加工的工艺特点 2. 滚齿原理及滚刀的安装 3. 滚齿加工质量分析	32分	1. 熟悉滚齿加工的工艺特点(12分) 2. 熟悉滚齿原理及滚刀的安装(12分) 3. 能进行滚齿加工质量分析(8分)
3	插齿	1. 插齿原理及所需的运动 2. 插齿的工艺特点及应用范围	16分	1. 熟悉插齿原理及所需的运动(8分) 2. 熟悉插齿的工艺特点及应用范围(8分)
3	圆柱齿轮齿面的精加工	1. 剃齿原理、工艺特点及应用 2. 珩齿原理、工艺特点及应用 3. 磨齿原理、工艺特点及应用	20分	1. 熟悉剃齿原理、工艺特点及应用(6分) 2. 熟悉珩齿原理、工艺特点及应用(6分) 3. 熟悉磨齿原理、工艺特点及应用(8分)
4	圆柱齿轮的加工	编制圆柱齿轮的加工工艺规程	20分	加工工艺规程正确(20分)
		总计	100分	

思考与练习题

3.4.1 齿轮传动的基本要求有哪些?

3.4.2 试述滚齿加工的基本原理。

3.4.3 齿轮滚刀安装角对切削条件、刀具寿命等有何影响?

3.4.4 齿轮滚刀的前、后角是怎样形成的?

3.4.5 滚齿加工和插齿加工各有什么特点?

3.4.6 齿形加工中常用哪些热处理工艺?热处理后如何精修基准?

3.4.7 齿形加工方案怎样确定?

3.4.8 编制圆柱齿轮(见图3.4.20)的加工工艺过程。

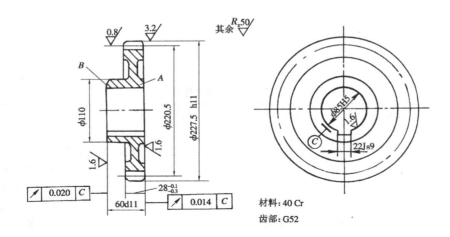

图 3.4.20　圆柱齿轮

零件加工质量与加工精度的分析与控制

知识点

◆加工误差的概念。

◆分析工艺系统的几何误差、定位误差引起的加工误差，提出控制加工误差的措施。

◆分析工艺系统的受力变形、受热变形、工件内应力引起的加工误差，提出控制加工误差的措施。

◆综合分析加工误差及提出改善加工精度的工艺措施。

技能点

零件加工精度与质量的分析以及控制的措施。

 任务描述

工件质量包括加工精度和表面质量两方面。

机械加工精度是指零件加工后的实际几何参数(尺寸、形状和表面间的相互位置)与理想几何参数的符合程度。实际加工不可能做得与理想零件完全一致，总会有大小不同的偏差，零件加工后的实际几何参数(尺寸、形状和表面间的相互位置等)对理想几何参数的偏离程度，称为加工误差。在机械加工中存在着各种产生误差的因素，加工误差是不可避免的。保证零件的加工精度就是设法使加工误差控制在许可的偏差范围。表面质量是零件加工质量的组成部分之一。零件的磨损、腐蚀和疲劳损坏都是从零件表面开始的，所以零件的表面加工质量将直接影响零件的工作性能。

 任务分析

零件的加工精度包含 3 方面的内容：尺寸精度、形状精度和位置精度。这 3 者之间是有联系的。通常形状公差应限制在尺寸公差之内，而位置误差一般也应限制在尺寸公差之内。当尺寸精度要求高时，相应的位置精度、形状精度也要求高。但形状精度要求高时，相应的位置精度和尺寸精度有时不一定要求高，这需要根据零件的功能要求来决定。

一般情况下，零件的加工精度越高则加工成本相对地也越高，生产效率则相对地越低。因此，设计人员应根据零件的使用要求，合理地规定零件的加工精度。工艺人员则应根据设计要求、生产条件等采取适当的工艺方法,以保证加工误差不超过允许范围,并在此前提下尽量提高生产率和降低成本。

零件的机械加工是在工艺系统内完成的。零件的几何尺寸、几何形状和表面之间的相互位置关系取决于刀具与工件之间的相对运动关系。因此,工艺系统各种误差就会以不同的程度和方式反映为零件的加工误差。工艺系统的误差,一方面是系统各环节本身及其相互之间的几何关系、运动关系与调整测量等因素的误差,另一方面是加工过程中因负载等因素使系统偏离其理论状态而产生的误差。

经过机械加工的零件表面总是存在一定程度的微观不平、冷作硬化、残余应力及金相组织的变化,虽然只产生在很薄的表面层,但对零件的使用性能的影响是很大的。机械加工表面质量是指机械加工后零件表面层的微观几何特征和表面层金属材料的物理学性能。

 相关知识

(一)机械加工误差概述

在机械加工时,由机床、夹具、刀具和工件构成的系统称为工艺系统。在工艺系统各环节中,所存在的各种误差称为原始误差。正是由于工艺系统各环节中存在各种原始误差,才使得工件加工表面的尺寸、形状和相互位置关系发生变化,造成加工误差。为了保证和提高零件的加工精度,必须采取措施消除或减少原始误差对加工精度的影响,将加工误差控制在允许的变动范围(公差)内。影响原始误差的因素很多,一部分与工艺系统本身的初始状态有关,另一部分与切削过程有关,还有一部分与加工后的情况有关。一般可将其做如图4.1所示的分类。

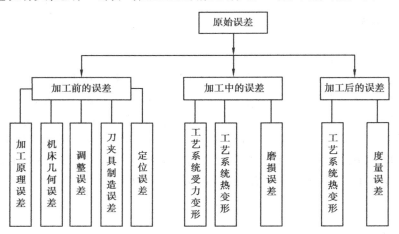

图4.1 原始误差

(二)加工原理误差及其对加工精度的影响

加工原理误差是由于采用了近似的成形运动或近似的刀刃轮廓所产生的误差。因为它是在加工原理上存在的误差,故称加工原理误差。

一般情况下,为了获得规定的加工表面,刀具和工件之间必须做相对准确的成形运动。例如,车削螺纹时,必须使刀具和工件间完成准确的螺旋运动(即成形运动);滚切齿轮时,必须使滚刀和工件间有准确的展成运动。在生产实践中,采用理论上完全精确的成形运动是不可能实现的,因此,在这种情况下通常采用近似的成形运动,以获得较高的加工精度和提高加工效率,使加工更为经济。

用成形刀具加工复杂的曲面时,常采用圆弧、直线等简单的线型替代。例如,常用的齿轮滚刀就有两种误差:一是滚刀刀刃的近似造型误差,即由于制造上的困难,采用阿基米德基本蜗杆或法向直廓基本蜗杆代替渐开线基本蜗杆;二是由于滚刀刀刃数有限,所切成的齿轮齿形是一条折线,并非理论上的光滑曲线,因此,滚切齿轮是一种近似的加工方法。

所有上述这些因素,都会产生加工原理误差。加工原理误差的存在,会在一定程度上造成工件的加工误差。

(三)工艺系统的几何误差

工艺系统的几何误差主要指机床、刀具和夹具本身在制造时所产生的误差,以及使用中产生的磨损和调整误差。这类原始误差在加工过程开始之前就客观存在,并在加工过程中反映到工件上。

1.机床的几何误差

加工中刀具相对工件的各种成形运动,一般是由机床来完成的,机床的几何误差会通过成形运动反映到工件的加工表面上。机床的几何误差来源于机床的制造、磨损和安装误差3个方面。这里着重分析对工件加工精度影响较大的主轴回转误差、导轨的导向误差和传动链传动误差。

(1)机床主轴回转误差

①主轴回转误差的概念及其影响因素

加工时要求机床主轴具有一定的回转运动精度,即加工过程中主轴回转中心相对刀具或工件的位置精度。当主轴回转时,理论上其回转轴线在空间的位置应当稳定不变,但实际上由于各种原因,其位置总是变动,即存在着回转误差。所谓主轴回转误差,就是主轴的实际回转轴线相对于平均回转轴线(实际回转轴线的对称中心线)的最大变动量。

主轴回转误差可分为3种基本形式:轴向窜动、径向圆跳动和纯角度摆动,如图4.2所示。

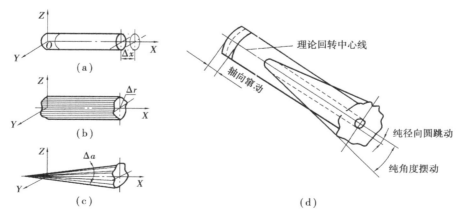

图4.2　主轴回转误差的基本形式及综合
(a)轴向窜动　(b)纯径向圆跳动　(c)纯角度摆动　(d)综合

②主轴回转误差对加工精度的影响

切削加工过程中,机床主轴的回转误差使得刀具和工件间的相对位置不断改变,影响着成形运动的准确性,在工件上引起加工误差。然而,刀具相对于加工表面的位移方向不同时,对加工精度的影响程度是不一样的。

如图4.3所示为车削外圆表面时发生在不同方向上的相对位移对加工工序尺寸所产生的影响。在图4.3(b)中,刀具在加工表面法线方向上发生了大小为ΔY的相对位移。这时,工件半径上出现的加工误差$\Delta R = \Delta Y$,即法向位移ΔY按1:1的比例转化为加工误差ΔR。可见,这个方向上的相对位移对加工精度影响很大。因此,将这个法向方向称为误差敏感方向。图4.3(a)表示在切向发生了大小为ΔZ的相对位移。可以看出,下面的关系式成立:

$$(R + \Delta R)^2 = R^2 + \Delta Z^2$$

展开并整理,得

$$\Delta R = \frac{\Delta Z^2}{2R} - \frac{\Delta R^2}{2R}$$

因为$\Delta R^2/2R$是ΔR的高阶无穷小量,故可舍去不计,则:

由于ΔZ也是一个微量,故ΔR非常小,也就是说,发生在切向的相对位移对加工精度几乎没有影响,可以忽略不计。该切向方向称为误差非敏感方向。即

$$\Delta R \approx \frac{\Delta Z^2}{2R}$$

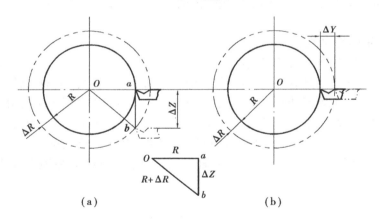

图4.3 回转误差对加工精度的影响

主轴的纯轴向窜动对内、外圆的加工精度没有影响,但所车削端面与内外圆轴线不垂直。假设车削时主轴每转一周,沿轴向窜动一次,向前窜动的半周中形成右旋面,向后窜动的半周中形成左旋面,最后切出如同端面凸台的形状,如图4.4所示。当加工螺纹时必然会产生螺距的小周期误差。

车削外圆表面时,主轴纯角度摆动对圆度误差的影响不大,即外圆表面的每个横截面仍然是一个圆,但整个工件成锥形,即产生了圆柱度误差。镗孔时,由于主轴的纯角度摆动形成主轴回转轴心线与工作台导轨不平行,镗出的孔将成椭圆形,如图4.5所示。

③提高主轴回转精度的措施

为了提高主轴的回转精度,需提高主轴部件的制造精度,其中由于轴承是影响主轴回转精度的关键部件,因此,对于精密机床宜采用精密滚动轴承、多油楔动压和静压滑动轴承。对于

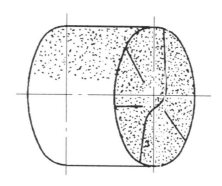

图 4.4　主轴轴向窜动对端面加工的影响

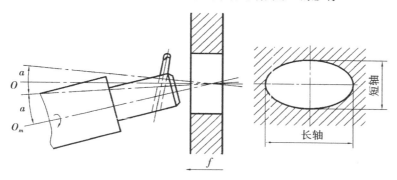

图 4.5　纯角度摆动对镗孔的影响

O—工件孔轴心线；O_m—主轴回转轴心线

滚动轴承，可进行预紧以消除间隙，还可通过提高主轴支承轴径、箱体支承孔的加工精度来提高主轴的回转精度。在使用过程中，对主轴部件进行良好的维护保养以及定期维修，也是保证主轴回转精度的措施。

另外，还可采取措施减小机床主轴回转误差对加工精度的影响。例如，在外圆磨床上采用死顶尖磨削外圆，由于顶尖不随主轴回转，因此，主轴回转误差对工件回转精度无影响，故工件回转精度高，加工精度高。这是磨削外圆时消除机床主轴回转误差对加工精度影响的主要方法，并被广泛地应用于检验仪器和其他精密加工机床上。当用死顶尖时，两顶尖或两中心孔的同轴度、顶尖和中心孔的形状误差、接触精度等，都会不同程度地影响工件的回转精度，故应严格控制。

（2）机床导轨导向误差

机床导轨是机床工作台或刀架等实现直线运动的主要部件。因此，机床导轨的制造误差、工作台或刀架等与导轨之间的配合误差是影响直线运动精度的主要因素。导轨的各项误差将直接反映到工件加工表面的加工误差中。

例如，外圆磨床导轨在平面内的直线度误差（见图 4.6）使工件随同工作台在 X 方向产生位移 Δ，导致工件在半径方向的误差 ΔR。当磨削长工件时，刚性较差的工作台贴合在导轨上往复运动，其运动轨迹受导轨直线度的影响，造成工件的圆柱度误差。

而外圆磨床导轨在垂直面内的直线度误差（见图 4.7），将引起工件相对砂轮的切向位移

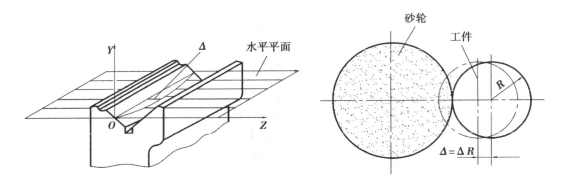

图 4.6　磨床导轨在水平面内的直线度误差

(a)水平面内的误差　　(b)工件产生的误差

$\Delta = h$,由于该方向对于磨削外圆来说是误差的非敏感方向,因此,对工件的加工精度影响甚小。但对平面磨床、龙门刨床、铣床等,导轨在垂直面内的直线度误差,会引起工件相对砂轮(刀具)的法向位移,由于该方向对于磨、铣平面来说是误差的敏感方向,因此,对工件垂直方向的尺寸精度、平行度和平面度等影响较大。

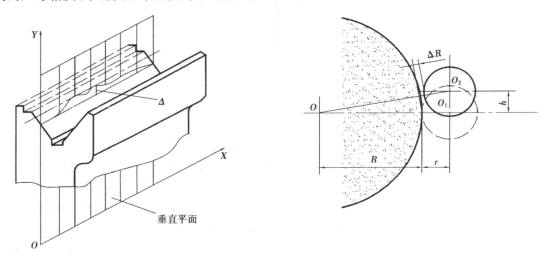

图 4.7　磨床导轨在垂直面内的直线度误差

　　机床两导轨的平行度误差(扭曲)使工作台移动时产生横向倾斜(摆动),刀具相对于工件的运动将变成一条空间曲线,因而引起工件的形状误差。如图 4.8 所示,车削或磨削外圆时,机床导轨的扭曲会使工件产生圆柱度误差。

　　机床导轨与主轴回转轴线的平行度误差,也会使工件产生加工误差。例如,车削或磨削外圆时,机床导轨与主轴回转轴线在水平面内有平行度误差,会使工件产生圆柱度误差,即形成锥度。

　　(3)传动链误差

　　在机械加工中,对于某些表面的加工,如车螺纹时,要求工件旋转一转,刀具必须走一个导程。滚齿和插齿时,要求工件转速与刀具转速之比保持恒定不变。这种速比关系的获得取决于机床传动系统中工件与刀具之间的内联系传动链的传动精度,而该传动精度又取决于传动链中各传动零件的制造和装配精度,以及在使用过程中各传动零件的磨损程度。另外,各传动零件在传动链中的位置不同,对传动链传动精度的影响程度也不同。显然,传动机构越多,传动路线越长,则总的传动误差越大。

因此,为保证传动链的传动精度,应注意保证传动机构尤其是末端传动件的制造和装配精度,尽量减少传动元件,缩短传动路线。此外,在使用过程中进行良好的维护保养以及定期维修,也是保证传动链传动精度的必要措施。

2. 调整误差

在零件加工的每一道工序中,为了获

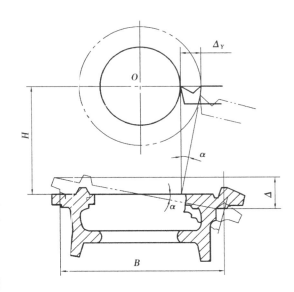

图4.8　车床导轨的扭曲

得加工表面的尺寸、形状和位置精度,总需要对机床、夹具和刀具进行调整,任何调整工作都必然会带来一定的误差。

机械加工中零件的生产批量和加工精度往往要求不同,所采用的调整方法也不同。例如,大批量生产时,一般采用样板、样件、挡块及靠模等调整工艺系统;在单件小批生产中,通常利用机床上的刻度或利用量块进行调整。调整工作的内容也因工件的复杂程度而异。因此,调整误差是由多种因素引起的。

(1)试切法加工

在单件小批生产中,常采用试切法调整进行加工,即对工件进行试切—测量—调整—再试切,直至达到所要求的精度,它的误差来源主要有:

①测量误差　测量工具的制造误差、读数的估计误差以及测量温度和测量等引起的误差都将掺入到测量所得的读数中,这无形中扩大了加工误差。

②微进给机构的位移误差　在试切中,总是要微量调整刀具的进给量,以便最后达到工件的尺寸精度。但是在低速微量进给中,进给机械常会出现"爬行"现象,即由于传动链的弹性变形和摩擦,摇动手轮或手柄进行微量进给时,执行件并不运动,当微量进给量累积到一定值时,执行件又突然运动。结果使刀具的实际进给量比手柄刻度盘上显示的数值总要偏大或偏小些,以至难以控制尺寸精度,造成加工误差。

消除"爬行"现象的措施如下:

A. 改善润滑条件　在机床进给机构的滑移面(如工作台和导轨)间施加适当的润滑油,使得在滑移面形成一层油膜,这样就会减少"爬行"现象的出现。

B. 改进机床设计　选用适当的导轨材料或以滚动导轨、静压导轨来替代滑动导轨,以及减少传动件、提高传动件的刚度等,以避免"爬行"现象。

③最小切削厚度极限　在切削加工中,刀具所能切削的最小厚度是有一定限度的。锋利的刀刃可切下5 μm,已钝的刀刃只能切下20～50 μm,切削厚度再小时刀刃就切不下金属,而在金属表面上打滑,只起挤压作用,因此,最后所得的工件尺寸就会有误差。

（2）调整法加工

在中批量以上的生产中，常采用调整法加工，所产生的调整误差与所用的调整方法有关。

①用定程机构调整　在半自动机床、自动机床和自动线上，广泛应用行程挡块、靠模及凸轮等机构来调整。这些机构的制造精度、刚度，以及与其配合使用的离合器、控制阀等的灵敏度，就成了产生调整误差的主要因素。

②用样板或样件调整　在各种仿形机床、多刀机床及专业机床中，常采用专门的样件或样板来调整刀具与刀具、工件与刀具的相对位置，以保证工件的加工精度。在这种情况下，样件或样板本身的制造误差、安装误差和对刀误差，就成了产生调整误差的主要因素。

③用对刀装置或引导元件调整　在采用专用铣床夹具或专用钻床夹具加工工件时，对刀块、塞尺和钻套的制造误差，对刀块和钻套相对定位元件的误差，以及钻套和刀具的配合间隙，是产生调整误差的主要因素。

3. 刀具、夹具的制造误差及工件的定位误差

机械加工中常用的刀具有一般刀具、定尺寸刀具及成形刀具。

一般刀具（如普通车刀、单刃镗刀及平面铣刀等）的制造误差，对加工精度没有直接影响。

定尺寸刀具（如钻头、铰刀、拉刀及槽铣刀等）的尺寸误差，直接影响工件的尺寸精度。另外，刀具的工作条件，如机床主轴的跳动或因刀具安装不当引起的径向或端面圆跳动等，都会使工件产生加工误差。

成形刀具（如成形车刀、成形铣刀以及齿轮滚刀等）的制造误差，主要影响被加工面的形状精度。

夹具的制造误差是指定位元件、导向元件及夹具体等零件的制造和装配误差。这些误差对工件的精度影响较大。因此，在设计和制造夹具时，凡影响工件加工精度的尺寸和位置误差都应严格控制。

4. 工艺系统的磨损误差

（1）工艺系统的磨损对加工精度的影响

工艺系统在长期的使用中，会产生各种不同程度的磨损。这些磨损必将扩大工艺系统的几何误差，影响工件的各项加工精度。例如，机床导轨面的不均匀磨损，会造成工件的形状误差和位置误差；量具在使用中的磨损，会引起工件的测量误差。

工艺系统中机床、夹具、刀具以及量具虽然都会磨损，但其磨损速度和程度对加工精度的影响不同。其中以刀具的磨损速度最快，甚至有时在加工一个工件的过程中，就可能出现不能允许的磨损量，而机床、量具、夹具的磨损比较缓慢，对加工精度的影响也不明显，故对它们一般只进行定期鉴定和维修。

（2）减少工艺系统磨损的主要措施

①对机床的主要表面采用防护装置　如精密机床的导轨面、传动丝杠或蜗杆副采用密封防护装置，防止灰尘或切屑进入，或者将其浸入油中以减少磨损，延长使用寿命。

②采取有效的润滑措施　对机床相对运动表面经常润滑，防止和减少磨损，以尽量保持其零部件的原有精度。

③提高零部件的耐磨性　机床、夹具或量具等工作表面采用耐磨材料（如耐磨铸铁、硬质合金等）制造或镶贴，工件通过热处理（表面淬硬）提高其耐磨性。

④选用新的耐磨刀具材料（如立方氮化硼）　采用这种措施不仅可高速切削，且刀具使用

寿命长。

(四)定位误差

在机械加工过程中,产生加工误差的因素很多,其中有一项与采用夹具来安装工件进行加工有关。夹具的设计与制造所造成的误差必然会影响工件的定位精度,从而反映在工件的加工精度上。为了使工艺系统能够加工出合格的工件,系统中各组成误差的总和 $\sum \Delta$ 应不超过加工允差或位置公差 δ_G,即

$$\sum \Delta \leqslant \delta_G$$

而

$$\sum \Delta = \Delta_J + \Delta_G \qquad \Delta_J = \Delta_D + \Delta_{T-A}$$

从而有

$$\Delta_D + \Delta_{T-A} + \Delta_G \leqslant \delta_G \qquad (\text{误差计算不等式})$$

式中　Δ_J——与夹具有关的加工误差;

Δ_G——除夹具外与工艺系统其他因素有关的加工误差;

Δ_D——工件在夹具中定位时产生的定位误差;

Δ_{T-A}——夹具在机床上调整安装时产生的误差。

由此可见,在夹具设计与制造中,为了满足加工要求,要尽可能设法减少这些与夹具有关的加工误差。如果这部分误差所占比例很大,则留给补偿其他加工误差的比例就很小,结果不是降低了工件的加工精度,就是有可能造成超差而导致工件报废。这里只讨论定位误差问题。

在根据经验或类比法初步确定工件的定位方案后,可假设误差计算不等式中的 3 项误差各占工件允差的 $\dfrac{1}{3}$,最后可根据实际情况进行调整。如果满足 $\Delta_D \leqslant \dfrac{1}{3}\delta_G$,则合格;若 $\Delta_D > \dfrac{1}{3}\delta_G$,则表明定位误差按绝对平均法所分得的允许公差已经超差,此时应按综合调整法相互调剂,使 3 项误差的总和不超过工序公差要求,或采取相应工艺措施解决超差问题。

1. 定位误差产生的原因

(1)基准不重合误差

因定位基准与工序基准不重合而引起的定位误差,称为基准不重合误差,以 Δ_B 表示。

如图 4.9(a)所示为铣削台阶面工序简图,如图 4.9(b)所示为其定位简图。要求保证尺寸 $L_1 \pm T_1/2$ 和 $H_1 \pm T_{H_1}/2$。由图 4.9(a)知,尺寸 L_1 的工序基准是 E 面,由图 4.9(b)知其定位基准是 A 面,二者不重合。这样,对于一批工件而言,当刀具按定位基准 A 面调整好位置时,其中,每个工件的 E 面位置却是随尺寸 $L_2 \pm T_2/2$ 的变化而变化的。

由图 4.9(b)可知,此时一批工件的 E 面位置可能发生的最大变动量为 ΔL_2,它便是尺寸 L_2 的公差,即 $\Delta L_2 = T_2 = L_{2\max} - L_{2\min}$。因此,在尺寸 L_1 中实际上附加了 ΔL_2 这样一个误差值,这个误差就是基准不重合误差 Δ_B,它将直接影响加工尺寸 L_1 的精度。

对尺寸 H_1 而言,其工序基准与定位基准均为 B 面,二者重合,不存在 Δ_B。

(2)基准位移误差

对于有些定位方式来说,即使基准重合,也会产生另一种形式的定位误差,即由于定位基准本身发生位移而引起的基准位移误差。

209

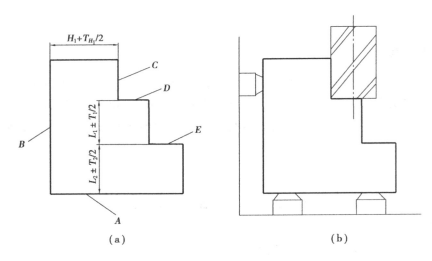

图 4.9　基准不重合误差示例

工件在夹具中定位时,由于定位副制造不准确及最小配合间隙的影响,定位基准本身在加工尺寸方向上会产生一定的位移量,从而导致各个工件的位置不一致,造成加工误差,故把这种误差称为基准位移误差,以 Δ_Y 表示。

不同的定位方式,其基准位移误差的分析和计算方法也不同。

①工件以圆孔面定位

A. 当定位元件与定位孔为间隙配合时(如图 4.10 所示),由于配合间隙的影响,会使工件内孔的中心(定位基准)与定位心轴中心发生偏移,其最大偏移量(即最大配合间隙)就是基准位移误差。可按下式计算:

$$\Delta_Y = X_{max} = \delta_D + \delta_d + X_{min}$$

式中　X_{max}——定位副最大配合间隙;

　　　δ_D——工件定位基准孔的直径公差;

　　　δ_d——圆柱定位销或圆柱心轴的直径公差;

　　　X_{min}——定位副所需最小间隙,由设计时确定。

基准位移误差的方向是任意的。减小定位副的配合间隙,即可减小 Δ_Y 值,从而提高定位精度。

B. 当定位元件与定位孔为过盈配合时,不存在间隙,定位基准(内孔轴线)相对定位元件没有位置变化,即 $\Delta_Y = 0$,故可实现定心定位。

②工件以外圆柱面定位

用定位套内孔定位的基准位移误差与用圆柱心轴定位时的基准位移误差分析计算一致。如图 4.11 所示,因 V 形块的对中定心性很好,工件的定位面虽是外圆面,但

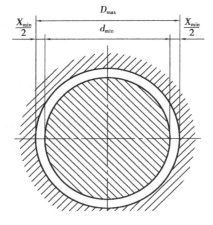

图 4.10　工件以内孔在心轴(或定位销)上定位

定位基准是外圆轴线。如果不考虑 V 形块的制造误差,则定位基准一定在 V 形块对称平面上,它在水平方向上的位移为零,但在垂直方向上,由于定位外圆面的直径有制造误差,引起定位基准相对定位元件发生位置变化,其最大变化量即为基准位移误差。可按下式计算:

$$\Delta_Y = OO_1 = \frac{\delta_d}{2 \sin \dfrac{\alpha}{2}}$$

式中　δ_d——工件定位基准的直径公差;

　　　α——V 形块两斜面夹角。

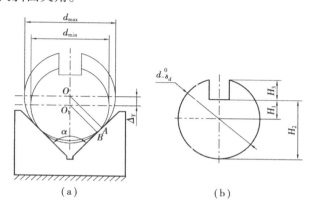

图 4.11　工件以外圆在 V 形块上定位铣键槽

③结论

A. 工件在夹具中定位时,不仅要限制工件的自由度,使工件在加工尺寸方向上有确定的位置,而且还必须尽量设法减少定位误差,保证有足够的定位精度。

B. 一批工件在夹具中定位时产生定位误差的原因有两个:一是由于定位基准与工序基准不重合,引起一批工件的工序基准相对定位基准产生了位置变化,即存在基准不重合误差 Δ_B;二是由于定位副制造不准确,引起一批工件的定位基准相对定位元件发生了位置变化,即存在基准位移误差 Δ_Y。

C. 工件以平面定位时,由于定位基准面的形状误差(如定位基准面的平行度误差、两基准面间的垂直度误差等),也会引起基准位移误差,但误差值一般较小,可忽略不计,即工件以平面定位时,一般只考虑基准不重合误差,而忽略基准位移误差,即 $\Delta_Y = 0$。

④分析计算定位误差时应注意的问题

A. 由以上分析可知,工序基准相对于被加工表面在加工尺寸方向上所产生的最大位移量,便是定位误差。假如工序基准的位移方向与加工方向不一致,则只要考虑工序基准在加工尺寸方向上的最大位移即可。

B. 某一工序的定位方案可以对本工序所有加工精度参数产生不同的定位误差,因此,应对所有精度参数逐个分析,计算其定位误差。

C. 定位误差主要发生在采用夹具装夹工件,并按调整法保证加工精度的情况下。如果按逐件试切法加工,则不存在定位误差。

D. 分析计算得出的定位误差值是指加工一批工件时可能产生的最大定位误差值,它是一个界限值,而不是指某一工件精度参数的定位误差的具体数值。

2. 定位误差的计算示例

（1）定位误差的正确叠加

由定位误差产生的原因可知,定位误差由基准不重合误差 Δ_B 和基准位移误差 Δ_Y 组成。

① 当 $\Delta_B = 0, \Delta_Y \neq 0$ 时, 定位误差是由基准位移引起的, $\Delta_D = \Delta_Y$。

② 当 $\Delta_B \neq 0, \Delta_Y = 0$ 时, 定位误差是由基准不重合引起的, $\Delta_D = \Delta_B$。

③ 当 $\Delta_B \neq 0, \Delta_Y \neq 0$ 时,如果工序基准不在工件定位面上（造成基准不重合误差和基准位移误差的原因是相互独立的因素）时,则定位误差为两项之和,即

$$\Delta_D = \Delta_Y + \Delta_B$$

如果工序基准在工件定位面上（造成基准不重合误差和基准位移误差的原因是同一因素）时, 则定位误差为

$$\Delta_D = \Delta_Y \pm \Delta_B$$

其中,"+""−"号的判定原则为:在力求使定位误差为最大（即极限位置法则）的可能条件下,当 Δ_Y 和 Δ_B 均引起工序尺寸作相同方向变化时取"+"号；反之,则取"−"号。

以图 4.11（b）为例说明如下:

A. 当工序尺寸为 H_1 时,因基准重合, $\Delta_B = 0$。故有

$$\Delta_D(H_1) = \Delta_Y = \frac{\delta_d}{2\sin\left(\dfrac{\alpha}{2}\right)}$$

B. 当工序尺寸为 H_2 时,因基准不重合, 则

$$\Delta_B = \frac{\delta_d}{2} \qquad \Delta_Y = \frac{\delta_d}{2\sin\left(\dfrac{\alpha}{2}\right)}$$

分析:当定位外圆直径由大变小时,定位基准下移,从而使工序基准也下移,即 Δ_Y 使工序尺寸 H_2 增大；与此同时,假定定位基准不动,当定位外圆直径仍由大变小时（注意:定位外圆直径变化趋势要同前一致）,工序基准上移,即 Δ_B 使工序尺寸 H_2 减小。

因 Δ_B, Δ_Y 引起工序尺寸 H_2 做反方向变化,故取"−"号, 则

$$\Delta_D(H_2) = \Delta_Y - \Delta_B = \frac{\delta_d}{2\sin\left(\dfrac{\alpha}{2}\right)} - \frac{\delta_d}{2}$$

C. 当工序尺寸为 H_3 时,同理可知

$$\Delta_D(H_3) = \Delta_Y + \Delta_B = \frac{\delta_d}{2\sin\left(\dfrac{\alpha}{2}\right)} + \frac{\delta_d}{2}$$

（2）定位误差计算示例

例 4.1 如图 4.12 所示为一盘类零件钻削孔 $\phi5$ 时的 3 种定位方案。试分别计算被加工孔的位置尺寸 L_1, L_2, L_3 的定位误差。

① 对如图 4.12（a）所示的定位方案,加工尺寸 $L_1 \pm 0.10$ 的工序基准为定位孔的轴线,定位基准也是该孔的轴线,二者重合,则 $\Delta_B = 0$。

由于定位内孔与定位销之间的配合尺寸为 22H7/g6（ +0.021 0/ −0.001 −0.02）（属于间隙配合）,当在夹具上装夹这一批工件时,定位基准必然会发生相对位置变化,从而产生基

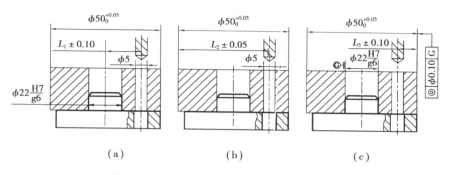

图 4.12　以短销定位时的定位误差分析计算

准位移误差,即

$$\Delta_D = \Delta_Y = 0.041 \text{ mm}$$

因

$$\Delta_D < \frac{1}{3}\delta_G = \frac{1}{3} \times 0.20 \text{ mm} = 0.067 \text{ mm}$$

则该定位方案合格。

②对如图 4.12(b)所示的定位方案,加工尺寸 $L_2 \pm 0.05$ 的工序基准为外圆面的左母线,定位基准为孔的轴线,二者不重合,联系尺寸为 $50_0^{+0.05}/2$,则

$$\Delta_B = \frac{0.05}{2} \text{ mm} = 0.025 \text{ mm}$$

同理,由于定位副之间存在配合间隙,其基准位移误差

$$\Delta_Y = 0.041 \text{ mm}$$

因为基准不重合误差是由尺寸 $\phi 50_0^{+0.05}$ 引起的,而基准位移误差是由配合间隙引起的,二者为相互独立因素,则

$$\Delta_D = \Delta_Y + \Delta_B = 0.025 \text{ mm} + 0.041 \text{ mm} = 0.066 \text{ mm}$$

因

$$\Delta_D > \frac{1}{3}\delta_G = \frac{1}{3} \times 0.10 \text{ mm} = 0.033 \text{ mm}$$

则该定位方案不合格。

③对如 4.12 图(c)所示的定位方案,加工尺寸 $L_3 \pm 0.10$ 的工序基准为外圆面的右母线,定位基准为孔的轴线,二者不重合,联系尺寸为

$$\frac{50_0^{+0.05}}{2} + (0 \pm 0.05)$$

特别注意同轴度的影响,故

$$\Delta_B = 0.025 \text{ mm} + 2 \times 0.05 \text{ mm} = 0.125 \text{ mm}$$

同理,基准位移误差为 $\Delta_Y = 0.041 \text{ mm}$。

因工序基准不在工件定位面(内孔)上,则

$$\Delta_D = \Delta_Y + \Delta_B = 0.125 \text{ mm} + 0.041 \text{ mm} = 0.166 \text{ mm}$$

因

213

$$\Delta_D > \frac{1}{3}\delta_G = \frac{1}{3} \times 0.20 \text{ mm} = 0.067 \text{ mm}$$

则该定位方案不合格。

讨论：

①在图 4.12(b) 和图 4.12(c) 方案中，因定位基准选择不当，均出现定位误差太大的情况，从而影响工序精度，定位方案不合理。实际上，尺寸 L_2 的定位误差占其工序允差的比例为 0.066/0.10 = 66%，尺寸 L_3 的定位误差占其工序允差的比例为 0.166/0.20 = 83%，所占比例过大，不能保证加工要求，需改进定位方案。若改为如图 4.13 所示以 V 形块定位的方案，则此时尺寸 $L_2 \pm 0.05$ 的定位误差为

$$\Delta_D = \Delta_Y - \Delta_B = \frac{0.05}{2\sin\left(\frac{90°}{2}\right)} - \frac{0.05}{2}$$

$$= 0.035 \text{ mm} - 0.025 \text{ mm} = 0.01 \text{ mm}$$

只占加工允差 0.10 的 10%。

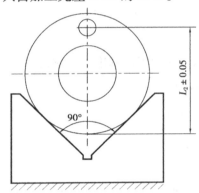

图 4.13　以 V 形块定位时的定位误差分析计算

②分析计算定位误差时，必然会遇到定位误差占工序允差比例过大的问题。究竟所占比例值多大才合适，要想确定这样一个值来分析、比较是很困难的。因为加工工序的要求各不相同，不同的加工方法所能达到的经济精度也各有差异。这就要求工艺设计人员有丰富的知识和实际工艺经验，并按实际加工情况具体问题具体分析，根据从工序允差中扣除定位误差后余下的允差部分大小，来判断具体加工方法能否经济地保证精度要求。在分析定位方案时，一般推荐在正常加工条件下，定位误差占工序允差的 1/3 以内比较合适。

例 4.2　如图 4.14(a) 所示的定位方案，以直径为 d_1 的外圆面在 90°V 形块上定位加工阶梯轴大端面上的小孔。已知两外圆的同轴度公差为 $\phi0.02$ mm。试分析、计算工序尺寸 $H \pm 0.20$ mm 的定位误差，并分析其定位质量。

分析：为便于分析、计算，画出如图 4.14(b) 所示简图。同轴度可标为 $e = 0 \pm 0.01$ mm。

由于工序尺寸 H 的工序基准为 d_2 外圆下母线 G，而定位基准为 d_1 外圆轴线 O_1，基准不重合，二者的联系尺寸为 e 及 r_2。故有 $\Delta_B = 2 \times 0.01$ mm + 0.008 mm = 0.028 mm。

又因外圆直径 d_1 有制造误差，引起定位基准相对定位元件发生位置变化，其最大变化量即基准位移误差为

$$\Delta_Y = \frac{\delta_{d_1}}{2\sin\left(\frac{\alpha}{2}\right)} = \frac{0.013}{2\sin\left(\frac{90°}{2}\right)} \text{ mm} = 0.009 \, 2 \text{ mm}$$

因工序基准 G 不在工件定位面（d_1 外圆）上，故有

$$\Delta_D = \Delta_B + \Delta_Y = 0.028 \text{ mm} + 0.009 \, 2 \text{ mm} = 0.037 \, 2 \text{ mm}$$

计算所得定位误差

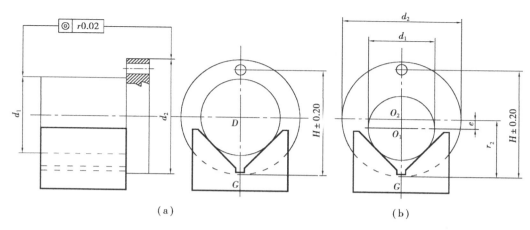

图 4.14　台阶轴在 V 形块上定位

$$\Delta_D = 0.037\ 2\ \text{mm} < \frac{0.20 \times 2}{3}\ \text{mm} = 0.13\ \text{mm}$$

故此方案可行。

3. 组合面定位

（1）采用"一面两孔"定位时须解决的主要问题

"一面两孔"定位时所用的定位元件是：平面采用支承板定位,限制工件 3 个自由度;两孔采用定位销定位,各限制工件两个自由度。因两销连心线方向上的移动自由度被重复限制而出现了过定位。

由于两定位销中心距和两定位孔中心距都在规定的公差范围内变化,孔心距与销心距很难完全相等,当一批工件以其两个孔定位装入夹具的定位销中时,就可能出现工件安装干涉甚至无法装入两销的严重情况。为此,采用一面两孔组合定位时,必须注意解决以下两个主要问题：

①正确处理过定位。

②控制各定位元件对定位误差的综合影响。

（2）解决一面两孔定位问题的有效方法

①以两个圆柱销及平面支承定位

由上述分析可知,工件以一面两孔在夹具平面支承和两个圆柱销上定位时,出现过定位。当工件上第 1 个定位孔装上定位销后,由于孔心距和销心距有制造误差,第 2 个定位孔将有可能装不到第 2 个定位销上。解决的方法是：通过减小第 2 个定位销的直径来增加连心线方向上定位副的间隙,达到解决两孔装不进定位销的矛盾。

如图 4.15 所示,假定工件上圆孔 1 与夹具上定位销 1 的中心重合,这时第 1 孔能装入的条件为

$$d_{1\max} = D_{1\min} - X_{1\min}$$

式中　$d_{1\max}$——第 1 定位销的最大直径;

　　$D_{1\min}$——第 1 定位孔的最小直径;

　　$X_{1\min}$——第 1 定位副的最小间隙。

工件上孔心距的误差和夹具上销心距的误差完全用缩小定位销 2 的直径的方法来补偿。当定位销 2 的直径缩小到使工件在如图 4.15 所示的两种极限情况下都能装入定位销 2 时,考

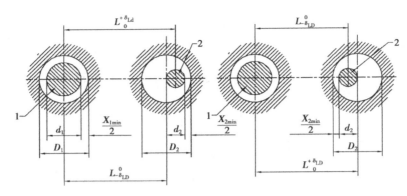

图 4.15　两圆柱销定位分析

1—第一定位副;2—第二定位副

虑到安装顺利,还应在第 2 定位副中增加一最小安装间隙 X_{2min},此时,第 2 个定位销的最大直径为:

$$d_{2max} = D_{2min} - 2\delta_{LD} - 2\delta_{LD} - X_{2min} = D_{2min} - 2\left(\delta_{LD} + \delta_{Ld} + \frac{X_{2min}}{2}\right)$$

式中　d_{2max}——第 2 个定位销的最大直径;

　　　D_{2min}——第 2 个定位孔的最小直径;

　　　X_{2min}——两孔同时定位时,在极限情况下,第 2 个定位副留下的最小安装间隙;

　　　δ_{LD},δ_{Ld}——孔心距和销心距偏差。

②以一圆柱销和一削边销及平面支承定位

这种方法没有缩小定位销的直径,而是通过改变定位销结构(即"削边")来增大连心线方向的间隙,补偿中心距的误差,消除了过定位(削边销限制一个转动自由度)的影响。同时也因在垂直连心线方向上销 2 的直径并未减小,而使工件的转角误差没有增大,大大提高了定位精度。

为了保证削边销的强度,一般多采用菱形结构,故又称为菱形销。常用削边销的结构如图 4.16 所示。图 4.16 中 A 型又名菱形销,刚性好,应用广,主要用于定位销直径为 3 ~ 50 mm 的场合;B 型结构简单,容易制造,但刚性差,主要用于销径大于 50 mm 的场合。

在"一面两孔"组合定位中,安装菱形销时,应注意使其削边方向垂直于两销的连心线。

(五)系统的受力变形误差

1. 工艺系统刚度分析

(1)工件、刀具的刚度

工件、刀具的刚度可按材料力学中有关悬臂梁的计算公式或简支梁的计算公式求得。当工件和刀具(包括刀杆)的刚度较差时,对加工精度的影响较大。如图 4.17 所示,在内圆磨床上以切入法磨内孔时,由于内圆磨头轴的刚度较差,磨内孔时会使工件产生带有锥度的圆柱度误差。

(2)接触刚度

由于机床和夹具以及整个工艺系统是由许多零、部件组成的,故其受力与变形之间的关系比较复杂,尤其是零、部件接触面之间的接触刚度不是一个常数,即其变形量与外力之间不是线性关系,外力越大其接触刚度越大,很难用公式表达。

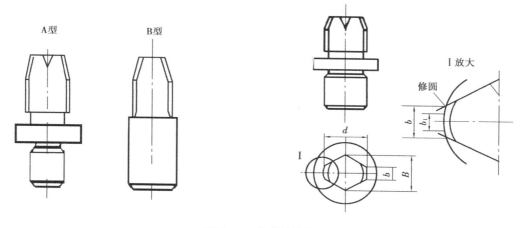

图 4.16　菱形销结构

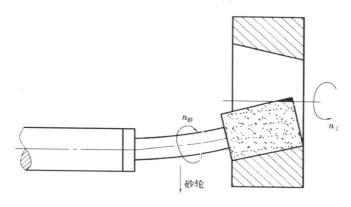

图 4.17　内圆磨头的受力变形

①机床部件刚度的特性

任何机床部件在外力作用下产生的变形,必然与组成该部件的有关零件本身变形和它们之间的接触状况有关。其中,各接触变形的总量在整个部件变形中占很大的比重,因而对机床部件来说,外力与变形之间是一种非线性函数关系。

从如图 4.18(a)所示机床部件受力变形过程看,首先是消除各有关配合零件之间的间隙,挤掉其间油膜层的变形,接着是部件中薄弱零件的变形,最后才是其他组成零件本身的弹性变形和相应接触面的弹性变形及其局部塑性变形。当去掉外力时,由于局部塑性变形和摩擦阻力,最后尚留有一定程度的残余变形。

②影响机床部件刚度的主要因素

A. 各接触面的接触变形。

B. 各薄弱环节零件的变形　机床部件中薄弱零件的受力变形对部件刚度影响最大。如图 4.19 所示的机床导轨楔铁,由于其结构细长,刚性差,又不易加工平直,因此,装配后通常与导轨接触不良,在外力作用下很容易变形,并紧贴导轨,变得平直,使机床工作时产生很大位移,大大降低了机床部件的刚度。

C. 间隙和摩擦的影响　零件接触面间的间隙对机床部件刚度的影响,主要表现在加工中载荷方向经常变化的镗床和铣床上。当载荷方向不断正、反交替改变时,间隙引起的位移对机

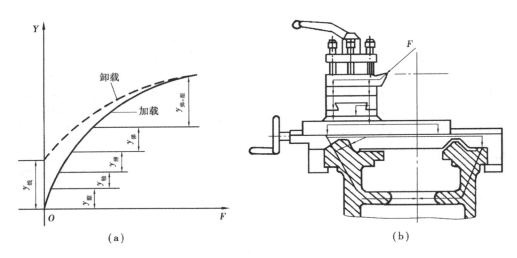

（a）   （b）

图4.18　部件受力变形和各组成零件受力变形间的关系

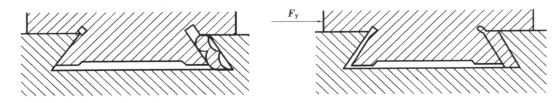

图4.19　薄弱零件的变形对机床部件刚度的影响

床部件刚度影响较大,会改变刀具和工件间的准确位置,从而使工件产生加工误差。

零件接触面间的摩擦力对机床部件刚度的影响,当载荷变动时较为显著,当加载时,摩擦力阻止变形增加;而卸载荷时,摩擦力又阻止变形恢复。

（3）夹具的刚度

夹具的刚度与机床部件刚度类似,主要受其中各有关配合零件之间的间隙、薄弱零件的变形和接触变形,以及各组成零件本身的弹性变形和局部塑性变形的影响。

2. 工艺系统受力变形对加工精度的影响

（1）切削力对加工精度的影响

①切削力大小的变化对加工精度的影响

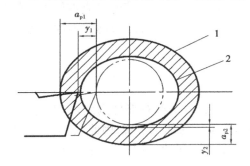

图4.20　毛坯形状误差的复映
1—毛坯表面;2—工件表面

在切削加工中,往往由于被加工表面的几何形状误差或材料的硬度不均匀引起切削力大小的变化,从而造成工件加工误差。如图4.20所示,由于毛坯的圆度误差 Δ_{m} 引起车削时刀具的背吃刀量在 a_{p1} 和 a_{p2} 之间变化,因此,切削分力 F_{P} 也随背吃刀量 a_{p} 的变化在 F_{pmax} 和 F_{pmin} 之间产生变化,从而使工艺系统产生相应的变形,即由 y_1 变到 y_2（刀具相对被加工面产生 y_1 和 y_2 的位移）。这样就形成了加工后工件的圆度误差 Δ_{w}。这种加工之后工件所具有的与加工之前相类似的误差现象,称为"误差复映"现象。

假设加工之前工件(毛坯)所具有的误差为 $\Delta_m = a_{p1} - a_{p2}$,加工之后工件所具有的误差为 $\Delta_w = y_1 - y_2$,令

$$\varepsilon = \frac{\Delta_w}{\Delta_m}$$

则 ε 表示出了加工误差与毛坯误差之间的比例关系,即"误差复映"的规律,故称 ε 为"误差复映系数"。ε 定量地反映了工件经加工后毛坯误差减小的程度。正常情况下,工艺系统刚度 k_{xt} 越大,ε 越小,加工后工件的误差 Δ_w 越小,即复映到工件上的误差越小。

当工件经一次走刀不能满足加工精度要求时,需进行多次走刀,逐步消除由 Δ_m 复映到工件上的误差。多次走刀后总的 ε 值为

$$\varepsilon = \varepsilon_1 \cdot \varepsilon_2 \cdot \varepsilon_3 \cdot \cdots \cdot \varepsilon_n$$

由于工艺系统总具有一定的刚度,因此,工件加工后的误差 Δ_w 总小于毛坯误差 Δ_m,复映系数总是小于 1,经过几次走刀后,ε 就减到很小,误差也就降低到所允许的范围内。因此,在加工时,应采取措施减小误差复映,保证加工精度。

②切削力作用点位置的变化对加工精度的影响

A. 在两顶尖间车削短而粗的光轴　此时工件和刀具的刚度相对很大,即认为工件和刀具的变形可忽略不计,工艺系统的总变形完全取决于机床主轴前端头架(包括顶尖)、尾座(包括顶尖)和刀架的变形。如图 4.21(a)所示,当刀尖切到工件某一位置(距工件左端距离为 x)时,由于切削力 F_p 的作用,机床主轴前端头架、尾座和刀架都有一定的变形,此时工件的轴心线由原来的 AB 位置移到了 $A'B'$ 位置,刀尖由 C 移到 C',则工艺系统的总位移的最大和最小值之差就是工件的圆柱度误差。

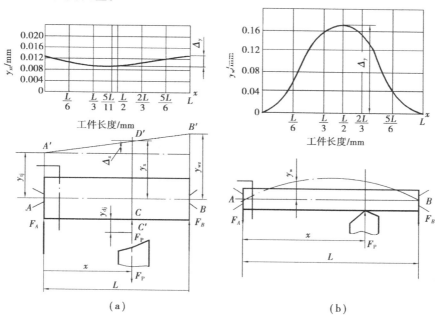

图 4.21　切削力作用点位置的变化对工艺系统变化的影响
(a)车削短轴　(b)车削长轴

219

故工件的圆柱度误差为 $2(0.013\,5-0.010\,2)\,\text{mm}=0.006\,6\,\text{mm}$。该圆柱度误差表现为马鞍形误差。

由上述实例可看出,工艺系统刚度是随着切削力作用点位置的变化而变化的。当切削力作用点的位置靠近工件的两端时,工艺系统刚度相对较小,变形较大,刀具相对工件产生的让刀量较大,切去的金属层厚度较小;当切削力作用点位置处于工件的中间位置附近时,工艺系统刚度相对较大,变形较小,刀具相对工件产生的让刀量较小,切去的金属层厚度较大,如表4.1所示。因此,工件具有马鞍形圆柱度误差。

表4.1　切削短粗轴时工艺系统的变形沿工件长度的变化

x	O(主轴箱处)	$\frac{1}{6}L$	$\frac{1}{3}L$	$\frac{5}{11}L$	$\frac{1}{2}L$(中点)	$\frac{2}{3}L$	$\frac{5}{6}L$	L(尾座处)
y_{xt}	0.012 5	0.011 1	0.010 4	0.010 2	0.010 3	0.010 7	0.011 8	0.013 5

B. 在两顶尖间车削细而长的光轴　此时由于工件细长,刚度很小,机床主轴前端头架、尾座和刀架的刚度相对很大,即认为机床头架、尾座和刀架的变形可忽略不计,工艺系统的总变形完全取决于工件的变形,工件位移量的最大和最小值之差就是工件的圆柱度误差。

如表4.2所示是细长工件在长度方向上工艺系统的总位移值与切削力作用点位置和工件在长度方向上位置的变化关系,根据表中数据可作出如图4.21(b)上方所示的变形曲线。

表4.2　切削细长轴时工艺系统的变形沿工件长度的变化

x	O(主轴箱处)	$\frac{1}{6}L$	$\frac{1}{3}L$	$\frac{1}{2}L$(中点)	$\frac{2}{3}L$	$\frac{5}{6}L$	L(尾座处)
y_{w}	0	0.052	0.132	0.17	0.132	0.052	0

故工件的圆柱度误差为 $2(0.17-0)\,\text{mm}=0.34\,\text{mm}$。该圆柱度误差表现为腰鼓形圆柱度误差。

由上述实例可看出,工艺系统刚度也是随着切削力作用点位置的变化而变化的。当切削力作用点的位置靠近工件的两端时,工艺系统刚度相对较大;当切削力作用点位置处于工件的中间位置附近时,工艺系统刚度相对较小,变形较大,刀具相对工件产生的让刀量较大,切去的金属层厚度较小,因此,工件具有腰鼓形圆柱度误差。

由于机床、夹具、工件等都不是绝对的刚体,它们都会变形,因此前述两种误差形式都会存在,既有形状误差,又有尺寸误差,故对加工精度的影响为前述几种误差形式的综合。

(2)惯性力、传动力和夹紧力对加工精度的影响

①惯性力和传动力对加工精度的影响

切削加工中,高速旋转的零、部件(包括夹具、工件及刀具等)的不平衡将产生离心力。离心力在每一转中不断地变更方向。因此,离心力有时和法向切削分力同向,有时反向,从而破坏了工艺系统各成形运动的位置精度。如图4.22 (a)所示车削一个不平衡工件,离心力 Q 和切削力分力 F_p 方向相反,将工件推向刀具,使刀具背吃刀量增加。如图4.22 (b)所示离心力 Q 和切削分力 F_p 方向相同,工件被拉离,使刀具背吃刀量减小,结果造成工件的形状误差。从加工表面的每一个横截面上看,基本上类似一个圆(理论上为心脏线),但每一个横截面上的圆的圆心不在同一条直线上,即从整个工件看,产生圆柱度误差。

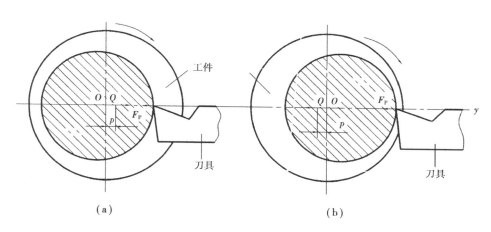

图 4.22　惯性力所引起的加工误差

②夹紧力对加工精度的影响

在装夹工件时,由于工件刚度较低,夹紧力作用点或作用方向不当,都会引起工件的相应变形,造成加工误差。如图 4.23 所示为加工发动机连杆大头时的装夹示意图,由于夹紧力作用点不当,造成加工后两孔中心线不平行以及与定位端面不垂直。

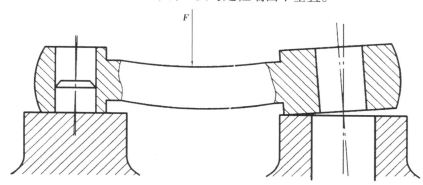

图 4.23　夹紧力作用点不当引起的加工误差

（3）减少工艺系统受力变形的主要工艺措施

减少工艺系统受力变形是机械加工保证产品质量和提高生产率的主要途径之一。为了减少工艺系统受力变形对加工精度的影响,根据生产实际,可从下列几方面采取措施:

①提高接触刚度

一般部件的接触刚度大大低于实际零件本身的刚度,因此,提高接触刚度是提高工艺系统刚度的关键。常用的方法是改善工艺系统主要零件接触面的配合质量,如机床导轨副的刮研、配研顶尖锥体同主轴和尾座套筒锥孔的配合面、多次研磨加工精密零件用的中心孔等,都是在实际生产中行之有效的工艺措施。

②提高工件刚度,减少受力变形

切削力引起的加工误差,往往是因为工件本身刚度不足或工件各部位刚度不均匀而产生的。如车削细长轴时,随着走刀长度的变化,工件相应的变形也不一致。当工件材料和直径一定时,工件的长度 L 和切削分力 F_p 是影响工件受力变形的决定性因素。为了减少工件的受力变形,首先应减小支承长度(即增加支承),如安装跟刀架或中心架。减少切削分力 F_p 的有效

221

措施是改变刀具的几何角度,如把主偏角磨成90°,可大大降低F_p。

③提高机床部件刚度,减少受力变形

机床部件刚度在工艺系统刚度中往往占很大比重,因此,加工时常采用一些辅助装置提高其刚度。如图4.24所示为转塔车床上采用的增强刀架刚度的装置。

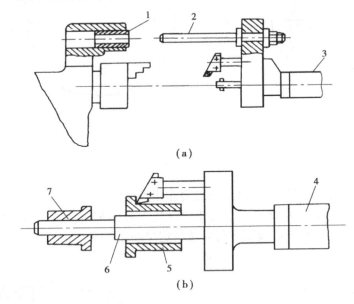

(a)

(b)

图4.24 提高机床部件刚度的装置
(a)采用固定导向支承套 (b)采用转动导向支承套
1—固定导向支承套;2,6—加强杆;3,4—转塔刀架;5—工件;7—转动导向支承套

④合理装夹工件,减少夹紧变形

对薄壁件,夹紧时要特别注意选择适当的夹紧方法,否则将引起很大的夹紧变形。如图4.25所示,当未夹紧时,薄壁套的内外圆是正圆形,由于夹紧不当,夹紧后套筒呈三棱形,如图4.25(a)所示。

经镗内孔成圆形(见图4.25(b)),但当松开卡爪后,工件由于弹性恢复使已镗圆的孔呈三棱形(见图4.25(c))。为了减少加工误差,夹紧时可采用开口夹具(见图4.25(d))或用专用卡爪(见图4.25(e))。

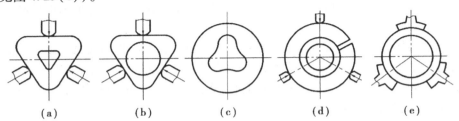

(a)   (b)   (c)   (d)   (e)

图4.25 工件夹紧变形引起的加工误差
(a)用普通三爪直接夹紧套筒 (b)将孔镗圆 (c)松开套筒后,孔变形
(d)采用开口夹具夹紧套筒 (e)采用弧形三爪直接夹紧,可避免变形

如图 4.26(a)所示的薄板工件,当磁力将工件吸向吸盘表面时,工件将产生弹性变形,如图 4.26(b)所示。磨完后,由于弹性变形恢复,工件上已磨表面又产生翘曲。改进办法是在工件和磁力吸盘间垫橡皮垫(厚 0.5 mm)。工件夹紧时,橡皮垫被压缩,减少工件变形,便于将工件的变形部分磨去。这样经过多次正、反面交替磨削即可获得平面度较高的平面,如图 4.26 (d)、(e)、(f)所示。

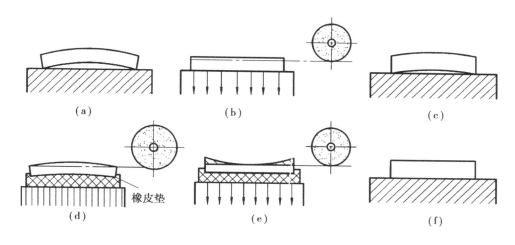

图 4.26　薄板工件磨削

(a)毛坯翘曲　(b)吸盘吸紧　(c)磨后松开　(d)磨削凸面　(e)磨削凹面　(f)磨后松开

(六)系统的热变形误差

1. 工艺系统的热源及热平衡

工艺系统热变形的热源,大致可分为两类:内部热源和外部热源。

内部热源主要指切削热和摩擦热。切削热是由于切削过程中,切削层金属的弹性、塑性变形及刀具与工件、切屑之间摩擦而产生的,这些热量将传给工件。

切削加工时所生产的切削热将传给工件、刀具和切屑,三者的热分配情况将随切削速度和加工方法而定。例如,车削时,大量的切削热被切屑带走,传给工件的一般为 30%,高速切削时,只有 10%;传给刀具的一般为 5%,高速切削时一般在 1% 以下。

对于铣、刨加工,传给工件的热量一般在 30% 以下。钻孔和卧式镗削,因切屑留在孔内而传给工件的热量在 50% 以上。磨削时大约有 84% 的热量传给工件,其加工表面温度可达 800 ~ 1 000 ℃,这不仅影响加工精度,而且还影响表面质量(造成磨削表面烧伤)。

摩擦热主要是机床和液压系统中的运动部件产生的,如轴承、齿轮、蜗轮等传动,导轨移动副、液压泵、阀等运动,均会产生摩擦热。另外,动力源的能量消耗也部分地转换成热,如电动机、油马达的运转也产生热。

外部热源主要是环境温度(它与气温变化、通风、空气对流和周围环境等有关)变化和辐射热(如太阳、照明灯、取暖设备、人体等的辐射热)。对外部热源的影响也不可忽视,如日照、地基温差及热辐射等,对精密加工时的影响也很突出。

研磨等精密加工,其发热量虽少,但其影响不可忽视。为了保证精密加工的精度要求,除注意外部热源的影响外,研磨速度往往由于热变形的限制而不能选得太高。

工艺系统受各种热源的影响,其温度会逐渐升高。与此同时,它们也通过各种方式向周围散发热量。当单位时间内传入和传出的热量相等时,则认为工艺系统达到热平衡。一般情况下,机床温度趋于稳定而达到平衡,其热变形相对稳定,此时引起的加工误差是规律的。

2. 工件热变形对加工精度的影响

在切削加工中,工件的热变形主要是切削热引起的,有些大型精密件还受环境温度的影响。在热膨胀下达到的加工尺寸,冷却收缩后会发生变化,甚至会超差。工件受切削热影响,各部分温度不同,且随时间变化,切削区附近温度最高。开始切削时,工件温度低,变形小,随着切削过程的进行,工件的温度逐渐升高,变形也就逐渐加大。

对不同形状的工件和不同的加工方法,工件的热变形是不同的。一般来说,在轴类零件加工中,其直径尺寸要求较为严格。由于车削、磨削外圆时,工件受热比较均匀,在开始切削时工件的温升为零,随着切削的进行,工件温度逐渐升高,直径逐渐增大,增大部分被刀具切除,因此,冷却后工件将出现锥度(尾座处直径最大,头架处直径最小)。若要使工件外径达到较高的精度水平(特别是形状精度),则粗加工后应再进行精加工,且精加工必须在工件冷却后进行,并需在加工时采用高速精车或用大量切削液充分冷却进行磨削等方法,以减少工件的发热和变形。即使如此,工件仍会有少量的温升和变形,造成形状误差和尺寸误差(特别是形状误差)。

工件热伸长对于长度尺寸的影响,由于长度要求不高而不突出。但当工件在顶尖间加工,工件伸长导致两顶尖间产生轴向压力,并使工件产生弯曲变形时,工件的热变形对加工精度的影响就较大。有经验的车工在切削进行期间总是根据实际情况,不时放松尾座顶尖螺旋副,以重新调整工件与顶尖间的压力。

细长轴在两顶尖间车削时,工件受热伸长,导致工件受压失稳,造成切削不稳定。此时必须采用中心架和类似于磨床的弹簧顶尖。

精密丝杠加工中,工件的热变形伸长会引起加工螺距的累计误差。丝杠螺距精度要求越高,长度越长,这种影响就越严重。因此,控制室温与使用充分的切削液以减少丝杠的温升是很必要的。

机床导轨面的磨削,工件的加工面与底面的温度所引起的热变形也是较大的。

在某些情况下,工件的粗加工对精加工的影响也必须注意。例如,在工序集中的组合机床、流水线、自动生产线以及数控机床上进行加工时,就必须从热变形的角度来考虑工序顺序的安排。若粗加工工序以后紧接着是精加工工序,则必然引起工件的尺寸和形状误差。

3. 刀具的热变形对加工精度的影响

切削热虽然传给刀具的并不多,但由于刀体小,热容量有限,因此,刀具仍有相当程度的温升,特别是从刀架悬伸出来的刀具工作部分温度急剧升高,可达 1 000 ℃以上。

连续切削时,刀具的热变形在切削初期增加很快,随后变得很慢,经过不长的时间达到热平衡,此时热变形变化量就非常小。因此,一般刀具的热变形对工件加工精度影响不大。

间断切削时,由于有短暂的冷却时间,因此,其总的热变形量比连续切削时要小一些,对工件加工精度影响也不大。

4. 机床热变形对加工精度的影响

机床在加工过程中,在内、外热源的影响下,各部分温度将发生变化。由于热源分布不均匀和机床结构的复杂性,机床各部件将发生不同程度的热变形,破坏了机床的几何精度,从而影响工件的加工精度。

由于各类机床的结构和工作条件差别很大,因此,引起机床热变形的热源及变形形式也各不相同。机床热变形中,主轴部件、床身导轨以及两者相对位置等方面的热变形对加工精度的影响最大。

车床类机床的主要热源是主轴箱轴承的摩擦热和主轴箱油池的发热。这些热量使主轴箱和床身温度上升,从而造成机床主轴在垂直面内发生倾斜。这种热变形对于刀具呈水平位置安装的卧式车床影响甚微,但对于刀具垂直安装的自动车床和转塔车床来说,因倾斜方向为误差敏感方向,故对工件加工精度的影响就不容忽视。

对大型机床如导轨磨床、外圆磨床、龙门铣床等的长床身部件,其温差影响也是很显著的。一般由于温度分层变化,床身上表面比床身底面温度高,形成温差,因此,床身将产生变形,上表面呈中凸状。这样床身导轨的直线度明显受到影响,破坏了机床原有的几何精度,从而影响工件的加工精度。

5. 减少机床热变形的工艺措施

(1)减少发热和隔热

切削过程中的内部热源是使机床产生热变形的主要因素。为了减少机床的热变形,应采取措施减少发热或隔离热源。

主轴部件是机床的关键部件,对加工精度影响很大,但主轴轴承又是一个很大的内部热源,因此,改善主轴的结构和性能,是减少机床热变形的重要环节。一般采用静压轴承、空气轴承以及对滚动轴承采用油雾润滑等,都有利于降低轴承的温升。

切削过程中,切屑和切削液也是使工艺系统产生热变形不可忽视的因素。对切屑所传递的热,可采用及时消除、切削液冷却或在工作台上装隔热塑料板等措施来减少其影响。精密加工中可采用恒温切削液。

(2)加强散热能力

为了消除机床内部热源的影响,还可采用强制冷却的办法,吸收热源发出的能量,从而控制机床的温升和热变形,这是近年使用较多的一种方法。例如,对"加工中心机床"现已普遍采用冷冻机对润滑油进行强制冷却,机床中的润滑油也可作为冷却液使用。机床主轴和齿轮箱中产生的热量可用低温的冷却液带走。有些机床采用冷却液流过围绕主轴部件的空腔,可使主轴温升不超过 $1 \sim 2 \ ℃$。

由热变形规律可知,大的热变形大都发生在机床开动后的一段时间(预热期)内,当达到热平衡后,热变形逐渐趋于稳定。因此,缩短机床的预热期,既有利于保证加工精度,又有利于提高生产率。缩短机床预热期有两种方法:

①加工工件前,让机床先高速空运转,当机床迅速达到热平衡后,再换成工作转速进行加工。

②在机床的适当部位附设加热源,机床开动初期人为地给机床供热,促使其迅速达到热平衡。

对于精密机床(如精密磨床、坐标镗床、齿轮磨床等),一般要安装在恒温车间内,以此保持其环境温度的恒定。其恒温精度应严格地控制(一般精度级取 $\pm 1 \ ℃$,精密级取 $\pm 0.5 \ ℃$,超精密级取 $\pm 0.01 \ ℃$),但恒温基数可按季节适当加以调整(如春季、秋季为 $20 \ ℃$,夏季为 $23 \ ℃$,冬季为 $18 \ ℃$)。按季节调温既不影响加工精度,又可节省投资,减少水电消耗,还有利于工人的健康。

但是大面积使用空气调节室温的方法,投资和能源消耗都很大,而且机床工作过程中又不断产生切削热,因此,空调也不能彻底解决热变形。近年来,国外有采用喷油冷却整台机床,它可使环境温度变化引起的加工误差减少到原来的 1/10,而成本却很低。喷油冷却过程如图4.27所示。其办法是将机床及周围的工作地封闭在一个透明塑料罩内,喷嘴连续对机床的工作区域喷射温度为 20 ℃的恒温油,油液不仅带走热量,同时还带走了切屑和灰尘。肮脏的油液经过滤后被送到热交换器中,使油液冷却到 20 ℃,再继续使用。这种控制温度的方法,其效果比空调的效果高 20 ~ 100 倍,它可将温度控制在(20 ± 0.01)℃,而成本只有空调的 1/100。

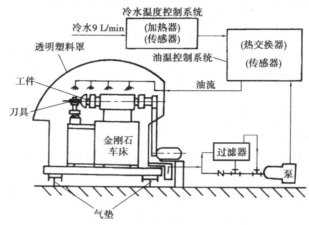

图 4.27　喷油冷却时控制温度变化

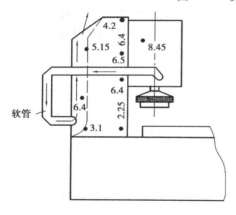

图 4.28　均衡立柱前后壁温度场

（3）均衡温度场

如图 4.28 所示为平面磨床采用热空气加热温升较低的立柱后壁,以减少立柱前后壁的温度差,从而减少立柱弯曲变形的示意图。图 4.28 中热空气从电动机风扇中排出,通过特设的管道引向防护罩和立柱的后壁空间。采用这种措施后,被加工零件端面平面度误差可以降低为原来的 1/4 ~ 1/3。

（4）采取补偿措施

切削加工时,切削热引起的热变形是不可避免的,可采取补偿措施来消除。例如,用砂轮端面磨削床身导轨时,因切削热不易排出,所加工的床身导轨因热变形而使中部被磨去较多的金属,冷却后导轨呈中凹形。为了减少其热变形影响,一般加工工件时,在机床床身中部用螺钉压板加压使床身受力变形(压成中凹),以便加工时工件中部磨去较少的金属,使热变形造成的误差得到补偿。

（七）内应力造成的误差

1. 内应力的概念

所谓内应力(残余应力),是指当外部的载荷除去以后,仍残存在工件内部的应力。内应力主要是因金属内部组织发生了不均匀的体积变化而产生的。其外界因素来自热加工和冷加工。

226

具有内应力的工件处于一种不稳定状态中,它内部的组织有强烈的倾向要恢复到一种没有应力的状态。即使在常温下,其内部组织也在不断地发生着变化,直到内应力消失为止。在内应力变化的过程中,零件的形状逐渐地变化,原有的精度也会逐渐地丧失。用这些零件所装配成的机器,在机器使用中也会产生变形,甚至可能影响整台机器的质量,给生产带来严重的损失。

2. 内应力产生的原因及所引起的加工误差

(1)毛坯制造中产生的内应力

在铸、锻、焊及热处理等热加工过程中,由于各部分热胀冷缩不均匀以及金相组织转变时的体积变化,使毛坯内部产生了相当大的内应力。毛坯的结构越复杂,各部分的厚度越不均匀,散热的条件差别越大,则毛坯内部产生的内应力也越大。具有内应力毛坯的变形在短时间内显示不出来,内应力暂时处于相对平衡的状态,但当切去一层金属后,就打破了这种平衡,内应力重新分布,工件就明显地出现了变形。

如图 4.29(a)所示为一个内、外壁相差较大的铸件,在铸造后的冷却过程中产生内应力的情况。当铸件冷却后,由于壁 1 和壁 2 较薄,散热较易;壁 3 较厚,故冷却较慢。当壁 1 和壁 2 由塑性状态冷却到弹性状态时(约在 620 ℃),壁 3 的温度还比较高,尚处于塑性状态。因此,壁 1 和壁 2 收缩时壁 3 不起阻碍作用,铸件内部不产生内应力,但当壁 3 冷却到弹性状态时,壁 1 和壁 2 的温度已降低很多,收缩速度变得很慢,而这时壁 3 收缩较快,就受到壁 1 和壁 2 的阻碍。因此,壁 3 在冷却收缩的过程中,由于受到壁 1 和壁 2 的阻碍而产生了拉应力,壁 1 和壁 2 受到压应力,形成了相互平衡的状态。

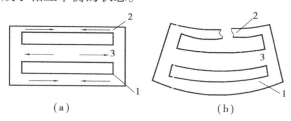

(a)　　　　　　　　　　　(b)

图 4.29　铸件因内应力引起的变形

如果在该铸件壁 2 上开一个缺口,如图 4.29(b)所示,则壁 2 压应力消失,铸件在壁 1 和壁 3 的内应力作用下,壁 3 收缩,壁 1 伸长,发生弯曲变形,直到内应力重新分布达到新的内应力平衡为止。推广到一般情况,各铸件都难免产生冷却不均匀而形成的内应力。铸件的外表面总比中心部分冷却得快。例如,为了提高机床床身导轨面的耐磨性,通常采用局部激冷工艺,使它冷却更快一些,获得较高的硬度,这样在床身内部所产生的内应力就更大,当粗加工刨去一层金属后,就像图 4.29(b)中的铸件壁 2 上开口一样,引起了内应力的重新分布,产生弯曲变形,如图 4.30 所示。

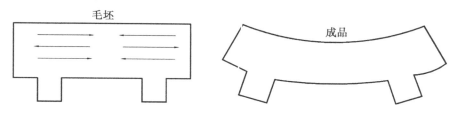

图 4.30　床身因内应力引起的变形

由于这个新的平衡过程需要一段较长的时间才能完成,因此,尽管导轨经过精加工去除了这种变形的大部分,但床身内部组织还在继续转变,合格的导轨面渐渐地就丧失了原有的精度。因此,有内应力的毛坯或工件,在加工之前或加工过程中,应进行时效等热处理,以消除内应力,保证加工精度。

(2)冷校直带来的内应力

丝杠一类的细长轴车削以后,棒料在轧制中产生的内应力会重新分布,使轴产生弯曲变形。为了纠正这种弯曲变形,通常采用冷校直。校直的方法是在弯曲的反方向加外力 F,如图4.31(a)所示。在外力 F 的作用下,工件内部的应力分布如图4.31(b)所示,在轴心线以上产生压应力(用负号" - "表示),在轴心线以下产生拉应力(用正号" + "表示)。在轴线和两条双点画线之间,是弹性变形区域,在双点画线以外是塑性变形区域。当外力 F 去除以后,外层的塑性变形区域阻碍内部弹性变形的恢复,使工件内部产生了内应力,其分布情况如图4.31(c)所示。

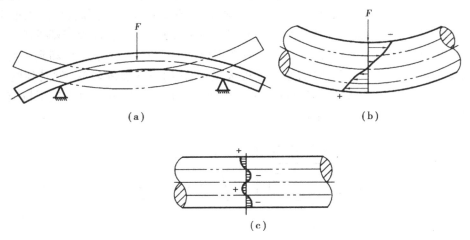

图4.31 冷校直引起的内应力

冷校直虽然减少了弯曲,但工件仍处于不稳定状态,如再次加工,又将产生新的弯曲变形。因此,高精度丝杠的加工,不采用冷校直,而是用热校直或加大毛坯余量等措施,来避免冷校直产生内应力对加工精度的影响。

(3)切削加工中产生的内应力

切削时,在切削力和切削热的作用下,工件表面层各部分将产生不同的塑性变形,或使金属组织等发生变化,这些均会引起内应力。这种内应力的分布情况(应力的大小及方向)由加工时的工艺因素来决定。特别是像磨削加工,磨削表面的温度都比较高,表层温度过高时,表层金属的弹性就会急剧下降。对钢来说,在 $800 \sim 900 \, ℃$ 时,弹性几乎完全消失。如表层在磨削过程中,曾出现 $800 \sim 900 \, ℃$ 以上的温度,则其受热引起的自由伸长量将受金属基体部分的限制而被压缩掉,但却不会产生任何压应力,因为表层已没有弹性,已成为完全塑性的物质,不出现任何抵抗。

随着温度下降,当温度低于 $800 \sim 900 \, ℃$ 后,表层金属就逐渐加强弹性,降低塑性,表层金属就要收缩,但由于表层和基体部分是一体的,基体部分必然会阻碍表层收缩,造成表层产生拉应力,在 $800 \, ℃$ 附近的温度梯度越大,其拉应力越大,甚至使表面产生裂纹。

3. 减少或消除内应力的措施

（1）合理设计零件结构

在零件结构设计中，应尽量缩小零件各部分厚度尺寸之间的差异，以减少铸、锻件毛坯在制造中产生的内应力。

（2）采取时效处理

自然时效处理主要是在毛坯制造之后或粗、精加工之间，让工件在露天场合下停留一段时间，利用温度的自然变化，经过多次热胀冷缩，使工件的晶体内部或晶界之间产生微观滑移，从而达到减少或消除内应力的目的。这种过程对大型精密件（如床身、箱体等）需要很长的时间，往往影响产品的制造周期，因此，除了特别精密的零件和制造周期要求不严的零件外，一般较少采用。

目前人工时效处理是使用最广的一种方法。它是将工件放在炉内加热到一定温度，并保温一段时间，再随炉冷却，以达到消除内应力的目的。这种方法对大型零件就需要一套很大的设备，其投资和能源消耗都比较大，因此，该方法常用于中小型零件。

振动时效处理是消除内应力、减少变形以及保持工件尺寸稳定的一种新方法，可用于铸件、锻件、焊接件以及有色金属件等。它是以激振的形式将机械能加到含有大量内应力的工件内，引起工件金属内部晶格错位蠕变、转变，使金属的结构状态稳定，以此减少和消除工件的内应力。这种方法不需要庞大的设备，因此，比较经济、简便，且效率高。

（3）合理安排工艺过程

例如，粗、精加工分开，在不同的工序中进行，使粗加工后有一定时间让残余应力重新分布，以减小对精加工的影响。在加工大型工件时，粗、精加工往往在一道工序中来完成，这时应在粗加工后松开工件，让工件有自由变形的可能，然后再用较小的夹紧力夹紧工件后进行精加工。

保证加工精度的工艺措施：

①直接减少误差法

这种方法是生产中应用较广的一种方法，它是在查明产生加工误差的原始误差之后，设法对其进行消除或减小。

例如，采用"大主偏角反向切削法"车削细长轴，基本上消除了轴向切削力引起的弯曲变形。若辅之以弹簧顶尖，则可进一步消除热变形引起的热伸长的危害。

②误差补偿法

误差补偿法是人为地造出一种新的误差，去抵消原来工艺系统中固有的原始误差。当原始误差是负值时人为的误差取正值，反之，取负值，尽量使两者大小相等方向相反。或者，利用一种原始误差去抵消另一种原始误差，也尽量使两者大小相等方向相反，从而达到减少加工误差、保证加工精度的目的。

例如，用预加载荷法精加工磨床床身导轨，借以补偿装配后受机床有关部件自重的影响而产生的受力变形，以及热变形造成的加工后床身导轨面中凹的加工误差。磨床床身是一种窄长结构，刚度比较差，虽然在加工时床身导轨的各项精度都能达到，但在装上进给机构、操纵箱、工作台和夹具等后，往往发现床身导轨精度降低。这是因为这些部件自重引起床身变形的缘故。为此，某磨床厂在加工床身导轨时采用"配重"代替部件重量，或者先将该部件装好再磨削（见图4.32）的办法，使加工、装配和使用条件一致。这样，可使导轨长期保持高的精度。

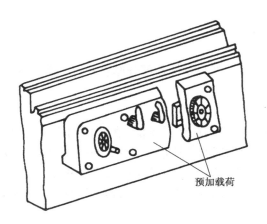

预加载荷

图 4.32　磨床身导轨时预加载荷

③误差分组法

在加工中,上道工序毛坯或工件误差的存在,会造成本工序的加工误差。这种上道工序加工完后工件所存在的加工误差,对本工序的影响主要有两种情况:

A. 误差复映引起本工序加工误差扩大。

B. 定位误差引起本工序位置误差扩大。

批量较大时,解决这类问题最好是采用分组调整、均分误差的办法。这种办法的实质就是把上道工序加工完后工件所存在的加工误差按误差的大小分为 n 组,每组误差范围就缩小为原来的 $1/n$,然后按各组误差的基本情况分别调整加工,以减少工件加工误差。

④误差转移法

误差转移法的实质是转移工艺系统的几何误差、受力变形和热变形等,使其对加工精度不产生影响。如当机床精度达不到精度要求时,可在工艺上或夹具上想办法,创造条件,使机床的几何误差转移到不影响加工精度的方面去,实现"以粗干精"的加工方法。

(八)加工误差的统计分析

前面分析了产生加工误差的各项因素及其物理、力学本质,也提出了一些解决问题的方法。但在生产实际中,有时很难用单因素分析法来分析计算每一工序的加工误差,因为加工精度的影响因素比较复杂,是一个综合性很强的工艺问题。影响加工精度的原始误差很多,这些原始误差往往是综合地交错在一起对加工精度产生综合的影响,且其中不少原始误差的影响往往带有随机性。对于一个受多个随机性原始误差影响的工艺系统,只有用概率统计的方法来进行综合分析,才能得出正确的、符合实际的结果。

1. 误差的性质

(1)系统性误差

用调整法在一次调整下加工出的一批工件中,出现误差的大小和方向有确定的规律,则称此类误差为系统性误差。

①常值系统性误差　若误差的大小、方向保持不变(或基本不变),则称为常值系统性误差,如加工原理误差、机床、刀具、夹具、量具的制造误差、调整误差等。机床、夹具、量具的磨损因速度较慢,在一定时间内可认为基本不变,因此也归为此类。这类误差与工件的加工顺序无关。

②变值系统性误差　若误差的大小、方向按一定的规律变化，则称为变值系统性误差，如机床和刀具的热变形、刀具的磨损等。这类误差与工件的加工顺序有关。

（2）随机误差（偶然误差）

用调整法在一次调整下加工出的一批工件中，若出现误差的大小和方向没有规律，无法预测，则称此类误差为随机误差，如工件的装夹误差、测量过程中的操作误差、内应力引起的误差、毛坯的误差等。在多次调整下加工时，每次的调整误差无法预测，也属随机误差。

系统性误差因误差大小、方向有规律，可采取相应措施消除或补偿，比较好控制，而随机误差无规律可循，很难完全消除，只能通过数理统计原理探索其影响程度和缩小其波动范围。

2. 加工误差的统计分析方法

统计分析方法是以生产现场观察和对工件进行实际检验的结果为基础，用数理统计的方法分析处理这些结果，从而揭示各种因素对加工精度的综合影响，获得解决问题的途径的一种分析方法。分布曲线法是常用的一种统计分析方法。

（1）分布曲线法——直方图

分布曲线法是测量一批加工后的工件的实际尺寸，根基测量得到的数据作尺寸分布的直方图，得到实际分布曲线，然后根据公差要求和分布情况进行分析，找出实际尺寸数据分布的规律和影响因素，从而找到问题解决的方法。分布曲线的绘制方法如下：

测量加工后的 n 个工件的尺寸 $x_i (i = 1, 2, \cdots, n)$，抽取的这批零件称为样本。样本的件数称为样本容量，用 n 表示。

由于随机误差和变值系统误差的存在，这些零件加工尺寸的实际数值是各不相同的，这种现象称为尺寸分散。

样本尺寸的最大值 X_{max} 与最小值 X_{min} 之差，称为尺寸分散范围。

将样本尺寸按大小顺序排列，分成 k 组，则组距 d 为：$d = (X_{max} - X_{min})/k$，分组数 k 的选定如表4.3。

表4.3　组数 k 值的选取

n	25～40	40～60	60～100	100	100～160	160～250
k	6	7	8	10	11	12

各组内工件的数目称为频数，用 m_i 表示。频数 m_i 与样本容量 n 之比，称为频率。用 f_i 表示。即

$$f_i = m_i/n$$

以尺寸组为横坐标，频数或频率为纵坐标，可以绘制出尺寸分布的分布曲线直方图。

例如，测量一批磨削后的工件外圆，图纸规定其直径为 $x = \phi 80^{0}_{-0.03}$ 测量件数为100件，测量时发现它们的尺寸各不相同，把测量所得数据按组距0.002 mm进行分组，其结果见表4.4。如果用频数或频率为纵坐标，以组距为横坐标，画出

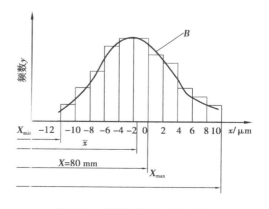

图4.33　磨外圆的尺寸分布图

231

一系列直方形,即直方图,如图4.33所示。

表4.4 频数分布表

组号	尺寸范围/mm	频数	频率
1	79.988~79.990	3	0.03
2	79.990~79.992	6	0.06
3	79.992~79.994	9	0.09
4	79.994~79.996	14	0.14
5	79.996~79.998	16	0.16
6	79.998~80.000	16	0.16
7	80.000~80.002	12	0.12
8	80.002~80.004	10	0.10
9	80.004~80.006	6	0.06
10	80.006~80.008	5	0.05
11	80.008~80.010	3	0.03
总计		100	1.0

当所取工件数增加而组距减小时,直方图接近于光滑的曲线,如图4.33所示的曲线 B,这就是所谓实际分布曲线。

由图4.33可知:

尺寸分散范围 = 最大直径 - 最小直径 = 80.010 mm - 79.988 mm = 0.022 mm

尺寸分散范围中心:

$$\bar{x} = \frac{1}{n}\sum_{i=1}^{j} x_i m_i = (79.989 \times 3 + 79.991 \times 6 + \cdots + 80.009 \times 3)/100 \text{ mm} = 79.9985 \text{ mm}$$

直径的公差带中心 = (80 - 0.015)mm = 79.985 mm

实际测量结果表明,一部分工件已经超出了公差范围,成了不合格产品,但从图4.33中也可以看出,这批产品的分散范围为0.022 mm,比公差带还小,如果能够设法将分散范围中心调整到与公差带重合,工件就完全合格。尺寸分散范围中心与公差带中心不重合,差距为0.0135 mm,就可消除常值系统误差。

在加工误差统计分析中,由于实际取样不可能很多,一般用 S 代表总体的标准差 σ,S 称为样本标准差。

$$S = \sqrt{\frac{1}{n}\sum_{i=1}^{j}(\bar{x_i} - \bar{x})^2 m_i} = \sqrt{\frac{(79.989 - 79.9985)^2 \times 3 + \cdots + (80.009 - 79.9985)^2 \times 3}{100}} \text{ mm}$$

$$= 0.0048 \text{ mm}$$

$\bar{x}$ 表示误差的集积中心,它决定分布曲线的位置。$\bar{x}$ 和 Sa 两个数字特征可以用来描述工件尺寸的分布情况,即分布中心和分散度。实践表明,用调整法在机床上加工一批工件时,加工后的实际尺寸一般符合正态分布。因而可以用正态分布曲线来分析加工误差。

（2）正态分布理论

①正态分布

概率论已经证明,相互独立的大量微小随机变量,其总和的分布是符合正态分布的。在机械加工中,用调整法加工一批零件,其尺寸误差是由很多相互独立的随机误差综合作用的结果,如果其中没有一个是起决定作用的随机误差,则加工后零件的尺寸将近似于正态分布。

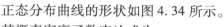

图 4.34　正态分布曲线

正态分布曲线的形状如图 4.34 所示。

其概率密度函数表达式为

$$y = \frac{1}{\sigma\sqrt{2\pi}}\mathrm{e}^{-\frac{1}{2}\left(\frac{x-\bar{x}}{\sigma}\right)^2}$$

式中　y——分布的概率密度;

　　　x——随机变量;

　　　$\bar{x}$——正态分布随机变量总体的算术平均值;

$$\bar{x} = \frac{1}{n}\sum_{i=1}^{n}x_i$$

　　　σ——正态分布随机变量的标准差。

正态分布的概率密度方程中,有两个特征参数:表征分布曲线位置的参数 x 和表征随机变量分散程度的 σ。当 σ 不变,改变 $\bar{x}$,分布曲线位置沿横坐标移动,形状不变,如图 4.35(a)所示。当 $\bar{x}$ 不变,改变 σ,σ 越小分布曲线两侧越陡且向中间收紧;当 σ 增大时,分布曲线越平坦且沿横轴伸展,如图 4.35(b)所示。

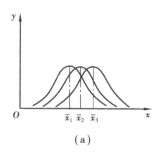
（a）

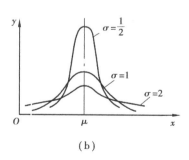
（b）

图 4.35　$\bar{x}$,σ 值对正态分布曲线的影响

总体平均值 $\bar{x} = 0$,总体标准差 $\sigma = 1$ 的正态分布称为标准正态分布。任何不同的 σ 和 $\bar{x}$ 的正态分布曲线都可以通过坐标变换令 $z = (x - \bar{x})/\sigma$ 而变成标准正态分布,故可利用标准正态分布的函数值,求得各种正态分布的函数值。

在生产中需要确定的一般不是工件为某一确定尺寸的概率是多大,而是工件在一确定尺寸区间内所占的概率是多大,该概率等于如图 4.34 所示阴影的面积 $F(x)$,即

$$F(x) = \frac{1}{\sigma\sqrt{2\pi}}\int_{-\infty}^{x}\mathrm{e}^{-\frac{1}{2}\left(\frac{x-\bar{x}}{\sigma}\right)^2}\mathrm{d}x$$

令　$z = \dfrac{x - \bar{x}}{\sigma}$,则

$$F(z) = \frac{1}{\sqrt{2\pi}} \int_0^z e^{-\frac{z^2}{2}} dz$$

对于不同 z 值的 $F(z)$ 值，可由表4.5查出。

表4.5 $F(z)$ 的值

z	$F(z)$	z	$F(z)$	z	$F(z)$	z	$F(z)$	z	$F(z)$
0.00	0.000 0	0.20	0.079 3	0.60	0.225 7	1.00	0.341 3	2.00	0.477 2
0.01	0.004 0	0.22	0.087 1	0.62	0.232 4	1.05	0.353 1	2.10	0.482 1
0.02	0.008 0	0.24	0.094 8	0.64	0.238 9	1.10	0.364 3	2.20	0.486 1
0.03	0.012 0	0.26	0.102 3	0.66	0.245 4	1.15	0.374 9	2.30	0.489 3
0.04	0.016 0	0.28	0.110 3	0.68	0.251 7	1.20	0.384 9	2.40	0.491 8
0.05	0.019 9	0.30	0.117 9	0.70	0.258 0	1.25	0.394 4	2.50	0.493 8
0.06	0.023 9	0.32	0.125 5	0.72	0.264 2	1.30	0.403 2	2.60	0.495 3
0.07	0.027 9	0.34	0.133 1	0.74	0.270 3	1.35	0.411 5	2.70	0.496 5
0.08	0.031 9	0.36	0.140 6	0.76	0.276 4	1.40	0.419 2	2.80	0.497 4
0.09	0.035 9	0.38	0.148 0	0.78	0.282 3	1.45	0.426 5	2.90	0.498 1
0.10	0.039 8	0.40	0.155 4	0.80	0.288 1	1.50	0.433 2	3.00	0.498 65
0.11	0.043 8	0.42	0.162 8	0.82	0.203 9	1.55	0.439 4	3.20	0.499 31
0.12	0.047 8	0.44	0.170 0	0.84	0.299 5	1.60	0.445 2	3.40	0.499 66
0.13	0.051 7	0.46	0.177 2	0.86	0.305 1	1.65	0.450 5	3.60	0.499 841
0.14	0.055 7	0.48	0.181 4	0.88	0.310 6	1.70	0.455 4	3.80	0.499 928
0.15	0.059 6	0.50	0.191 5	0.90	0.315 9	1.75	0.459 9	4.00	0.499 968
0.16	0.063 6	0.52	0.198 5	0.92	0.321 2	1.80	0.464 1	4.50	0.499 997
0.17	0.067 5	0.54	0.200 4	0.94	0.326 4	1.85	0.467 8	5.00	0.499 999 97
0.18	0.071 4	0.56	0.211 3	0.96	0.331 5	1.90	0.471 3		
0.19	0.075 3	0.58	0.219 0	0.98	0.336 5	1.95	0.474 4		

当 $x - \bar{x} = \pm 3\sigma$，即 $z = \pm 3$，由表4.5查得 $2F(3) = 0.498\ 65 \times 2 = 0.997\ 3$。这说明随机变量 x 落在 $\pm 3\sigma$ 范围内的概率为 99.73%，落在此范围以外的概率仅为 0.27%，此值很小。因此可以认为正态分布的随机变量的分散范围是 $\pm 3\sigma$。这就是所谓的 $\pm 3\sigma(6\sigma)$ 原则。

$\pm 3\sigma(6\sigma)$ 在研究加工误差时应用很广，是一个重要的概念。6σ 的大小代表了某种加工方法在一定条件下（如毛坯余量、切削用量、正常的机床、夹具、刀具等）所能达到的加工精度。因此，在一般情况下，应使所选择的加工方法的标准差 σ 与公差带宽度 T 之间具有下列关系：

$$6\sigma \leqslant T$$

正态分布总体的 $\bar{x}$ 和 σ 通常是不知道的，但可以通过它的样本平均值 $\bar{x}$ 和样本标准差 S 来估计。这样，成批加工一批工件，抽检其中的一部分，即可判断整批工件的加工精度。

②非正态分布

工件尺寸的实际分布，有时并不完全近似于正态分布。例如，将两次调整加工的工件混在一起，尽管每次调整工件的尺寸呈正态分布，由于每次调整时常值系统误差是不同的，就会得到双峰曲线（见图4.36(a)）；假使把两台机床加工的工件混在一起，不仅调整时常值系统误差不等，机床精度也不同，那么曲线的两个高峰也不一样。

图 4.36　非正态分布

如果加工中刀具或砂轮的尺寸磨损比较显著,所得一批工件的尺寸分布如图 4.36(b)所示。尽管在加工的每一瞬间,工件的尺寸呈正态分布,但是随着刀具或砂轮的磨损,不同瞬间尺寸分布的算术平均值是逐渐移动的(当均匀磨损时,瞬时平均值可看成是匀速移动),因此,分布曲线为平顶。

当工艺系统存在显著的热变形时,分布曲线往往不对称。例如,刀具热变形严重,加工轴时曲线凸峰偏向左,加工孔时曲线凸峰偏向右,如图 4.36(c)所示。

用试切法加工时,操作者主观上存在着宁可返修也不可报废的倾向,所以分布图也会出现不对称情况:加工轴时宁大勿小,故凸峰偏向右;加工孔时宁小勿大,故凸峰偏向左。对于端面圆跳动和径向圆跳动一类的误差,一般不考虑正负号,因此,接近零的误差值较多,远离零的误差值较少,其分布也是不对称的,又称为瑞利分布,如图 4.36(d)所示。

对于非正态分布的分散范围,就不能认为是 6σ,而必须除以相对分布系数 k,即

$$T = \frac{6\sigma}{k}$$

式中,k 值的大小与分布图形状有关,具体数值可参考有关手册。

3. 分布图分析法的应用

(1)判别加工误差性质

如前所述,假如加工过程中没有变值系统误差,那么其尺寸分布应服从正态分布,这是判别加工误差性质的基本方法。通过比较实际分布曲线与理论分布曲线,可做以下分析:

①如果实际分布曲线与正态分布曲线基本相符,$6\sigma \leq T$,且分布分散中心与公差带中心重合,表明加工条件正常,系统误差几乎不存在,随机误差只是等微作用,一般无废品出现。

②如果实际分布曲线与正态分布曲线基本相符,$6\sigma \leq T$,但分布分散中心与公差带中心不重合,表明加工过程中没有变值系统误差(或影响很小),存在常值系统误差,且等于分布分散中心与公差带中心的偏移量。此时会出现废品,但可通过调整分布分散中心向公差带中心移动来解决。

③如果实际分布曲线与正态分布曲线基本相符,$6\sigma > T$,且分布分散中心与公差带中心不重合,表明存在常值系统误差和随机误差,会产生废品。

(2)确定工序能力及其等级

所谓工序能力,是指工序处于稳定状态时,加工误差正常波动的幅度。当加工尺寸服从正态分布时,其尺寸分散范围是 6σ,故工序能力就是 6σ。

工序能力等级是以工序能力系数来表示的,它代表了工序能满足加工精度要求的程度。当工序处于稳定状态度时,工序能力系数 C_p 按下式计算:

$$C_p = \frac{T}{6\sigma}$$

式中 T——工件尺寸公差。

根据工序能力系数 C_p 的大小,可将工序能力分为5级,如表4.6所示。一般情况下,工序能力不应低于二级,即 $C_p > 1$,但这只说明该工序的工序能力足够,加工中是否会出废品,还要看调整得是否正确。如加工中有常值系统误差,x 就与公差带中心位置 A_M 不重合,那么只有当 $C_p > 1$,且 $T \geq 6\sigma + 2|x - A_M|$ 时才不会产生不合格品。如 $C_p < 1$,那么不论怎样调整,不合格品总是不可避免的。

（3）估算合格品率或不合格品率

不合格品率包括废品率和可返修的不合格品率。它可通过分布曲线进行估算。

表4.6 工序能力等级

工序能力系数	工序能力等级	备 注
$C_p > 1.67$	特级	工序能力过高,可允许有异常波动,但不经济
$1.67 \geq C_p > 1.33$	一级	工序能力足够,可允许有一定的异常波动
$1.33 \geq C_p > 1.00$	二级	工序能力一般,密切注意
$1.00 \geq C_p > 0.67$	三级	工序能力不足,会出现不合格品
$0.67 \geq C_p$	四级	工序能力很差,必须改进

（九）机械加工表面质量

1. 基本概念

（1）加工表面的几何特征

加工表面的几何特征主要包括表面粗糙度和表面波度。

①表面粗糙度 是指波距小于 1 mm 的表面微小波纹,其波长与波高的比值小于50。

②表面波度 是指波距在 1～20 mm 的表面波纹,波长与波高的比值 50～1 000。

（2）表面层的物理及机械性能

表面层的物理学性能包括表面层的加工硬化、残余应力和表面层金属的金相组织的变化。

①表面层的加工硬化 机械加工过程中,使表面层金属的硬度有所提高的现象。一般情况下表面硬化层的深度可达 0.05～0.30 mm。

②表面层金属的金相组织的变化 机械加工过程中,由于切削热的作用引起表面层金属的金相组织发生变化。

③表面层金属的残余应力 加工过程中,由于塑性变形、金相组织变化和温度变化造成的体积变化的影响,表面层会产生残余应力。

2. 表面质量对零件使用性能的影响

（1）表面质量对耐磨性的影响

零件的使用寿命往往取决于零件的耐磨性,当相互摩擦的表面磨损到一定程度时,就会丧失应有的精度或性能而报废。零件的耐磨性主要与摩擦副的材料和润滑条件有关,在这些条件都确定的情况下,零件的表面质量就起决定性的作用。

①表面粗糙度的影响

当两个零件的表面互相接触时,实际只是在一些凸峰顶部接触,因此,实际接触面积是理论接触面积的一部分,据统计,车削、铣削和铰孔的实际接触面积只占理论接触面积的 15% ~20%,即使精磨后也只占 30% ~50%。要求增加实际接触面积中最有效的是研磨,它可达理论接触面积的 90% ~95%。由于接触面积小,当零件上有了作用力后,凸峰处的单位面积压力大,超过材料的屈服极限时,就会产生塑性变形;当接触表面间产生相对运动时,就可能产生凸峰部分折断或接触面的塑性滑移而迅速磨损。即使在有润滑的情况下,若接触点处单位面积压力过大,超过了润滑油存在的临界值,油膜被破坏,也会形成干摩擦。

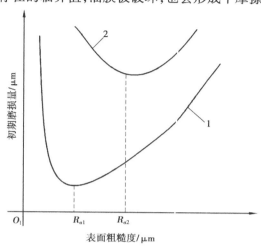

图 4.37　初期磨损量与表面粗糙度
1—轻载荷;2—重载荷

表面粗糙度对摩擦面的磨损影响极大,但并不是粗糙度越低越耐磨。如图 4.37 所示的两条曲线是实验所得的不同表面粗糙度对初期磨损的影响曲线。从曲线可见,存在着某个最佳点,这一点所对应的粗糙度是零件最耐磨的粗糙度,具有这样粗糙度的零件的初期磨损量最小。

如摩擦载荷加重或润滑等条件恶化时,磨损曲线向上向右移动,最佳粗糙度也随之右移。在一定工作条件下,如果粗糙度过高,实际压强增大,粗糙不平的凸峰互相啮合、挤裂和切断加剧,磨损也就加剧。粗糙度过低也会导致磨损加剧,因为表面太光滑,存储润滑油的能力很差。

因此,要求我们根据工作时的摩擦条件,确定零件合理的粗糙度。一对摩擦副在一定的工作条件下通常有一最佳粗糙度,过大或过小的粗糙度均会引起工作时的严重磨损。

另外,表面粗糙度的轮廓形状及加工纹路方向对耐磨性有显著的影响,因为表面轮廓形状及加工纹路方向能影响实际的接触面积和润滑油的存留情况。实验证明,相对运动方向和粗糙度波纹方向相互平行时,磨损较小,这是因为在运动方向上不易受另一表面波纹度阻碍,当相对运动方向和粗糙度波纹方向相互垂直时就会增加磨损。

②表面层的物理机械性能变化对耐磨性的影响

A. 冷作硬化能提高零件表面的耐磨性　例如,Q235 钢在冷拔加工后硬度提高 15% ~45%,各磨损实验中测得的磨损量可减少 20% ~30%。

B. 金相组织变化对耐磨性的影响　表面层产生金相组织变化时由于改变了基体材料原来的硬度,因而直接影响耐磨性。

（2）表面质量对疲劳强度的影响

金属零件由于疲劳而破坏是从表面层开始的，故表面层的粗糙度对零件的疲劳强度影响很大。在交变载荷下，零件表面的波纹促使应力集中而形成疲劳裂纹。表面越粗糙，波纹的凹纹部分越深。底部半径越小，应力集中越严重，疲劳强度也就越低。由于应力集中，首先在凹纹的根部产生疲劳裂纹，然后裂纹逐渐扩大和加深，导致零件的断裂。实验表明，对于承受交变载荷的零件，减少表面粗糙度可以使疲劳强度提高 30% ~ 40%。越是优质钢，晶粒越小，组织越细密，其影响越明显。

另外，加工纹路方向对疲劳强度的影响更大，如果刀痕与受力方向垂直，则疲劳强度显著降低。

表面残余应力的大小和方向与疲劳强度也有很大关系。表面的残余压缩应力能够部分地抵消工作载荷的拉应力，延缓疲劳裂纹的扩展，因而提高零件的疲劳强度，而残余拉伸应力容易使已加工表面产生裂纹，因而降低疲劳强度。

表面的冷作硬化层能提高零件的疲劳强度。因为硬化层能阻碍已有裂纹的扩大和新的疲劳裂纹的产生，故可大大降低外部缺陷和表面粗糙度的影响。

（3）表面质量对零件抗蚀性能的影响

零件表面的加工粗糙度对其抗蚀性亦有较大的影响。零件在潮湿的空气或腐蚀介质中工作时，常发生化学腐蚀和电化学腐蚀。表面越粗糙，侵蚀物质越易积聚在表面的凹陷处，就越容易腐蚀。

零件在应力状态工作时，会产生应力腐蚀，加速腐蚀作用。但是若零件表面层存在压缩应力时，则能将表面的微小裂纹空洞封闭，使零件的抗蚀能力增强。表面的挤压、滚压作用能达到这个目的。

裂纹增加应力腐蚀的敏感性。

冷作硬化或金相组织变化也常会降低抗蚀能力。

（4）表面质量对配合质量的影响

对于相配零件，无论是间隙配合、过渡配合还是过盈配合，如果表面加工粗糙，则必然要影响到它们的实际配合性质。

机器运转时，对间隙配合来说，配合表面将不断磨损，磨损是从初期开始的，即要经过一个所谓的"跑合"阶段才进入正常的工作状态。如果表面粗糙度太大，初期磨损量就大，间隙就会增大，以致改变原来的配合性质，影响间隙配合的稳定性，很可能机器刚经过"跑合"阶段就已漏气、漏油或晃动而不能正常工作。因此，对间隙配合，特别是在间隙要求很小、很精密的情况下，必须保证有较低的表面粗糙度。

对于过盈配合来说，轴在压入孔内时表面粗糙度的部分凸峰会挤平，而使实际过盈量比预定小，影响过盈配合的可靠性。按测量所得的配合件尺寸经计算求得的过盈量与装配后的实际过盈量相比，由于粗糙度的影响，通常是不一致的。因为过盈量是轴和孔的直径之差，而轴和孔的直径在测量时都要受到粗糙度 R_z 的影响。对于孔来说，应在测得的直径尺寸上加一个 R_z 才是真正影响过盈配合松紧程度的有效尺寸，而轴则必须减去一个 R_z 才是真正的有效尺寸。

但是实验的结果又说明，如果粗糙度太高，即使作了补偿计算，并按此加工取得了规定的过盈量，其过盈配合的强度与具有同样有效过盈量的低粗糙度的配合零件的过盈配合相比，还是低很多。也就是说,即使实际有效过盈量符合要求,加工表面粗糙度还是对过盈配合性质影响很大。

过渡配合兼有上述两种配合的问题。因此,对有配合要求的表面都要求较低的粗糙度值。此外,表面对零件的使用性能还有一些其他的影响,如密封性能、接触刚度等。

3.影响切削加工表面粗糙度的工艺因素及改善措施

(1)表面粗糙度的形成

用金属切削工具加工工件时,表面粗糙度形成的主要原因可归纳为以下 3 个方面:

①与刀具几何角度有关的因素——几何原因

在切削条件下,刀具相对工件作进给运动时,在加工表面上遗留下来的切削层残留面积(见图 4.38),若只考虑几何的因素,则该残留面积的高度就是表面粗糙度。其值的大小受刀尖圆弧半径 r_ε、主偏角 κ_r、副偏角 κ'_r 和进给量 f 的影响。

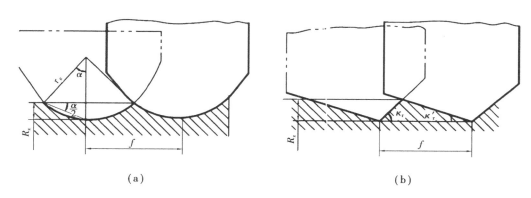

(a)　　　　　　　　　　　　　(b)

图 4.38　切削层残留面积

②与被加工材料性质和切削机理有关的因素——物理原因

切削加工后表面的实际粗糙度与理论粗糙度有较大差别,这是由于在实际切削时,刀具和工件之间产生的切削力、摩擦力使表面层金属产生塑性变形,以及积屑瘤和鳞刺等都会使粗糙度值增大。

③其他原因

如切削加工条件的变化,工艺系统的振动等。

(2)减少表面粗糙度的措施

①选择适当的刀具几何参数

切削时,由于刀具和工件的相对运动及刀具几何形状的关系,有一小部分金属未被切下来而残留在已加工表面上,称为残留面积,其高度直接影响已加工表面的横向粗糙度,如图 4.38 所示。理论上的残留面积高度 R_y 可以根据刀具的主偏角 κ_r、副偏角 κ'_r、刀尖圆弧半径 r_ε 和进给量 f 按几何关系计算出来。

A.减小刀具的主偏角 κ_r 和副偏角 κ'_r,以及增大刀尖圆弧半径 r_ε,均可减小切削层残留面积,使表面粗糙度值减小。

B.适当增大前角和后角,刀具易于切入工件,金属塑性变形随之减小,同时切削力也明显减小,这会有效地减轻工艺系统的振动,从而使加工表面粗糙度值减小。

C. 增大刃倾角 λ_s，实际工作前角也随之增大，对减小表面粗糙度值有利。

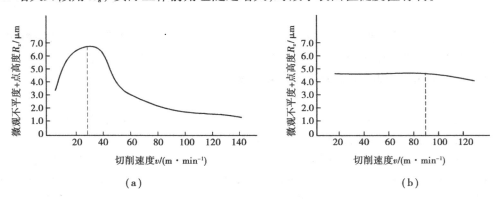

图 4.39　切削速度对表面粗糙度的影响
（a）加工塑性材料　　（b）加工脆性材料

②合理选择切削用量

A. 选择较高的切削速度　实验表明，切削速度越高，切屑和被加工表面的塑性变形就越小，粗糙度值也就越小。一般情况下，积屑瘤和鳞刺都在较低的速度范围内产生，此速度范围随不同的工件材料、刀具材料和刀具前角等变化。采用高的切削速度常能防止积屑瘤和鳞刺的生产，可有效地减小表面粗糙度值。如图 4.39 所示为加工不同材料时切削速度对表面粗糙度的影响。

B. 适当减小进给量 f　进给量越大，加工表面残留面积就越大，而且塑性变形也随之增大，这样表面粗糙度值就会增大。因此，减小进给量会有效地减小表面粗糙度值。

③改善工件材料组织性能

工件材料组织性能对表面粗糙度的影响很大。一般来说，工件材料塑性越大，加工后表面粗糙度值越大。加工脆性材料，表面粗糙度值比较接近理论值。对于同样的材料，金属组织的晶粒越粗大、越不均匀，加工后表面粗糙度值越大。因此，工件加工前采用合理的热处理工艺改善材料组织性能，是减小表面粗糙度值的有效途径之一。

④合理选择刀具材料和提高刃磨质量

刀具材料与刃磨质量对产生积屑瘤、鳞刺等影响较大，因而影响着表面粗糙度。例如，金刚石车刀对切屑的摩擦系数较小，在切削时不会产生积屑瘤，在同样的切削条件下与其他刀具材料相比较，加工后表面粗糙度值较小。

此外，合理选择切削液，提高冷却润滑效果，常能抑制积屑瘤、鳞刺的生成，减小塑性变形，有利于减小表面粗糙度值。除上述工艺措施外，还可以从加工方法上着手，如采用研磨、珩磨和超精磨等加工方法，都能得到表面粗糙度值很小的加工表面。

4. 影响表面层物理力学性能的工艺因素及改善措施

（1）表面层的加工硬化

机械加工时，工件加工表面层金属受到切削力的作用，产生塑性变形，使晶体产生剪切滑移，晶格被拉长、扭曲，甚至破碎而引起材料的强化，这时它的硬度和强度都有所提高，这种现象称为加工硬化（也称冷作硬化）。另外，机械加工中产生的切削热在一定条件下会使已产生硬化的金属回复到原来的状态，即软化。因此，表面层最后的加工硬化程度取决于硬化速度与软化速度的比率。

影响表面层加工硬化的因素：

①切削力　切削力越大，塑性变形越大，加工硬化越严重。因此，增大进给量 f、背吃刀量 a_p 及减小刀具前角 γ_o 和后角 α_o，都会增大切削力，使加工硬化严重。

②切削温度　切削温度越高，软化作用越大，使硬化程度降低。

③切削速度　当切削速度很高时，刀具与工件接触时间很短，被切金属变形速度很快，会使已加工表面金属塑性变形不充分，因而产生的加工硬化也就相应较小。

以上 3 个方面的影响因素主要是刀具的几何参数、切削用量和被加工材料的力学性能。因此，减小表面加工硬化的措施可以从以下 5 个方面考虑：

①合理选择刀具的几何参数。尽量采用较大的前角和后角，并在刃磨时尽可能减小切削刃口圆角半径。

②使用刀具时，应合理限制其后刀面的磨损程度。

③合理选择切削用量。采用较高的切削速度、较小的进给量和较小的背吃刀量。

④合理使用切削液。

⑤采用合理的热处理工艺，适当提高被加工材料的硬度。

（2）表面金相组织变化与磨削烧伤

切削加工过程中，加工区由于切削热的作用，加工表面温度会升高。当温度升高到超过金相组织转变的临界点时，则会产生金相组织变化。磨削加工是一种典型的容易产生加工表面金相组织变化（磨削烧伤）的加工方法，这是由于磨削加工单位面积上的热量瞬时进入工件，使工件加工表面金属非常易于达到相变点。

影响磨削烧伤的因素有磨削用量、工件材料、砂轮性能及冷却条件等。当磨削淬火钢时，若磨削区温度超过了马氏体转变温度而未能超过其相变临界温度，则表层马氏体转变为硬度较低的回火屈氏体或索氏体，称为回火烧伤；若磨削区温度超过了相变临界温度，则马氏体先变为奥氏体，如果这时有充分的冷却液，那么表层速冷形成二次淬火马氏体，其下层因冷却速度较慢，仍为硬度较低的回火组织，称为淬火烧伤；如冷却条件不好，或不用冷却液进行干磨时，表层会被退火，称为退火烧伤。

无论是何种烧伤，如果比较严重都会使零件使用寿命成倍下降，甚至根本无法使用，因此，磨削时要避免烧伤。产生磨削烧伤的根源是磨削区的温度过高，因此，要减少磨削热的产生和加速磨削热的传出，以避免磨削烧伤，具体措施如下：

①合理选择磨削用量　减小磨削深度 a_p 可以降低工件表面温度，有利于避免或减轻烧伤，但会影响生产率。

增大工件纵向进给量和工件速度，会使加工表面与砂轮的接触时间相对减小，散热条件得到改善，因而能减轻烧伤。但会导致表面粗糙度值增大。为了减轻烧伤同时又能保持高的生产率和小的表粗糙度值，应选择较高的工件速度、较小的磨削深度和砂轮转速。

②合理选择砂轮并及时修整　砂轮硬度太高，自锐性不好，磨削温度就高。砂轮粒度越小，磨屑越容易堵塞砂轮，工件也越容易出现烧伤。因此，用大粒度且较软的砂轮较好。

砂轮磨钝后，大多数磨粒只在加工表面挤压和摩擦而不起切削作用，使磨削温度增高，因此，应及时修整砂轮。

③改进冷却方法，提高冷却效果　使用切削液可提高冷却效果，避免烧伤。但目前常用的

一般冷却方法效果较差(见图4.40),由于砂轮的线速度很高,实际上没有多少切削液能进入磨削区。比较有效的冷却方法是内冷却法(见图4.41),切削液进入砂轮中心腔,在离心力作用下,切削液由砂轮孔隙甩出,可直接进入磨削区,发挥有效的冷却作用。

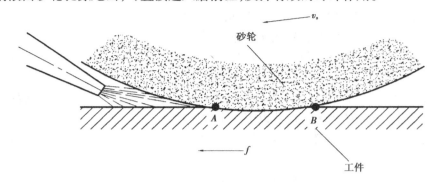

图4.40　一般冷却方法

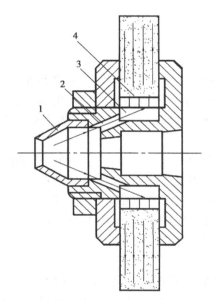

图4.41　内冷却砂轮结构
1—锥形盖;2—冷却液通孔;
3—砂轮中心腔;4—有径向小孔的薄壁套

(3)表面层的残余应力

引起残余应力的原因有下面3个方面:

①冷态塑性变形引起的残余应力　在切削作用下,已加工表面层金属会产生强烈的塑性伸长变形,此时基体金属层受到影响而处于弹性伸长变形状态。切削力去除后,基体金属趋向恢复,但受到已产生塑性伸长变形层金属的限制,恢复不到原状,因而在表面层产生了残余压应力。

②热态塑性变形引起的残余应力　工件加工表面在切削热作用下产生热膨胀,此时表层金属温度高于基体温度,因此表层产生热压应力。当表层温度超过材料的弹性变形允许的范围时,就会产生热塑性变形(在压应力作用下材料相对缩短)。当切削过程结束后,表面温度下降,由于表层已产生热塑性缩短变形,并受到基体的限制,故而在表面层产生残余拉应力。

③金相组织变化引起的残余应力　切削时产生的高温会引起表面金属金相组织的变化。不同的金相组织有不同的密度,如马氏体密度 $\rho_{马} \approx 7.75 \ g/cm^3$,奥氏体密度 $\rho_{奥} \approx 7.96 \ g/cm^3$,珠光体密度 $\rho_{珠} \approx 7.78 \ g/cm^3$。以磨削淬火钢为例,淬火钢原来组织为马氏体,磨削加工后,表层可能产生回火,马氏体转变为密度接近珠光体的屈氏体或索氏体,密度增大而体积减小,表面层产生残余拉应力。如果表面温度超过 Ac3,冷却又充分,则表面层的残余奥氏体转变为马氏体,体积膨胀,表面层产生残余压应力。

综上所述,表面层残余应力的产生归根结底是由于切削力和切削热作用的结果。在一定的加工条件下,其中某一种作用占主导地位。如切削加工中,当切削热不高时,表面层中以切削力引起的冷态塑性变形为主,此时,表面层中将产生残余压应力。而磨削时,一般因磨削温度较高,常产生残余拉应力,这也是磨削裂纹产生的根源。表面存在裂纹,会加速零件损坏,为此磨削时要严格控制磨削热的产生和改善散热条件,以避免磨削裂纹的产生。

 任务实施

问题①:加工细长轴时,因工件刚性差,加工时容易产生弯曲变形和振动,严重影响加工精度。

解决:采用增大主偏角并反向进给以减少变形所产生的加工误差。

问题②:转塔车床的转塔刀架因经常旋转而很难保证转位精度。

解决:生产中采用立刀装刀法,把刀刃的切削基面放在垂直平面内(见图 4.42),这样就把刀架的转位误差转移到了误差不敏感方向,由刀架的转位误差引起的加工误差也就减少到可以忽略不计的程度。

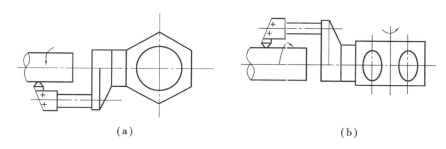

$$(a) \qquad\qquad (b)$$

图 4.42　转塔车床的转塔刀架转位误差的转移

问题③:生产中常会遇到这种情况,本工序的加工精度是稳定的,但由于毛坯或上道工序加工的半成品精度不高,引起定位误差或复映误差太大,因而造成本工序的加工超差。

解决:采用分组调整(即均匀误差)的方法:把毛坯按误差大小分为 n 组,每组毛坯的误差均缩小为原来的 $1/n$,然后按各组分别调整刀具与工件的相对位置或选用合适的定位元件,则缩小了整批工件的尺寸分散范围。这个办法比起提高毛坯精度或提高上道工序加工精度往往要简便易行。

问题④:在机械加工和装配中,有些精度问题牵涉到很多零部件的相互关系,如果单纯依靠提高零部件的精度来满足设计要求,有时不仅困难,甚至不可能。

解决:采用"自干自"的加工方法可以解决这种问题。例如,在转塔车床制造中,转塔上 6 个安装刀架的大孔轴线必须保证与机床主轴回转中心重合,各大孔的端面又必须与主轴回转轴线垂直。如果把转塔作为单独零件加工这些表面,那么,在装配后要达到上述两项要求是很困难的。采用就地加工方法,把转塔装配到转塔车床上后,在车床主轴上装镗杆和径向小刀架来进行最终精加工,就很容易保证上述两项精度要求。

生产中这种"自干自"的加工方法应用很多。如牛头刨床、龙门刨床为了使它们的工作面分别对滑枕和横梁保持平行的位置关系,都是在装配后在自身机床上进行"自刨自"的加工。平面磨床的工作台面也是在装配后做"自磨自"的最终加工。

问题⑤:怎样消除或减少螺纹加工机床的导程误差。

解决:螺纹加工机床的导程误差是一种常值系统性误差,用误差补偿方法来消除或减少常值系统性误差一般来说是比较容易的,因为用于抵消常值系统性误差的补偿量是固定不变的。

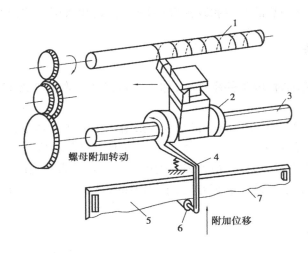

图 4.43　丝杠加工误差校正装置

1—螺纹;2—螺母;3—母丝杠;4—杠杆;5—校正尺;6—触头;7—校正曲线

高精度螺纹加工机床常采用一种机械式校正机构,其原理如图 4.43 所示。根据测量母丝杠 3 的导程误差,设计出校正尺 5 上的校正曲线 7。校正尺 5 固定在机床床身上。加工螺纹时,机床传动丝杠带动螺母 2 及与其固联的刀架和杠杆 4 移动,同时,校正尺 5 上的校正误差曲线 7 通过触头 6,杠杆 4 使螺母 2 产生一附加运动,而使刀架得到一附加位移,以补偿传动误差。

　　对于变值系统性误差的补偿就不能用一种固定的补偿量来解决,只能用积极控制的误差补偿方法。常用的在线检测的方法在加工中随时测量工件的实际尺寸,随时给刀具以附加的补偿量以控制刀具和工件间的相对正确位置来控制加工精度。

　　问题⑥:在无心磨床上磨削销轴外圆,要求外径 $d = \phi 12^{-0.016}_{-0.043}$ mm,抽样一批零件,经实测后计算得到 $x = 11.974$ mm,$\sigma = 0.005$ mm,其尺寸分布符合正态分布,试分析该工序的加工质量。

　　解决:

　　①根据所计算的 x 及 σ 作分布图(见图 4.44)

　　②计算工序能力系统 C_p

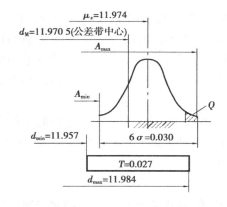

图 4.44　销轴外径分布图

$$C_p = \frac{T}{6\sigma} = 0.9 < 1$$

　　工序能力系数 $C_p < 1$ 表明该工序能力不足,产生不合格品是不可避免的。

　　③计算不合格品率 Q

　　工件要求最小尺寸 $d_{min} = 11.957$ mm,最大尺寸 $d_{max} = 11.984$ mm。

　　工件可能出现的极限尺寸为

　　$A_{min} = x - 3\sigma = 11.959$ mm $> d_{min}$,故不会产生不可修复的废品。

　　$A_{max} = x + 3\sigma = 11.989$ mm $> d_{max}$,故将产生可修复的废品。

废品率 $Q = 0.5 - F(z)$

$$z = \frac{x - \bar{x}}{\sigma} = 2$$

查表 4.5,得 $F(2) = 0.477\ 2$,则

$$Q = 0.5 - F(z) = 0.022\ 8 = 2.28\%$$

④改进措施

重新调整机床,使分散中心 x 与公差带中心 d_M 重合,则可减小不合格品率。调整量 $\Delta = 11.974\ \text{mm} - 11.970\ 5\ \text{mm} = 0.003\ 5\ \text{mm}$,具体操作时,使砂轮向前进刀 $\Delta/2$ 的磨削深度即可。

 任务考评

评分标准见表 4.7。

表 4.7　评分标准

序号	考核内容	考核项目	配分	检测标准
1	加工误差的概念	加工误差的概念	6 分	加工误差的概念(6 分)
2	工艺系统的几何误差、定位误差引起的加工误差的分析与控制	1. 工艺系统的几何误差分析与控制 2. 工艺系统的定位误差分析与控制	20 分	1. 工艺系统的几何误差分析与控制(10 分) 2. 工艺系统的定位误差分析与控制(10 分)
3	工艺系统的受力变形、受热变形、工件内应力引起的加工误差的分析与控制	1. 工艺系统的受力变形引起的加工误差的分析与控制 2. 工艺系统的受热变形引起的加工误差的分析与控制 3. 工件内应力引起的加工误差的分析与控制	30 分	1. 工艺系统的受力变形引起的加工误差的分析与控制(10 分) 2. 工艺系统的受热变形引起的加工误差的分析与控制(10 分) 3. 工件内应力引起的加工误差的分析与控制(10 分)
4	加工误差综合分析及提高加工精度的工艺措施	加工误差综合分析及提高加工精度的工艺措施	20 分	加工误差综合分析及提高加工精度的工艺措施(20 分)
5	影响机械加工表面质量的因素及提高表面质量的工艺措施	1. 表面质量概念 2. 表面质量对零件使用性能的影响 3. 影响加工表面粗糙度的工艺因素及改善措施 4. 影响表面层物理学性能的工艺因素及改善措施	24 分	1. 表面质量概念(6 分) 2. 表面质量对零件使用性能的影响(6 分) 3. 影响加工表面粗糙度的工艺因素及改善措施(6 分) 4. 影响表面层物理学性能的工艺因素及改善措施(6 分)

4.1 机床的几何误差指的是什么? 试以车床为例说明机床几何误差对零件加工精度的影响。

4.2 何谓调整误差? 在单件小批生产或大批量生产中各会产生哪些方面的调整误差? 它们对零件的加工精度会产生怎样的影响?

4.3 试举例说明在加工过程中,工艺系统受力变形、热变形、磨损和残余应力怎样影响零件的加工精度? 各应采取什么措施来克服这些影响?

4.4 车削细长轴时,工人经常车削一刀后,将后顶尖松一下再车下一刀,试分析其原因何在。

4.5 试说明车削前工人经常在刀架上装上镗刀修正三爪的工作面或花盘的端面的目的是什么? 试分析能否提高机床主轴的回转精度。

4.6 在卧式铣床上铣削键槽,如图4.45所示。经测量发现工件两端比中间的深度尺寸大,且都比调整的深度尺寸小。分析产生这一现象的原因。

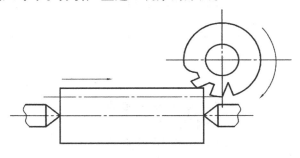

图 4.45

4.7 分析磨削外圆时(见图4.46),若磨床前后顶尖不等高,工件将产生什么样的几何形状误差?

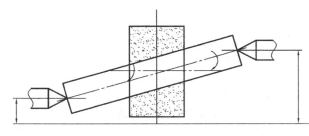

图 4.46

4.8 在车床上加工一批光轴的外圆,加工后经测量发现工件有4种误差现象,分别如图4.47(a)、(b)、(c)、(d)所示,试分析说明产生上述误差的各种可能因素。

4.9 表面质量的含义包括哪些主要内容? 为什么机械零件的表面质量与加工精度有同等重要的意义?

4.10 表面粗糙度与加工精度有什么关系？

4.11 为什么有色金属用磨削加工得不到低的表面粗糙度值？通常,为获得低表面粗糙度的加工表面应采用哪些加工方法？若需要磨削有色金属,为提高表面质量应采取什么措施？

4.12 机械加工过程中为什么会造成被加工零件表面层物理力学性能的改变？这些变化对产品质量有何影响？

4.13 为什么会产生磨削烧伤及裂纹？它们对零件的使用性能有何影响？减少磨削烧伤及裂纹的方法有哪些？

4.14 在自动车床上加工一批小轴,从中抽检200件,若以0.01 mm为组距将该批工件按尺寸大小分组,所测得数据如表4.7所示。若图样的加工要求为 $\phi15 + 0.14 - 0.04$ mm,试求:

(1)绘制整批工件实际尺寸的分布曲线。

(2)计算合格品率及废品率。

(3)计算工艺能力系数。

(4)分析出现废品的原因,并提出改进办法。

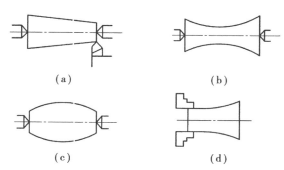

图4.47

表4.7 数据表

试件号	尺寸/mm	试件号	尺寸/mm	试件号	尺寸/mm	试件号	尺寸/mm	试件号	尺寸/mm
1	28.10	6	28.10	11	28.20	16	28.00	21	28.10
2	27.90	7	27.80	12	28.38	17	28.10	22	28.12
3	27.70	8	28.10	13	28.43	18	27.90	23	27.90
4	28.00	9	27.95	14	27.90	19	28.04	24	28.06
5	28.20	10	28.26	15	27.84	20	27.86	25	27.80

参考文献

［1］李华.机械制造技术［M］.2 版.北京：高等教育出版社，2005.7.

［2］魏康民.机械加工技术［M］.西安：西安电子科技大学出版社，2006.

［3］廖勇.机械制造技术［M］.重庆：重庆出版社，2004.

［4］孙自力.机械制造技术［M］.大连：大连理工大学出版社，2005.

［5］龚雯，陈则均.机械制造技术［M］.北京：高等教育出版社，2004.

［6］袁绩乾，李文贵.机械制造技术基础［M］.北京：机械工业出版社，2005.

［7］廖念钊，等.互换性与技术测量［M］.北京：中国计量出版社，2006.